“十二五”职业教育国家规划教材
经全国职业教育教材审定委员会审定

计算机网络规划与设计

第2版

主　编　吴学毅
副主编　崔　凯　杨　宇　岳经伟
参　编　张永兵　陈志宏　周鲁宁　边　境
主　审　赵红岩

机械工业出版社

本书是“十二五”职业教育国家规划教材，经全国职业教育教材审定委员会审定。本书在第1版的基础上，采用项目化教学方式来重新安排内容，精心挑选了8个项目，具体包括小型办公室网络、小学校园网络、社区信息网络、小型政府网络、银行网络、中型企业网络、无线网络以及综合网络系统的规划与设计，将网络规划与设计的理论知识与具体项目相结合，力求符合当前高职高专计算机网络技术专业人才培养的要求。

本书内容安排合理，逻辑性强，选择的实际项目案例具有较强的代表性，适合作为高等职业院校计算机网络专业的教材，同时也可以作为网络工程技术人员的参考书。

为方便教学，本书配备电子课件等教学资源。凡选用本书作为教材的教师均可登录机械工业出版社教育服务网 www.cmpedu.com 免费下载。如有问题请致信 cmpgaozhi@sina.com，或致电 010-88379375 联系营销人员。

图书在版编目（CIP）数据

计算机网络规划与设计/吴学毅主编．—2版．—北京：机械工业出版社，2015.9（2026.1重印）
“十二五”职业教育国家规划教材
ISBN 978-7-111-51587-6

Ⅰ．①计…　Ⅱ．①吴…　Ⅲ．①计算机网络—设计—高等职业教育—教材
Ⅳ．①TP393

中国版本图书馆CIP数据核字（2015）第216457号

机械工业出版社（北京市百万庄大街22号　邮政编码100037）
策划编辑：刘子峰　　责任编辑：刘子峰　吴晋瑜
封面设计：陈　沛　　责任印制：刘　媛
责任校对：王　欣

北京富资园科技发展有限公司

2026年1月第2版第12次印刷
184mm×260mm・13.25印张・318千字
标准书号：ISBN 978-7-111-51587-6
定价：42.00元

电话服务	网络服务
客服电话：010-88361066	机　工　官　网：www.cmpbook.com
010-88379833	机　工　官　博：weibo.com/cmp1952
010-68326294	金　　书　　网：www.golden-book.com
封底无防伪标均为盗版	机工教育服务网：www.cmpedu.com

第 2 版前言

随着大数据与数字媒体技术的不断发展，作为信息化时代重要标志的网络已经成为当今社会必不可少的基础设施。目前，各行业都在规划、建设和应用计算机网络，迫切需要大批具有规划、设计和组建网络系统能力的人才。鉴于此，本书的编者在第 1 版的基础上，采用项目化教学方式来重新安排内容，精心挑选了 8 个具体项目，将网络规划与设计的理论知识与具体项目相结合，力求符合当前高职高专计算机网络技术专业人才培养的要求。

项目 1 以小型办公室网络为项目载体，介绍了计算机网络的基础知识、网络规划与设计的基本任务、网络系统设计、用户需求调查与分析以及网络拓扑结构设计。

项目 2 通过小学校园网络的规划与设计，介绍了传输介质选择、通信子网的设计、核心层设计、网络接入层设计、边缘区域设计、路由器选择和 IP 地址分配。

项目 3 通过社区信息网络的规划与设计，介绍了网络分布层设计及设备选择、资源子网设计、网络服务器选择和网络操作系统选择。

项目 4 通过小型政府网络的规划与设计，介绍了解决网络瓶颈的方法、网络管理区域设计和 VLAN 划分。

项目 5 通过银行网络的规划与设计，介绍了网络安全的设计与实现。

项目 6 通过中型企业网络的规划与设计，介绍了远程访问的设计及设备选择。

项目 7 通过无线网络的规划与设计，介绍了无线局域网技术、无线局域网络技术特点与设备选择。

项目 8 通过综合网络系统的规划与设计，复习了前面 7 章的内容，并介绍了广域网络设计方法。

本书具有以下几个特色：

1）采用以项目为载体的编写形式，实现理论与实践的紧密结合。本书基于项目主导的先进教学理念，8 个项目均配有相应的方案书，理论与实际操作按 1:1 设计，使读者在学习理论时，可参考实际案例。

2）内容安排合理。本书简单介绍了计算机网络基础知识，删除了第 1 版中综合布线、计算机网络、网络安全和网络管理等方面内容，将重点放在计算机网络设计与组建上，以“理论够用”为度，避免枯燥的讲解，通过具体案例对计算机网络设计与组建过程进行详细分析与阐述。

3）选择的实际项目案例具有代表性。本书所选择的项目案例十分具有代表性，而且项目逐渐变大，规划与设计内容逐渐增加，使读者能够很好地吸收与掌握，并具有设计能力。

4）逻辑性强，注意分析问题能力的培养。本书在计算机网络系统分析的基础上构成系统的逻辑框架，并通过对本质问题和基本概念的分析，使读者不仅学到有关知识，而且学到分析问题的方法。

5）编写组成员具有丰富的教学与实践经验。本书编写组成员长期从事教学、科研和工程技术工作，在计算机网络学科建设、课程建设、网络规划和网络工程实践上具有丰富的经验。

本书由辽宁省交通高等专科学校的吴学毅任主编，崔凯、杨宇、岳经伟任副主编，参加编写的还有张永兵、陈志宏、周鲁宁、边境，赵红岩任主审。本书在编写过程中，得到了多家网络公司及相关技术人员的大力支持与帮助，在此一并表示感谢。

由于编者水平有限，书中错误及疏漏之处在所难免，恳请读者批评指正。

编　者

目 录

项目 1　规划与设计小型办公室网络

1.1 教学目标

1）了解计算机网络规划的作用和具体完成的任务。
2）了解用户的需求，形成方案的需求分析。
3）根据用户需求，设计用户网络拓扑结构。
4）根据用户的需求，为用户选择基本的网络互连设备（HUB、交换机及路由器）。
5）规划与设计并撰写出小型办公室网络方案。

1.2 工作任务

某公司成立了一年多，发展十分迅速，由原来的 3 个人发展到现今十余人，办公室由原来的一间增加到现在的 3 间。因网络业务的数量迅速上升，公司经研究决定构建一个小型办公室网络，以方便公司员工办理网络业务、查找网络资料，实现快速便捷的网上办公。

公司共有 3 间相邻的办公室，其中一间约 $20m^2$，供总经理与副总经理使用；其余两间各约 $40m^2$，供公司员工使用，一间有 6 人，另一间有 7 人。中国电信的电话网已经连入办公室内，而且提供 ADSL、ISDN、拨号上网功能，可选带宽范围为 64KB～10MB。请为该公司规划网络。

作为一名网络规划工程师，你要深入了解该公司中各位员工的基本要求，根据客户的需要与外部条件，选择合适的网络设备，为该公司设计合适的网络方案。

1.3 相关实践知识

网络方面的企业或公司可以承接诸如新建网络工程、网络应用系统开发与研究、网络工程监理和网络系统升级改造等多种业务，其中大部分必须通过投标方式来竞争获得，而其中一个重要环节就是规划和设计网络工程，形成一个合适的网络方案。

计算机网络规划与设计是全方位的工作，包括计算机网络原理、计算机网络设备、计算机网络设备适用层、网络服务器选择、网络应用软件选择、网络安全、网络管理、远程接入等。作为一名规划与设计人员，只有具有丰富的工程实践经验和深厚的理论功底，才能根据企业的实际情况设计出适合的网络方案。

网络规划与设计人员的工作要从小到大、一步一步进行，并逐步丰富自己的经验。因此要完成小型办公室网络的规划与设计，首先应全面掌握计算机网络规划与设计的基本知识，掌握网络需求如何得到，如何形成企业网络方案。

1.4　相关理论知识

21世纪是计算机网络的时代，通过网络可以将分散在各地的计算机紧密地联系在一起，并完成资源共享、数据传输、实时通信等任务。组建小型办公网络以便提高办公效率，是目前许多小型公司、单位的当务之急。

1.4.1　计算机网络定义

1. 网络的概念

网络就是将很多计算机连在一起工作，实现资源共享。事实上，在起步阶段，网络只是把两台计算机用通信电缆连接起来，以便数据共享。这种共享的思想一直贯穿整个网络的发展史。

图1-1所示为一个简单的网络，计算机1～4可以共享其他计算机的资源，可以共享打印机。这样，若各台计算机的用户需要打印文件，都可以直接在自己的计算机上完成打印工作，而不需要用U盘把文件复制下来再去别的计算机上打印。同样，它们也可以共享一个调制解调器，即4台计算机只需要一个调制解调器就可以和Internet相连。

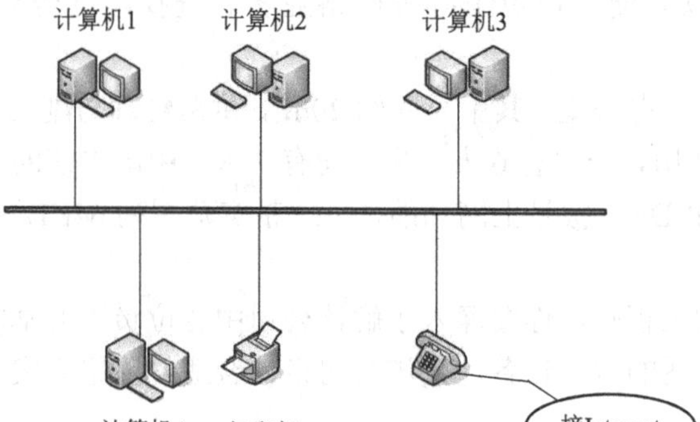

图1-1　一个简单的网络

网络中可以共享的资源主要包括以下几类。

1）硬件资源：包括大型主机、大容量磁盘、光盘库、打印机、UPS、网络通信设备等。

2）软件资源：包括网络操作系统、数据库管理系统、网络管理系统、应用软件、开发工具和服务器软件等。

3）数据资源：包括数据文件、数据库和各种数据，其中数据又包括文字、图表、声音、图像和视频等。数据是网络中最重要的资源。

概括起来，网络是指利用通信设备、线路连接设备和通信线路将分散在各地的具有自主功能的多个计算机系统连接起来，利用功能完善的网络软件（网络通信协议和网络操作系统等）实现网络中的资源共享和信息传递的系统。把单个计算机连接起来组成一个网络的过程就叫作组网。

组网的目的是既实现计算机资源共享和信息传递，同时也节约费用。例如，在图 1-1 的网络中，就可以用一台打印机实现 4 台打印机的功能。大型计算机的价格往往是个人计算机的数千倍，如果在一个公司里每个职员的计算机全部用大型计算机就太昂贵了，而且也是一种资源浪费。若改成将每个职员的个人计算机组成一个网络系统，再用一台大型计算机作为服务器，那么各个职员共享的文件或数据就可存于该服务器中，而且随着公司的发展，网络系统可以不断地扩充。例如，如果硬盘容量不够，只需增大服务器的硬盘；如果工作负荷增大，则只需增加处理器就行了，这样可以不断地改进系统性能，并节省大量经费。

网络对于数据也能提供更高的可靠性。例如，计算机 1 中存有的数据文件，同时在计算机 2 和计算机 3 中存有副本，如果计算机 1 中的数据文件被破坏了，还可以用计算机 2 或计算机 3 中的副本文件。另外，现在的操作系统支持多处理器，如果一个处理器坏了，不会导致整个计算机瘫痪，可以用另外的处理器，计算机仍可以运转起来，这样就提高了计算机的可靠性。此外，通过网络还可以实现远程办公，同时它也是一个强有力的通信工具，使人们可以跨越时间和空间的障碍进行交流。

2．网络的分类

根据分类方法的不同，可以将网络划分为不同的类别。

（1）按照网络覆盖的范围划分

按照网络覆盖的范围划分是最为常见的方法，一般把网络分成局域网（LAN）和广域网（WAN）两种。

局域网是指在较小范围内的各种数据通信设备相互连接所构成的网络，服务区域较小，通常是用电缆实现连接，将个人计算机（或者电子办公设备）连接起来，使得用户可以互相通信，共享资源。

局域网具有如下特点：

1）网络覆盖范围较小，通信一般在 1～2km 的地域范围之内，如一座办公楼、一个仓库或一个学校。

2）具有较高数据传输速率的物理通信信道。

3）具有低误码率，数据传输可靠。

4）一般是专用的，属于一个单位或部门。

5）拓扑结构比较简单，容易扩展，但所能支持的计算机数量有限。

6）安全性好。

广域网是局域网的扩充，它由成千上万个局域网构成，在局域网之间借助于网桥和路由器等设备将网络范围扩大到一个地区、一个国家甚至全世界。对用户来说，广域网的功能和操作方法与局域网没有什么区别，但由于广域网中计算机之间的距离增大，其实现的方法比较复杂。广域网一般由大的通信公司来组建。

（2）按拓扑结构划分

网络的拓扑结构是指网络中通信线路、计算机以及其他组件的物理布局。

网络按其拓扑结构划分，可分为总线型网络、环形网络、星形网络、树形网络、网状网络和混合型网络，详见1.4.7节，这里不再赘述。

网络的拓扑结构影响网络的性能，选择哪种拓扑结构与具体的网络要求相关。

3．网络的产生和发展

网络技术与许多其他的科学技术一样，其研究发展是从一项军事研究开始的。20世纪60年代中期，美国国防部已认识到通信与计算机在未来战争中的重要性，并且美国军方内部的计算机系统已经可以让多个用户同时分享一个计算机处理器所提供的信息资源。这种分享系统的技术，成为网络的关键理论基础之一。1962年，美国国防部先进研究项目局（ARPA）把建设网络的项目交给了贝拉涅克和纽门的研究小组。1969年夏季，ARPAnet开始正式运行，其由4个计算机节点互相连接组成，其中3台计算机设在加州大学洛杉矶分校中，另外1台设在内华达州。这样，世界上的第一个网络系统就诞生了。

1970年，美国康宁玻璃公司研究出了实用的玻璃光纤，并应用于ARPAnet中，使得网络通信速度变得更快。1972年，ARPAnet实验人员首次成功地发出了世界上第一封电子邮件（E-mail）。1973年，ARPAnet和其他非地面网络系统连接成功，可以通过无线电话系统和地面移动网络系统进行连接，从此网络的发展日趋成熟。

20世纪80年代，各国政府大力投资加快了网络的发展。1982年，日本开始建设全国高级信息网络系统（ISN）。1986年，我国政府开始制定信息技术发展政策，逐步发展国家十一大类纵向信息系统，网络建设投入不断加大。

从网络的发展来看，其到目前为止大致经历了以下3个主要阶段。

1）ARPAnet阶段：从1968～1986年，这是美国的网络研究及试用阶段。在这一阶段网络应用的主要目的是提供网络通信、保障网络连通、实现网络数据共享和网络硬件设备的共享。

2）NSF网络阶段：从1986～1995年，是互联网的科研应用阶段。这一阶段主要解决了计算机联网与互连标准化问题，提出了符合计算机网络国际标准的“开放式系统互连参考模型（OSIRM）”，极大地促进了计算机网络技术的发展。此阶段网络应用已经发展到为企业提供信息共享服务的信息服务时代，以美国国家科学基金会（NSF）网络为代表。

3）从1995年开始，大规模的国际联网发展席卷全球，这是全球网络商业化的开始阶段。

随着计算机技术和通信技术的不断发展，网络也在不断发展，具有代表性的新技术包括：高速局域网技术，带宽已经达到吉比特每秒；ATM，即异步传输技术；帧中继技术，是对X.25技术的改进；综合业务数字网。

这些新技术推进了网络的应用，而最新的应用主要包括电子邮件的多样化、远程会议系统、电子数据交换、远程教育、计算机及集成制造系统、智能大厦和结构化的综合布线系统。

从以上介绍来看，在未来的生活和工作中，网络将无处不在，其建设和发展将引导人们步入真正的信息化社会。

1.4.2　资源子网与通信子网

从逻辑功能上分类，计算机网络可以分为面向数据通信的通信子网和面向数据处理的资源子网，如图 1-2 所示。

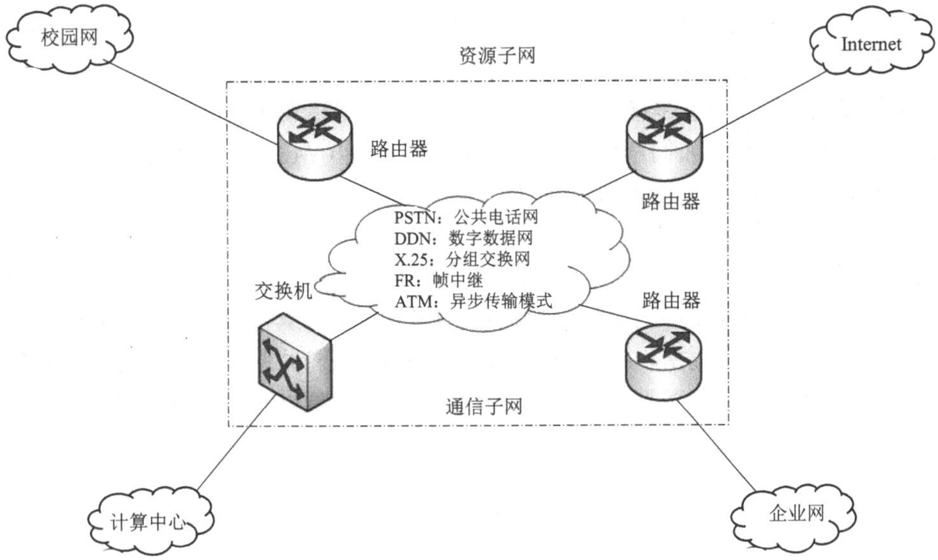

图 1-2　资源子网和通信子网

图中框内为通信子网，其中常用设备包括网络通信传输介质和通信设备，具体有网控中心、网络接口卡、通信线路、集线器、网络交换机、路由器、网桥、网关、转发器、远程服务器和调制解调器（Modem）等。通信子网提供网络通信功能，完成全网主机之间的数据传输、交换、控制和变换等通信任务，负责全网的数据传输、转发及通信处理等工作。

框外为资源子网，其主体为网络资源设备，包括服务器、用户计算机、网络操作系统、网络打印机、独立运行的网络设备、网络终端及机顶盒设备等。此外，还包括网络上运行的各种软件资源和数据资源。资源子网负责全网的数据处理业务，并向网络客户提供各种网络资源和网络服务。

把网络中纯通信部分的子网和以计算机为主体的资源子网分离开，这是网络层次结构思想的重要体现，使得对整个计算机网络的分析和设计大为简化。但是这种划分方法过于学术化、理想化，没有把网络结构与协议层次结合起来。例如，控制通信的网络协议就是以软件形式运行在网络中的计算机上，而且除了个别带 CPU 的网卡外，一般在网络通信过程中网卡要占据一定的主机 CPU 资源。所以，事实上无法严格区分哪些设备属于资源子网，哪些设备属于通信子网。

1.4.3　网络结构

网络结构是一个与网络设计密切相关的问题。随着计算机通信技术的发展，网络的结构经过了一个由低级到高级的演变过程，大体上可以分成以下 5 个阶段。

（1）具有通信功能的单机点到点的网络结构

这是网络的雏形。通信线路的一端连接远程的终端，另一端连接计算机，远程终端可以使用计算机的资源。

（2）面向终端的计算机网络结构

20 世纪 50 年代中后期，许多公司开始将地理上分散的多个终端通过通信线路连接到一台中心计算机上，从而形成了第一代计算机网络。在这种网络结构中，用户通过与主机相连的终端，在主机操作系统的管理下共享主机的内存、外存、中央处理器、输入/输出设备等资源。随着计算机技术的发展，特别是微机价格的降低，这种终端逐渐被微机代替，形成一种大型计算机带微型计算机的结构。人们常说的工作站/文件服务器（Workstation/File Server）和客户机/服务器（Client/Server）就是一种这样的结构。

（3）面向计算机的网络结构

这是在面向终端的计算机网络结构基础上发展起来的网络结构，中心计算机使用大型/小型计算机，用微型计算机取代终端，形成了计算机对计算机的系统。它们之间除了完成各自的任务外，还需要交换彼此的信息数据，共同完成一项大的作业，或者共享别的计算机系统的软件或硬件资源，也就是说每个计算机既要处理自己的业务，又要完成通信任务，如图 1-3 所示。

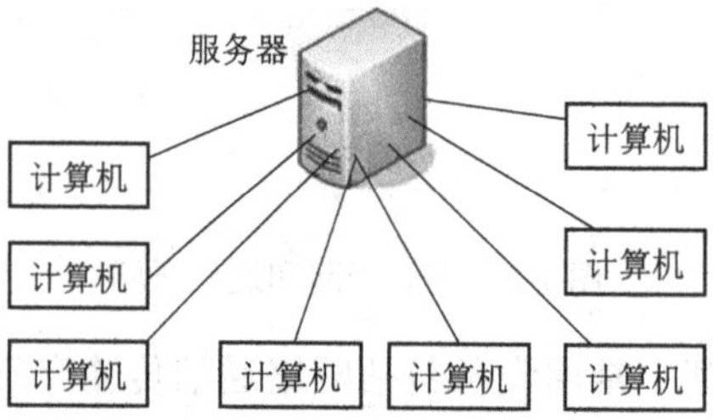

图 1-3　面向计算机的网络结构

（4）通信子网

随着计算机网络不断扩大，计算机之间的通信任务和业务量也在增加。对于面对计算机网络结构中的计算机来说，既要承担数据处理工作，又要承担通信任务，负担太重。为此，将网络中的通信任务与数据处理工作分开，大多数计算机只负责数据处理工作而不负责通信任务，通信任务由一台计算机专门处理，将其称为接口信息处理机（IMP）。前面介绍过的 ARPAnet 就是世界上较早出现的具有通信子网的计算机网络，如图 1-4 所示。该网络具有 4 个接口信息处理机和 1 个终端接口处理器。子网一般由传输和接口信息处理机组成。传输线有时也叫信道，它在计算机之间传递二进制数据；接口信息处理机是专门的计算机，用来连接两条和多条传输线，当数据从一条传输线传入时，转接部件必须选择一条输出线，把数据继续向前发送。

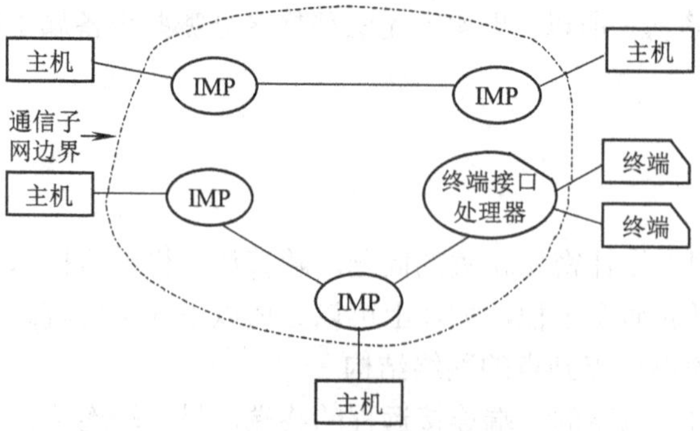

图 1-4　ARPAnet 的网络结构

（5）公用数据网

随着计算机通信业务的发展，专用网之间的互通以及专用网用户数量的不断扩大，人们就把图 1-4 中的通信子网资源为各类用户所共用，即由国家电信主管部门统一建设公用数据网，专门用于数据通信。目前规定公用数据网承担三大类数据传输业务：电路交换数据传输业务、分组交换数据传输业务和租用专用电路数据传输业务。完成前两类数据传输业务，在公用数据网中使用计算机作为交换机，用存储转发方式来进行信息交换和分组交换，从这个意义上讲，公用数据网就是计算机通信子网。但是公用数据网又是数据传输网，它以共享子网的资源为特征，在终端—计算机、计算机—计算机之间按规定的协议传输数据。由此可见，公用数据网的含义比计算机通信子网更为广泛。

1.4.4　网络体系结构

网络体系结构是计算机网络的逻辑构成，即描述网络的功能及其划分。理解这个概念，对于计算机网络的设计及组建具有十分重要的意义。

1．网络体系结构设计的思想

随着数据通信和计算机网络技术的发展，计算机网络系统的种类越来越多、越来越复杂。于是，计算机网络的设计采用了程序设计中的“结构化”的思想，把网络设计为分层的结构，上一层建立在下一层的基础上，每一相邻层之间有一个接口，各层之间通过接口传递信息和数据，各层内部的功能实现方式对外加以屏蔽。这样整个网络的研究就转化为对各层的研究。

研究网络体系结构的主要目的是解决网络的逻辑结构和功能划分问题，也就是用层次清晰的结构化设计方法，将计算机网络按功能分出若干个层次，以找出不同的计算机网络系统之间互连和通信的方法和结构。网络体系结构只是从功能上描述计算机网络的结构，即计算机网络设置多少层以及每层提供哪些功能，而不涉及每层硬件和软件的组成以及如何实现等问题。由此看来，网络体系结构是抽象的。

早期的 ARPAnet 把网络体系分成 6 层：应用层、系统程序层、网络控制层、主机与 IMP 连接模块层、IMP 层和物理层。其分层的基本原则是按照任务来划分，每一层都有一个相当明确的任务，如图 1-5 所示。

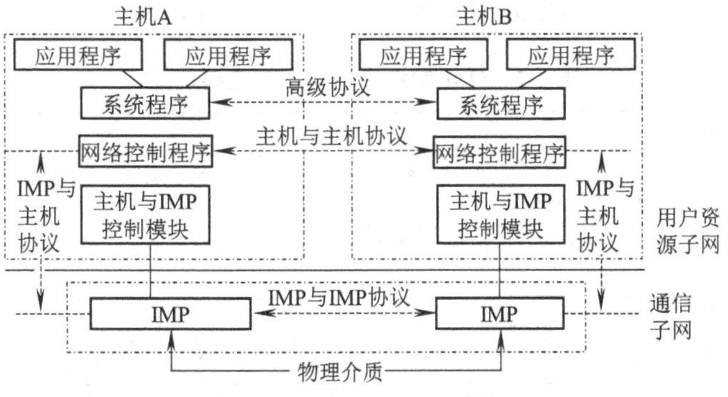

图 1-5　ARPAnet 的体系结构

从 ARPAnet 的体系结构来看，网络体系的分层一般应遵循以下原则：

1）根据任务的需要来分层，每一层应当实现一个明确的功能。

2）每一层的选择应当有助于制定国际标准化协议。

3）各层界面的选择应尽量减少跨过接口的信息量。

4）层数应足够多，以免不同的功能混杂在同一层中，使实现起来变得复杂；但层数也不能太多，否则网络体系结构过于庞大。

世界上第一个网络体系结构是1974年由IBM公司提出的“系统网络体系结构（SNA）”。之后，许多公司纷纷提出了各自的网络体系结构。所有这些体系结构都采用了分层技术，但层次的划分、功能的分配及采用的技术均不相同。随着信息技术的发展，不同结构的计算机网络互连已成为人们迫切需要解决的问题。在这个前提下，就产生了开放系统互连（OSI）参考模型。

2．OSI参考模型

20世纪70年代以来，国外一些主要计算机生产厂家先后提出了各自的网络体系结构，但它们都属于专用的。为使不同计算机厂家的计算机能够相互通信，以便在更大的范围内建立计算机网络，有必要建立一个国际范围的网络体系结构标准。

关于网络体系模型，国际上不同的组织提出了许多的模型，其中国际标准化组织（International Standards Organization，ISO）提出的开放系统互连（OSI）参考模型最为著名，它的开放性使得任何两台遵守OSI参考模型和有关协议的系统都可以进行连接。

OSI参考模型将整个网络通信的功能划分为7个层次，如图1-6所示。它们由低到高分别是物理层、数据链路层、网络层、传输层、会话层、表示层和应用层。每层完成一定的功能，每层都直接为上层提供服务，并且所有层次都互相支持。第四层到第七层主要负责互操作性，第一层到第三层则用于创建两个网络设备间的物理连接。各层主要功能见表1-1。

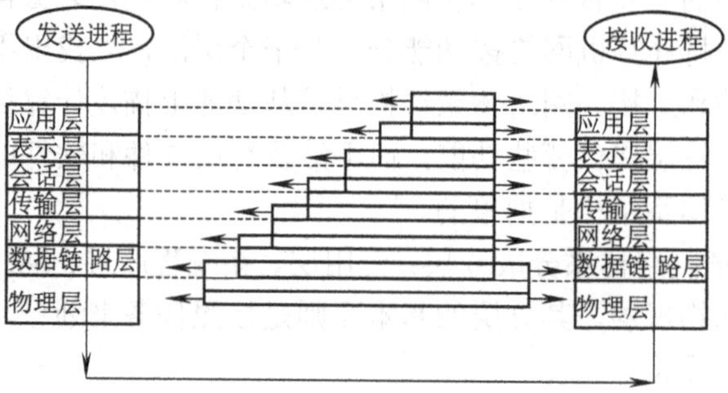

图1-6　数据在OSI参考模型中的传递

表1-1　OSI参考模型各层的主要功能

层　次	功　能
物理层	负责在传输介质上传输数据比特流，提供建立、维护和拆除物理链路连接所需要的各种传输介质、通信接口特性等
数据链路层	负责监督相邻网络节点的信息流动，加强物理层传输原始比特流的功能，使之能够为网络层提供无错数据
网络层	管理路由策略，确定分组从源端到目的端如何选择路由
传输层	完成资源子网两节点之间的直接逻辑通信，实现通信子网端到端的可靠传输
会话层	利用传输层提供的端到端的服务向表示层或会话用户提供会话服务
表示层	表示层以下的各层只关心可靠的传输比特流，而表示层关心所传输的信息的语法和语义，完成一些特定的功能
应用层	负责与用户和应用程序进程通信，包含了各种应用协议和服务

按照 OSI 参考模型的描述，当两台计算机通过网络通信时，一台机器上的任何一层的软件都假定是在和另一台机器上的同一层进行通信。例如，一台机器上的传输层和另一台机器的传输层通信，但是第一台机器上的传输层并不关心实际上是如何通过该机器的较低层，然后通过物理媒体以及第二台机器的较低层来实现通信的。

1.4.5　网络系统设计基础

1．网络规划的重要性

早期的网络由于速度慢、规模小，对网络设计的要求并不是那么严格，因此网络设计人员使用的很多都不是正规的、好的方法，有的甚至使用错误的方法。

事实上新企业的出现和新技术的发展速度是非常惊人的，如果人们还用计算机网络早期所形成的一些错误概念和方法来规划和设计一个网络，将会严重阻碍这个网络工程的实施。更严重的是，用错误方法开发出来的许多大型网络工程几乎无法维护，只好提前报废，造成了大量人力、物力的浪费。只有从实践出发，充分吸取和借鉴人类长期以来从事各种工程项目所积累的行之有效的原理、概念、技术和方法，吸取几十年来从事计算机软、硬件研究和开发的经验教训，才能避免这些早期发展阶段形成的一些错误观念和做法。由此出现了网络工程学科，而实施网络工程的首要工作就是要进行规划。缺乏规划的网络必然是失败的，其稳定性、扩展性、安全性、可管理性都将没有保证。

2．网络规划的任务

网络规划的主要任务是要对系统的性能指标给出尽可能准确的定量或定性的分析和估计，这些指标包括业务的需求、网络的结构、网络管理需要、网络增长预测、网络安全要求以及与外部网络的互连。

只有顺利地完成这些任务，在网络具体建设的时候才能有据可依，从而避免盲目、错误的建设，避免各方面的损失。网络规划需要进行的主要工作包括以下 3 个方面。

1）网络需求分析：包括业务需求分析、用户需求分析、应用需求分析等。

2）网络规划与结构：包括确定规划、拓扑结构分析、与外部网络互连方案。

3）网络扩展性分析：其目标是通过科学、合理的规划，用最低的成本，建立最佳的网络，达到最高的性能，提供最优的服务等。

3．网络规划的基本原理

当设计一个特定业务需求的网络时，必须遵循一定的处理过程。一个好的、正规的设计过程不会干扰实际建网工作，并会使设计者的工作更简单、更加高效。

因为时间压力总是存在的，许多技术员总是不想进行正规的设计而“直接开始工作”。但是，即使是最简单的开发过程也会出现如下问题：

1）不能满足需要。如果不清楚实际需要什么，就不可能得到一个满足需要的网络。例如，客户需要的是一个覆盖全国范围、用于传播语音信息的网络。你设计的网络虽然也能覆盖全国范围，但却是一个租用卫星传播信息的网络。在这样的网络中，由于延迟比较高，一方说一句话，另一方要等 1s 以上的时间才能听到，对用户的需求来说，它是一个失败的网络。

2）蠕动需求。随着需求的增加和变化会大大增加在项目上花费的时间、精力和经费。

若有需求必须清楚地记录下来，并及时沟通和评价。

3）延误工期或超支。随意地做项目必然要延误工期或超支，这常常是由于重复工作引起的。而且，急于求成往往容易错过缩减开支的机会。例如，在设计中忽视了某个部分，在实施的时候才发现，可能会带来严重的超支。

4）不能令用户满意。不管一个网络看上去多好，如果它不能使最终的用户满意，就是失败的。例如在网络的设计中，选择网络运营商关系到网络费用，因此非常关键。假设你为某个公司设计一个网络，通过 CERNET（中国教育和科研计算机网）连接到 Internet，价格便宜，并且访问教育网络的速度也非常快，但是访问网易、新浪等网站的速度却很慢，这对普通用户和企业来说不可接受。因此，虽然选择了一个非常便宜的网络运营商，但用户不满意，就不是一个好的网络。

5）不能使管理层满意。随意和不专业的开发工作将有损信誉，引起决策者们的不满。因此在网络规划设计中，除了有相当多的技术因素外，还有许多非技术因素需要引起注意。

在实施一个大型网络的规划过程中，要遵循以下一些原则：

1）用分阶段的生命周期计划严格管理。不成功的网络项目设计大部分是由于计划不周全造成的。应该把网络规划周期划分为若干阶段，并制订出相应的切实可行的计划，严格按照计划对开发和维护进行管理。

2）坚持进行阶段评审。无论什么项目，后期纠正错误的代价都是非常大的。因此，必须严格坚持阶段评审，及早发现和纠正错误。

3）实行严格的产品质量控制。在现实中由于外部原因要求对需求等进行修改是难免的，但必须有严格的管理制度和措施。

4）结果应能清楚地审查。由于网络是一种看不见、摸不着的逻辑产品，对它的检验和审查很困难。因此，应提供可视化的检验标准和方法。

5）开发人员应少而精。网络规划人员的素质应该是较高的，人员不宜过多。人员素质低或人员过多，都会导致网络的错误率高，且开发效率下降，成本增加。

6）承认不断改进网络工程的必须性。网络工程是一门迅速发展的学科，必须学习和跟踪先进的技术和方法，并总结经验、改进方法，不断进行技术创新。

4．网络设计过程

网络设计过程描述了开发一个网络时必须完成的基本任务，但每个项目都有它自身的独特需求，需要稍加修改以完成不同的任务。网络设计过程主要包括问题定义、需求分析、现有网络分析、逻辑网络设计、物理网络设计、安装和维护。

（1）问题定义

问题定义阶段必须回答的关键问题是“要解决的问题是什么？解决这个问题有行得通的解决方法吗？”如果不知道问题是什么就试图解决这个问题，显然是盲目的，只会白白浪费时间和金钱，最终得出的结果很可能是毫无意义的。尽管确切地定义问题的必要性十分明显，但是在实践中却可能是最容易被忽视的一个步骤。

通过问题定义阶段的工作，网络设计人员应该提交关于问题性质、工程目标和规划的书面报告。通过对网络系统的实际用户和使用部门负责人的访问调查，设计人员应扼要地写出对问题的理解，并在用户和使用部门负责人的会议上认真讨论这份书面报告，澄清含糊不清的内容，改正理解不正确的地方，最后写出一份双方都满意的报告。

问题定义阶段是网络规划过程中最简短、却十分重要的一个阶段，需要引起我们的重视。在实际工作中，这一阶段可以与下面的需求分析结合在一起。

（2）需求分析

需求分析不解决具体问题，而是准确地确定“为了解决这个问题，目标系统必须做什么”，主要是确定目标系统必须具备哪些功能。

用户了解他们所面对的问题，但是通常不能完整、准确地表达出他们的要求，更不知道怎样利用计算机解决他们的问题；网络设计人员知道怎样用各种计算机网络设备实现用户的要求，但是对特定用户的具体要求并不完全清楚。例如，某银行需要建设一个网络，解决它在工作过程中遇到的一些问题。在这个过程中，网络设计人员本身并不了解银行的工作和特点，而银行的人员也不了解网络怎样来解决他们的问题。如果网络设计人员和银行工作人员不能很好地沟通，这个项目将很难顺利完成。因此，网络设计人员在需求分析阶段必须和用户进行充分的沟通，以得出经过用户确认的系统逻辑模型。

在需求分析阶段确定的系统逻辑模型是以后设计和实现目标系统的基础，因此必须准确、完整地体现用户的要求。网络规划人员通常都是对计算机网络非常熟悉的专家，他们一般都喜欢很快着手进行具体设计。然而，一旦网络设计人员开始讨论设计的细节，就会脱离用户，使他们不能继续提出其要求和建议。

需求分析阶段必须提出完整而准确的系统功能模型，经过用户确认之后才能进入下一个阶段，这样可以有效地防止急于着手进行具体设计的倾向。值得注意的是，虽然收集需求信息是很耗时的工作，而且不能立即提供一个结果，但是需求分析有助于设计人员更好地理解网络应该具有的性能，使设计者能够更好地评价现有网络，为用户提供最合适的资源和网络功能。

需求分析包括业务需求、用户需求、应用需求、计算机平台及网络本身需求、网络管理员需求等。在这一阶段将要输出的是需求说明书。网络设计者必须规范地把需求记录在一份需求说明书中，描述单位和个人对网络的需求。这个文档不应该是简单的某种解决方法或设计方案，而应该清楚和细致地总结单位和个人的需要和愿望。

需求说明书正式通过后，开发过程就进入下一个阶段了。尽管正式的需求说明书很重要，但它并不是绝对化的，是允许有变化的。

（3）现有网络分析

该阶段的主要任务是当要升级或改善一个现有网络时，对该网络体系结构及其性能进行分析。现有网络分析阶段是对需求收集阶段的补充，需要明确将要干什么，现在处于什么状态。

新网络设计的效率依赖于现有计算机设备是否能支持新的需求。现有网络设备及其支持系统对新的开发可能很有用，也可能是一种负担。所以在写完需求说明书后，在设计过程开始之前，开发小组必须彻底分析与现有网络和新网络相关的其他资源。

首先要进行的是环境分析，环境分析是指对企业的信息环境基本情况的了解和掌握，如办公自动化情况、计算机和网络设备数量配置及分布、技术人员掌握专业知识和工程经验的状况以及地理环境（如建筑物）等。通过环境分析可以对建网环境有个初步的认识，便于后续工作的开展。

其次，质量（如用户对存储量和通信流量的评价）和数量（如测到的数据流量大小和来自网络管理员的统计数据）方面的信息都应该被收集。在这个阶段应该写出一份正式的数据流量说明文档，供下一阶段逻辑设计使用。

网络分析阶段应该提供如下输出内容：

1）现有网络的逻辑拓扑图。

2）反映网络容量的每个应用、网段及网络整体所需的通信容量和模式。

3）详细的统计数据，基本的测量值和所有其他直接反映现有网络性能的测量值。

4）Internet 接口和广域网提供的服务质量报告。

5）限制因素清单，如必须使用的现有线缆和设备。

（4）逻辑网络设计

逻辑网络设计阶段将描述满足用户需求的网络行为和性能，详细说明数据是如何在网络上传输的，但是并不涉及网络元素的物理位置，如 IP 分配策略、路由策略等。这是网络规划中的关键阶段，如果逻辑设计有问题，那么以后的实践问题将更严重。

设计者利用需求分析和现有网络分析的结果来设计逻辑网络结构。如果现有的软、硬件不能满足新网络的需要，就必须将它们升级。如果现有系统能继续使用，新设计可以将它们集成进来。如果不集成旧系统，设计小组可以找一个新系统，并对它进行测试，以保证符合用户需求。

在逻辑设计时，应该确定满足用户需求的服务、网络设备、网络结构和寻址。这一阶段涉及的工作相当多，包括物理层的考虑、网络设备的考虑、广域网性能优化的考虑、TCP/IP 寻址的考虑、网络安全的考虑、防火墙的考虑等。在该阶段应该得到一份详细的逻辑网络设计文档，其中包括以下内容：

1）逻辑网络图。

2）寻址策略。

3）安全措施。

4）具体的软件、硬件、广域网连接设备和基本的服务。

5）雇佣和培训新网络员工的具体说明。

6）对软件、硬件、服务、员工和培训费用的初步估计。

（5）物理网络设计

物理网络设计阶段体现如何实现逻辑网络设计，如何把逻辑网络设计应用到具体的设备上。在这个阶段，网络设计者确定具体的软件、硬件、连接设备、服务和布线。要完成物理网络设计，只有对综合布线和各种网络设备有一定的了解，才能很好地完成网络设备的选型。因此，这一阶段要掌握的相关知识包括双绞线的特性，各公司线缆的类型，光纤的结构、类型和安装，各公司不同型号交换机、路由器的使用和选择等。物理网络设计阶段的输出用以指导如何购买和安装设备，除尽可能详细、清晰外，一般包括如下内容：

1）物理网络图和布线方案。

2）设备和部件的详细清单。

3）软件、硬件和安装费用的估计。

4）安装日程表。

5）安装后的测试计划。

6）用户培训计划。

物理设计阶段的输出文档要求非常详细，任何人看了这个阶段的文档，应该都能很顺利地接着做下一阶段的工作。如果输出的文档只有设计者自己看得懂，是肯定不行的。

（6）安装和维护

前几个阶段的工作是顺利安装的前提。如果网络开发者在前面的各阶段严格遵守规范，许多常见的安装问题就可以避免。

安装阶段应该产生以下 3 方面的内容：

1）最后修改过的更新网络图（逻辑网络图和物理网络图）。

2）做了清晰标记的线缆、连接器和设备。

3）所有可以为以后的维护和纠错带来方便的记录和文档，包括测试结果、核心数据以及流量记录。

所有软硬件在安装开始之前必须到位并进行测试。在网络最后投入运行前，所有需要的资源都应该妥善安排，新的职员、顾问服务、培训和服务协议都是需要管理的资源。

这些资源的获得也必须在安装队伍开始前完成。如果安装开始前，某个至关重要的子系统没能到位，部分或者整个系统可能就要重新设计。

网络安装以后，网络管理员的任务就转到了接受用户反馈意见和监控网络阶段。当有新的需求出现时，就需要重新进行设计。

1.4.6　用户需求调查与分析

需求分析是从软件工程学引入的概念，是一个网络系统成功与否的关键，是网络组建的第一步。组建网络的目的是共享资源和相互通信，而建设何种结构、何种速度的网络是以用户的需求和应用为依据，而不是网络设计人员凭空想出来的。网络结构是否合理，网络工程施工是否顺畅，都是以网络需求分析为基础的。

需求分析阶段主要完成用户网络系统调查，了解用户建网需求或用户对原有网络升级改造的要求。该阶段包括综合布线系统、网络平台、网络应用的需求分析，以便为下一步制订网络方案打好基础。

需求分析是整个网络设计过程中的基础，也是难点，需要由经验丰富的网络系统分析员来完成。

1．需求调查

需求调查的目的是从实际出发，通过现场实地调研，收集第一手资料，取得对整个工程的总体认识，为系统总体规划设计打下基础。

（1）网络用户调查

网络用户调查就是与未来的有代表性的直接用户进行交流，获得用户的需要和要求，这个环节尤为重要。一般可能从以下几个方面进行用户调查：

1）查询技术文档和背景资料。

2）对用户进行访谈。

3）用问卷的形式调查。

系统分析员对通过以上方式获得的信息进行分析和归类，得出网络用户基本要求。总的来说，网络用户基本要求包括以下几个方面：

1）网络延迟与可预测响应时间，可以通过具体的事件来获得。

2）可靠性/可用性，即系统不停机运行。

3）伸缩性。网络能否适应用户不断增长的需求。

4）高安全性。保护用户信息和物理资源的完整性，包括数据备份、灾难恢复等。

（2）应用调查

应用是组建网络的目的，不同的行业有不同的应用需求。只有对用户的实际需求进行细致的调查，并从中得出用户应用类型、数据量的大小、数据的重要程度、网络应用的安全性及可靠性、实时性等要求，才能设计出符合用户实际需要的网络系统。

应用调查通常由网络工程师、网络使用者或 IT 专业人员填写。设计和填写应用调查表要注意颗粒度，如果不涉及应用开发，则不要过细，用户的主要需求没有遗漏即可。应用调查示例见表 1-2。

表 1-2　应用调查示例

业务部门	人数（工作点）	业务内容及第三方业务应用软件	业务产生的结果数据	需要网络提供的服务
财务处	8	结算、财务处理、固定资产管理、税务处理、用友财务软件（C/S）	总账、明细账、财务报表等数据，每年发生业务约 8000 笔	数据要求万无一失，有关领导可实时查看账目，需要高可用性，需要安全认证
档案室	1	纸介质档案及底图、电子文档、CAD 电子图档管理及企业网内服务	需保存 30 年之久的珍贵共享档案数据库，共约 17 000 份，200GB	需要海量存储，需要高带宽，需要安全认证
设计部	58	产品研发、CAD、产品试验	CAD 图档、设计文档	软件、设计资源、信息资源共享，需要图书及资料查询阅读，需要共享设计软件的 License E-mail
市场营销部	11	市场推广，传统营销与电子商务并存，销售费用结算、合同管理	客户资料数据、产品资料、销售记录	电子商务系统（企业内部网和 Internet 协同），与财务部费用结算系统挂接 E-mail

（3）地理布局勘察

地理布局勘察就是对建网单位的地理环境进行实地勘察，进而确定网络规模、网络拓扑结构、综合布线系统设计与施工方案等。它主要包括以下几项内容。

1）用户数量及相对位置：网络规模和网络拓扑结构的决定因素。对于楼内局域网，应详细统计出各层每个房间有多少个信息点，所属于哪些部门，网络中心机房（网络设备间）在什么位置，见表 1-3。对于园区网/校园网，则重点应放在各个建筑物的总信息点数上，见表 1-4。等到布线设计阶段再进行详细的室内信息点分析。

表 1-3　某学校用户信息点调查示例

部　门	层　次	信息总数
机关	7	30
基础部	6	10
物流系	6	12

表 1-4　校园网用户信息点调查示例

楼　　宇	层　　数	信 息 点 数
教学楼	6	120
实验楼	8	200
综合楼	4	59

2）建筑群调查：包括建筑群的位置分布，建筑物和建筑物之间的最大距离以及建筑物中心（设备间）与网络中心所在的建筑物之间的距离，中间有无马路、现成的电缆沟、电线杆等，如图 1-7 所示。

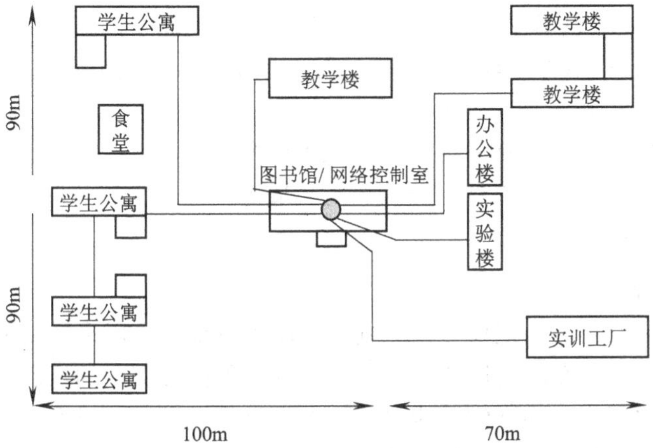

图 1-7　某学院校园网建筑群位置丈量示意图

3）建筑物内部结构调查：最好能找到建筑物设计图、各层结构图，以便于确定网络局部拓扑结构和室内布线系统走向与布局、所使用的传输介质，如图 1-8 所示。

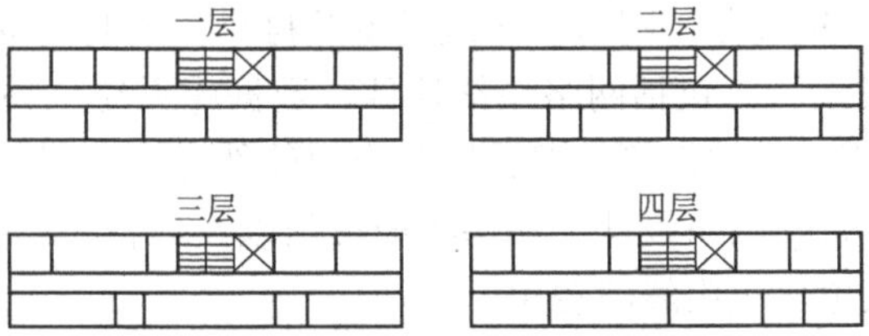

图 1-8　建筑物内部结构示意图

2．应用概要分析

通过以上调查，系统分析员对调查材料进行分析处理，归纳出对网络设计具有重大影响的因素，进而使网络方案设计人员得出这些应用需要的服务器等级、服务器数量、网络负载及流量如何平衡分配、网络使用高峰期等。就目前来说，网络应用大致有以下几种典型的类型。

（1）Internet/Intranet 网络公共服务

1）WWW/Web 服务。

2）E-mail（电子邮件）。

3）FTP（公用软件、设计资源等文件服务）。

4）电子商务系统。

5）公共信息资源在线查询系统。

（2）数据库服务

1）关系数据库系统（RDBMS）：为很多网络应用（如MIS系统、OA系统、企业ERP系统、学籍管理系统、图书馆系统等）提供后台的数据库支持，如Oracle、Sybase、IBMDB2、MS-SQL Server等。

2）非结构化数据库系统：为公文流转、档案系统提供后台支持，如Lotus Domino、MS Exchange Server等。

（3）网络专用服务系统应用类型

1）视频专用服务：VOD视频点播系统、电视会议系统等。

2）部门专用系统：财务管理系统、项目管理系统、人力资源管理系统等。

（4）网络基础服务和信息安全平台

1）网络基础服务：包括DNS服务、SNMP网管平台等。

2）信息安全平台：CA证书认证服务、防火墙等。

3．详细需求分析

（1）网络费用分析

在进行网络费用分析时要记住一条原则：要以尽量少的费用来实现网络的最大功能。事实上，每个网络方案都是在网络性能与价格上做到一种恰如其分的均衡。

所谓均衡就是说用户在网络的性能与价格方面只能权衡轻重以取其所需。因此，首先要设法探清建网单位的经费额度、投标标底、费用承受上限，然后根据用户对网络性能的要求做出网络方案。

网络工程项目本身的费用主要包括以下几个方面。

1）网络硬件设备费用：包括网络服务器、工作站、海量存储设备、网络打印机、UPS电源、交换机、路由器、集线器、网卡、布线设备及材料、辅助设备等的费用。

2）软件购置及开发设计：包括网络系统软件、数据库系统、外购应用系统、网络安全与防病毒软件、网络互连工具软件等的费用以及应用软件开发费用。

3）安装调试费用：包括网络设计、网络集成费用以及设备安装和布线费用。

4）远程通信线路或电信租用线路费用。

5）培训服务费用：人员培训费（包括网络系统管理、使用培训、网络应用软件使用培训）。

6）运行维护费用：网络运行后，必须考虑日常的运行和维护费用，以保证网络系统的正常运行。

（2）网络总体需求分析

通过以上的用户调研，综合各部门人员（信息点）及其地下位置的分布情况，结合应用类型以及业务密集度的分析，大致分析并估算出网络数据负载、信息包流量及流向、信息流特征等元素，从而得出网络带宽要求，并勾画出网络所应当采用的网络技术和骨干网拓扑结构，确定网络总体需求框架。

（3）综合布线需求分析

对网络中的建筑群进行实地考察，由用户提供建筑工程图，从而了解建筑群分布情况、园区内道路分布情况、建筑的物理结构、中心机房的位置、每幢建筑物内信息点数、电力系统供应状况等，确定网络施工方案，做出施工费用预算。

综合布线需求分析主要包括以下 3 个方面：

1）根据建筑物间距离、网络速度和带宽要求确定线缆的类型和光缆的芯数。

2）根据调研中得到的建筑群间距离、马路隔离情况、电线杆、地沟和道路状况，对建筑群间光缆布线方式进行分析，为光缆采用架空、直埋还是地下管道铺设找到直接依据。

3）对各建筑物的规模信息点数和层数进行统计，用以确定室内布线方式和管间的位置。建筑物楼层较高、规模较大、点数较多时，宜采用分布式布线。

（4）网络可用性/可靠性需求分析

不同行业对网络系统可用性的要求不同，如证券、金融、铁路、民航等行业对网络系统可用性要求最高。可用性要求需要通过相应的措施来提高网络可用性，如采用磁盘双工和磁盘阵列、双机热备容错、异地容灾和备份减灾措施等，也可采用高可靠性的大中小型 UNIX 主机（如 IBM、Sun 和 SGI）。但这样做的结果会导致费用成指数级增长。

（5）网络安全需求分析

网络安全需求分析就是对网络方案进行全面分析，并根据用户群的实际情况，找出目前网络方案可能存在的安全隐患，保证网络资源的完整性、可靠性、有效性。安全需求分析具体表现在以下几个方面：

1）分析网络存在弱点、漏洞与不当的系统配置。

2）分析网络系统阻止外部黑客攻击行为和防止内部职工违规操作行为的策略。

3）划定网络安全边界，使企业网络系统和外界的网络能安全隔离。

4）确保租用电路和无线链路的通信安全。

5）分析如何监控企业的敏感信息，包括技术专利等信息。

6）分析工作桌面系统安全。

1.4.7　网络拓扑结构设计

不同的拓扑结构采用不同的控制策略，使用不同的网络连接设备。具体采用哪种网络拓扑结构，与采用的介质和对介质的访问控制方式密切相关。

1．拓扑结构

所谓“拓扑”就是把实体抽象成与其大小、形状无关的“点”，而把连接实体的线路抽象成“线”，进而以图的形式来表示这些点与线之间关系的方法，其目的在于研究这些点、线之间的相连关系。表示点和线之间关系的图被称为拓扑结构图。拓扑结构与几何结构属于两个不同的数据概念，在几何结构中，要考查的是点、线之间的位置关系，或者说几何结构强调的是点与线所构成的形状及大小，如梯形、正方形、平行四边形及圆形都属于不同的几何结构。但从拓扑结构的角度去看，上述几种图形由于点、线之间的连接关系相同，从而具有相同的拓扑结构（即环形结构）。也就是说，不同的几何结构可能具有相同的拓扑结构。

同样在计算机网络中，把计算机、终端、通信处理器等设备抽象成点，把连接这些设备的通信线路抽象成线，并将由这些点和线所构成的拓扑称为网络拓扑结构。网络拓扑结构反映网络的结构关系，它对于网络的性能、可靠性以及建设管理成本等都有重要的影响，因此网络拓扑结构的设计在整个网络设计中占有十分重要的地位，在网络构建时，网络拓扑结构往往是首先考虑的因素之一。

前面介绍过，在计算机网络中常见的拓扑结构主要有总线型、环形、星形、树形、网状和混合型，如图1-9所示。

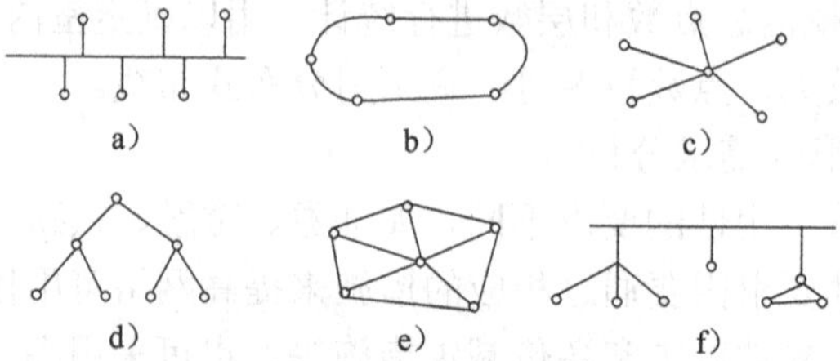

图1-9　常见拓扑结构示意图

a）总线型　b）环形　c）星形　d）树形　e）网状　f）混合型

（1）总线型拓扑

总线型拓扑结构采用单根传输线作为网络的传输介质，所有网络节点的接口都串联在总线上。在总线型拓扑结构中，每一个站点发送的信号都在总线中传送，并被所有的其他站点接收。总线需要有一定的负载能力，因此总线长度有限制，而且一条总线也只能连接一定数量的节点。在总线两端连接的器件称为终结器（其中一端接地），主要用来与总线进行阻抗匹配，最大限度地吸收传送端的能量，避免信号反向回总线，产生不必要的干扰。

总线型拓扑结构的优点是结构简单灵活，设备量少，便于扩充，价格低，安装使用方便。其缺点是“一条直线走到黑”，使得网络规模、距离、网络布线施工等受到限制。

（2）环形拓扑

在环形拓扑结构中，节点通过相应的网络接口卡（NIC），使用点到点线路连接，构成闭合的环，环中数据沿着一个或两个方向绕环逐点传输。

环形拓扑结构的特点：信息在网络中沿着固定方向流动，两个节点间仅有唯一的通路，大大简化了路径选择的控制；当某个节点发生故障时，可以自动旁路，可靠性较高；由于信息是串行穿过多个节点环路接口的，当节点过多时，会影响传输效率，使网络响应时间变长，但当网络确定时，其延时固定，实时性强；环路封闭，扩充不方便。

环形拓扑结构曾经是局域网常用的拓扑结构之一，其主要优点是延时具有可控制性。它适用于对时间要求比较苛刻的信息采集、处理系统和工厂自动化系统，而且当网络负载过载时，环形网的传输效率要比以太网优秀。1985年，IBM公司推出的令牌环网就是其典范；1995年前后，比较流行的大型FDDI骨干网采用的也是这种拓扑结构。目前流行的局域网主干也往往采用环形拓扑结构。

（3）星形拓扑

星形拓扑结构中存在着一个中心节点，每个节点通过点到点线路与中心节点连接，任何两个节点之间的通信都要通过中心节点转接。按照这种定义，普通的共享介质局域网中不存在星形拓扑，只有在出现交换局域网之后，才真正出现了物理结构和逻辑结构统一的星形拓扑。

星形拓扑结构的特点：高度集中控制，易于网络管理，所有的信息都必须经过中央节点，所以中央节点可以很容易地统计网络的通信量、报告错误信息、监测和诊断网络故障；容易扩展，只需在中央节点和新节点之间增加一条线路就可以了，不影响其他节点。但这种拓扑结构费用比较高，因为每个节点都需要电缆与中央节点相连，所以需要大量的电缆；中央节点成为全网的关键设备，如果中央节点发生故障，整个网络就不能工作，因此要求中央节点具有较高的可靠性和冗余度及较强的数据处理能力，在无形中又增加了费用。

星形拓扑结构又分为基本星形结构和多级星形结构。基本星形拓扑结构就是在小型局域网中，使用单台集线器或交换机（目前集线器已基本不用了，所以后面不再提及）来构成星形结构。它采用的传输介质是常见的双绞线和光纤，担当集中连接的设备是具有双绞线 RJ-45 以太网端口或者各种光纤端口的集线器或交换机。

多级星形网络就是在基本星形网络的基础上通过多台交换机级联形成的。图 1-10 所示的是一个包含两级交换机结构的星形网络，其中的两层交换机通常为不同档次的，可以满足不同需求，核心（或骨干层）交换机要选择档次较高的，用于连接下级交换机、服务器和高性能需求的工作站用户等，下面各级则可以依次降低要求，以便于工作最大限度地节省投资。

星形拓扑结构是目前应用最广泛的一种网络拓扑结构，几乎所有的无线通信网络都采用星型结构，如卫星通信、移动电话、无线寻呼等。

（4）树形拓扑

树形拓扑是从总线型拓扑演变过来的，形状像一棵倒置的树，顶端有一个带分支的根，每个分支还可延伸出子分支。树形拓扑通常采用同轴电缆作为传输介质，并且采用宽带传输技术。

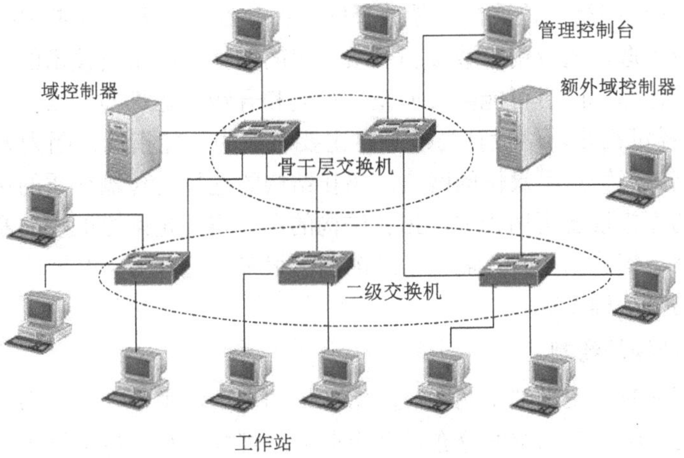

图 1-10　多级星形拓扑结构

树形拓扑结构的特点：易于扩展，当需要加一个新的结点时，只需在最底层的节点上再加入一个分支；故障隔离容易，当一个分支节点发生故障时，整个树形网络可以被分成两个独立的树形网络，这时很容易将故障与整个网络分开。

树形拓扑最典型的应用是目前的有线电视网络。同轴电缆通过分支器形成一个树形拓扑结构，将电视信号从前端传送到所有用户家中。有线电视网络的主要特点：承载单向的电视广播业务，覆盖面广，能够灵活地增加新用户而不需对网络进行大的改动。因此，有线电视网络采用树形拓扑结构是最合适的。

（5）网状拓扑

网状拓扑结构中，各节点之间通过导线直接相连，也就是说，节点之间的连接是任意的，没有规则。

网状拓扑结构具有很高的可靠性，因为任何两个节点之间都有多条路由。当两个节点之间的直接路由出现故障时，这两个节点仍可通过第三个节点迂回路由进行通信。迂回路由的另一个作用是可以分担网络流量，当两个节点之间通信量过大时，可以分担一部分通信量到迂回路由上。但这种网状结构安装费用高，不易维护和管理。对一般企业应用来说，没有必要花费过多财力和人力来获得如此高的可靠性，所以网状拓扑结构大多应用在公用电信网络中，特别是主干网络中。

（6）混合型拓扑

混合型拓扑结构是上面的几种拓扑结构混合而成的。因为任何一种拓扑结构都各有优缺点，在实际应用时可根据需要有意识地发挥某一种拓扑结构的优点。混合拓扑结构中，目前应用最多的是星形和环形结构混合成的星形环结构。在主干网中采用环形拓扑结构，利用光纤和少量的高可靠性节点构成高速环形网，利用星形拓扑结构克服环形网络不够灵活、增加节点困难这一缺点。星形环结构克服了星形和环形拓扑结构各自的缺点，不但具有环形网的优点，而且还具有全网故障检测与隔离及易扩充的优点。

2．拓扑选择

在选择网络拓扑结构时，一般要考虑以下3个因素：

1）可靠性。可靠性是网络的生命。在选择拓扑结构时，必须考虑到未来网络故障检测和排除的方便性。网络故障的检测和排除，是网络系统可靠性的重要保证。

2）灵活性。又称网络的扩展性，是选择网络拓扑结构时要充分考虑的问题。任何一个网络都不可能一劳永逸，随着用户数量和网络应用的增加，网络新技术的不断发展，特别是用户需求的改变，计算机网络可能需要调整、扩展和升级，这都与网络拓扑结构直接相关。

3）经济性。经济性是网络设计与规划时主要考虑的性能指标，因为人们总想花最少的钱组建技术量最高、传输速率最快的网络。拓扑结构的选择与传输介质的选择、传输距离的长短和所需网络的连接设备密切相关，拓扑结构的选择将决定网络的安装和维护等费用。

总之，选择网络拓扑结构时，需要考虑的因素很多，这些因素会影响网络的运行速度和网络软硬件接口的复杂程度等。

3．网络拓扑结构的绘制

组建企业局域网时，在详细了解企业网络应用和安全需求后，就要为具体的网络设计出与应用需求、当前实际建筑物空间分布以及企业网络规模、行业特点等相适应的网络拓扑结构。在这里不仅需要设计出网络的总体结构，最好还要细化到关键节点的具体位置，并标出哪些节点属于保留或备用的，哪些节点用来连接什么样的主机，这为后面将要进行的综合布线系统设计提供了重要依据。当然为了更明确地指示出拓扑结构的全面信息，还需要以文字的形式在相应的结构图中或图的外面作具体说明，以解决图示方式不能很好标注的问题。

拓扑结构的设计非常重要，不得随意应付，因为它关系到后面的网络具体部署和网络设备、软件系统等的选购。一个结构不明确、不完善的网络规划方案肯定不是一份合格的好方案。

（1）网络拓扑结构图元的获取

在网络拓扑结构设计中，图元是结构图中的基本元素。获取图元的方法有以下两种：

1）工作积累法。图元的获取其实有多种途径，最简单的方式就是自己平时在工作中积累，看到一个比较好的元素图就保存下来。当然这些图元要符合通用的标准，不是随意的。计算机、服务器、打印机、交换机、路由器和防火墙的基本元素图如图 1-11 所示。在这些图元中，有的是实际设备的缩略图（如计算机、服务器、打印机等），有的则是大家都认可的通用图标（如交换机、路由器和防火墙等）。

2）工具软件截取法。实际网络拓扑结构中可能涉及的网络设备非常多，远不止图 1-11 所示的那几种。如果遇到一些自己保存的元素图中没有的设备，则可以用工具软件中的图形绘制工具绘制简单的图形，然后加以文字标注。还可以通过专门的拔掉结构绘制软件，如 Visio、LAN MapShot 等直接获得。图 1-12 所示的就是 Visio 中的一些图元。

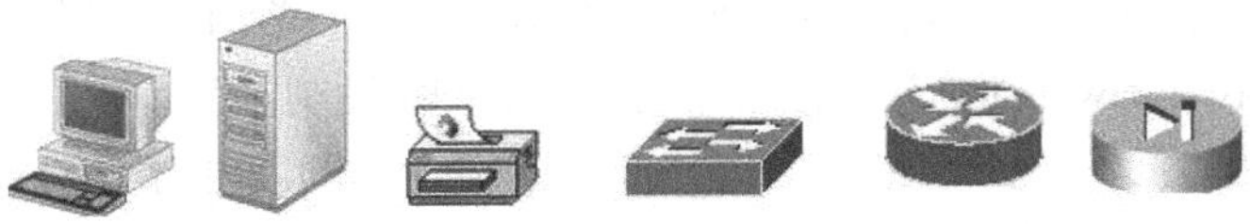

a）　b）　c）　d）　e）　f）

图 1-11　几种主要的网络设备拓扑结构元素图

a）计算机　b）服务器　c）打印机　d）交换机　e）路由器　f）防火墙

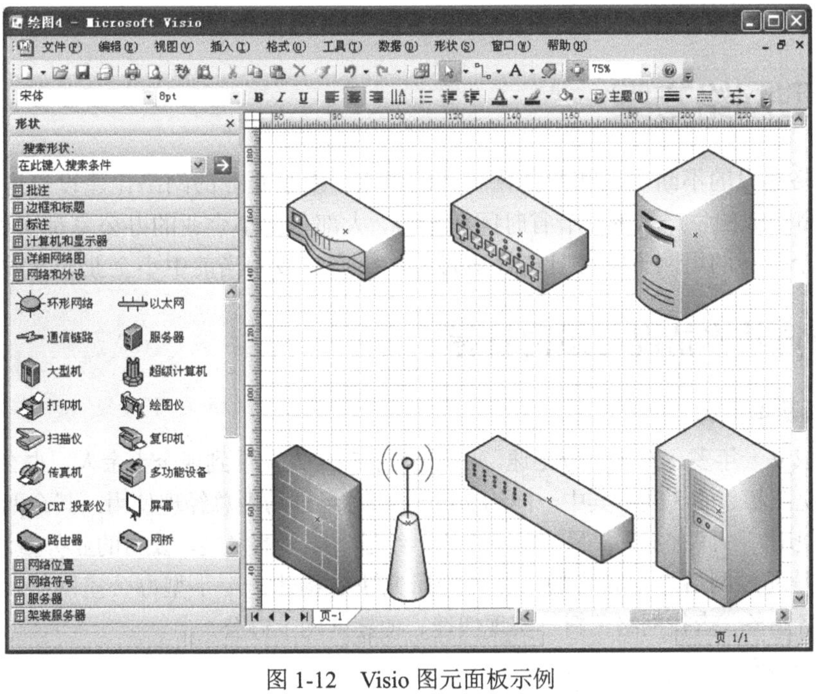

图 1-12　Visio 图元面板示例

（2）绘制网络拓扑结构

小型、简单的网络拓扑结构可能比较好画，因为其中涉及的网络设备可能不是很多，图元外观也不会要求完全符合相应产品型号，通过简单的画图软件（如 Window 系统中的“画图”、HyperSnap 等）即可轻松实现。一些大型、复杂网络拓扑结构图的绘制通常不是采用那些免费或简单的画图工具，而是需要采用一些非常专业的绘图软件，如 Visio、LAN MapShot 等。在这些专业的绘图软件中，不仅会有许多外观漂亮、型号多样的产品外观图，而且还提供了圆滑的曲线、斜向文字标注，以及各种特殊的箭头和线条绘制工具。下面简单介绍这两款网络拔掉结构软件在网络拔掉结构绘制应用中的基本使用方法。

1）利用 Visio 绘制网络拓扑结构。Visio 系列软件是微软公司开发的高级绘图软件，属于 Office 系列，可以绘制流程图、网络拓扑图、组织结构图、机械工程图等。它功能强大，易于使用，就像 Word 一样。它可以帮助网络工程师创建商业和技术方面的图形，对复杂的概念、过程以及系统进行组织和文档备案。Visio 2008 还可以通过直接与数据资源同步自动化数据图形，提供最新的图形，并允许用户自定制来满足特定需求。

2）利用 LAN MapShot 绘制网络拓扑结构。除了 Visio 外，还有一款非常著名的网络拓扑结构绘制软件，就是美国福禄克网络公司的 LAN MapShot。

3）其他软件绘制网络拓扑。除了以上两款软件外，还有一些小的拓扑结构软件也可以选用，如 NetworkView、Fast Draw（速画）和亿图专业流程图/网络图制作工具等。NetworkView 是一个自动绘制网络拓扑图的工具，启动该软件后会自动扫描处于本网段内的所有网络设备，包括路由器、交换机以及防火墙设备，然后根据扫描结果自动绘制出一个网络拓扑图。Fast Draw 具有图形建模、图形管理、工程制图等专业应用，适合作为工作流开发平台或工作流建模工具，可以根据行业的不同，制作个性流程图符号，任意建立符号之间的相互关系，并具有合并、拆分、画线、旋转、缩小、放大等功能。

1.5　小型网络方案

随着网络建设的不断发展和数据化时代的到来，中小企业的网络化建设也进行得如火如荼。为了提高企业的生产效率，节省时间和金钱，大部分中小企业的办公室都实现了网络化。如何选择一个合适的组网方案并且选择适合的网络产品成为当前中小企业非常关心的问题。

1.5.1　公司基本情况与组网目标

1．公司基本情况

某公司成立一年多，发展十分迅速，由原来的 3 个人发展到现今十余人，办公室由原来的一间增加到现在相邻的 3 间，其中一间约 $20m^2$，供总经理与副总经理使用；其余两间约 $40m^2$，供公司员工使用，一间有 6 人，另一间有 7 人。经过一年多的发展，公司的业务量增加了许多，许多客户都是通过网络进行联络的，公司经研究决定构建一个小型办公室网络，以方便公司员工办理网络业务、查找网络资料，实现快速、便捷的网上办公。

2．组网目标

公司网络建成后，要达到如下目标：

1）建立公司与 Internet 的宽带连接。

2）实现内部资料分级共享。

3）实现硬件资料共享，如打印机、扫描仪等。

4）方便员工在互联网上查阅资料。

5）方便业务员与客户联系。

6）实现简单的网络办公。

1.5.2　网络组建原则

某公司小型局域网络系统在总体上应满足以下设计原则：

1）经济性原则。在网络设计、设备选型上，采用高性价比的方案和设备，不仅要使资金的投入、产出比达到最大值，而且要降低整个系统的运行成本，保证使用过程中能够以比较少的人员与资金投入来维持系统的正常运行。

2）实用性原则。采用的技术应代表目前计算机网络的先进水平，基于 Internet 技术，选用与网络技术发展潮流相适应的产品，保持技术的先进性与成熟性，同时也注重应用的实际需求和设备的性价比，充分保护用户投资。

3）灵活性原则。灵活的目的是实现可根据数据中心不同用户的需求进行定制，网络/设备能够灵活提供各种常用网络接口，能够根据不同需求对网络模块进行合理搭配。

4）模块化结构。结构化布线系统中所有的接插件都是积木式的标准件，以方便使用管理和扩充，使得在投入运行后的维护工作中备品备件储备少、故障检查定位快、运行管理简单。

1.5.3　网络总体结构设计

由于组建的是小型的办公网络，有 3 间房间，每个房间最多有 7 个信息点，所以为了方便管理和维护，选择基本星形拓扑结构。网络有中央节点，其他节点（工作站、服务器）都与中央节点直接相连，这种结构以中央节点为中心，因此又称为集中式网络。这种结构便于集中控制，因为端用户之间的通信必须经过中心站。由于这一特点，也带来了易于维护和安全等优点。端用户设备因为故障而停机时不会影响其他端用户间的通信，同时它的网络延迟时间较小，传输误差较低。但这种结构非常不利的一点是，中心系统必须具有极高的可靠性，因为中心系统一旦损坏，整个系统将进入瘫痪状态。

网络技术方面采用快速以太网，用双绞线与各计算机相连，节省成本。

1.5.4　网络拓扑设计

根据网络总体结构设计，网络拓扑采用星形结构拓扑。由于只有 3 间办公室，共计 15 个信息点，而且 3 间办公室是相连的，为了节省成本，采用单层扁平结构，没有中间的骨干层和会聚层，根据用户建网目标，采用 100Mbit/s 网络带宽即可满足要求，因此交换机选择一个 24 口 100Mbit/s 交换机，交换机安装在中间办公室，其余房间用双绞线连接。采用 24 口交换机也为公司发展作准备。

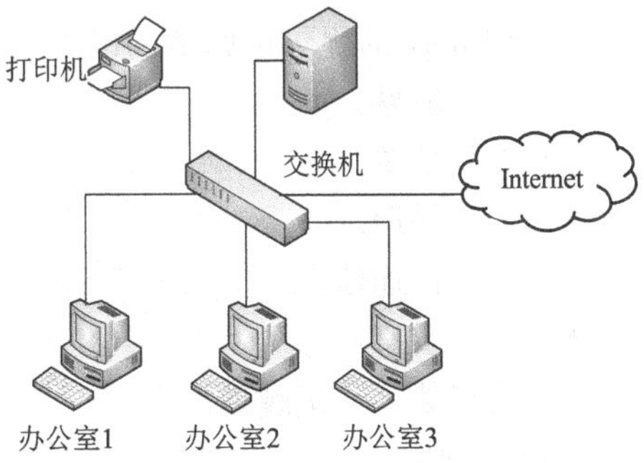

图 1-13　公司网络拓扑结构

采用 SOHO 路由器与互联网相连，具体拓扑图如图 1-13 所示。

1.5.5 网络技术选择

目前在局域网组网技术中，比较成熟和应用较多的技术及传输速率如下。

以太网技术：10Mbit/s、100Mbit/s、1000Mbit/s 和 10000Mbit/s。

ATM 技术：25Mbit/s、155Mbit/s、622Mbit/s 和 2.4Gbit/s。

这两种技术各有所长。ATM 相对于以太网来说是一种较为新型的技术，它基于面向连接，提供 QoS 保障，在实时数据传送、预留带宽方面有不可比拟的优越性，特别适合实时多媒体的交互式通信和一些突发性的数据传送要求。但它的元件和设备价格较昂贵。

以太网技术相对成熟，而且多数应用基于以太网开发，所以决定了其在网中占主导地位。目前千兆以太网技术和百兆以太网技术十分成熟和稳定，而且它的元件和设备比较低廉。

由于是小型办公类网络方案，出于成本和实际应用需求考虑，不必刻意追求高、新技术，选择低成本、成熟的技术即可。因此在本方案中，采用当前最普通的双绞线千兆位核心服务器连接、百兆位到桌面的以太网接入技术。虽然现在的以太网技术最高达到了 10Gbit/s，但具有这样高带宽设备的价格非常昂贵，实际上在本公司网络中根本用不上。由于用户数少和网络应用也比较简单，所以在本公司办公网络中交换机只需要选择普通的 100Mbit/s 设备。将来公司发展壮大了，现有的交换机则可以在分布层或接入层使用，这样极大地保护用户的投资。

1.5.6 接入 Internet

本公司小型办公局域网络建立后，内部信息和资源可共享，但仍不能与外部客户互传信息，因此还需要接入 Internet。根据目前我国互联网的建设情况，可采用的上网方式有直接电话拨号上网、ISDN 专线上网、ADSL 专线上网、DDN 专线上网和 CATV 宽带网等。

（1）电话拨号上网

电话拨号上网是利用现有的电话线资源，通过公众通信网实现网络节点的接入。和其他的接入方式相比，电话拨号虽然费用最低，但受到电话模拟线路本身技术的限制，其可提供的连接速率较低，且通信质量容易受到影响，不能提供高品质的连接信道。

（2）ISDN

采用 ISDN 的优势可归纳为以下几点：

1）技术成熟。

2）安装简单。

3）方便易用。

4）多媒体通信。

5）经济实惠。

6）具有数字化优越性。

（3）ADSL

ADSL 是利用现有普通电话线为家庭或办公室提供数据传输服务技术。其具有以下几个优点：

1）具有很高的传输速率。

2）不需要更改和添加线路，直接使用原有的电话线。

3）语音信号和数字信号可以并行，可同时上网和通话。

4）经济实惠。

（4）DDN

DDN 是利用数字信道提供永久或半永久电路，以传输数字信号为主的数字通信网络。其最具吸引力的优点是传输延时短，支持语音、图像等多媒体业务。DDN 已经在一些金融系统中得以广泛使用，是一种较为成熟的技术。出于对未来视频会议、办公自动化等多媒体宽带新业务的考虑，DDN 有着很强的生命力和发展前景。传统的网络互连方式是通过租用点对点的 DDN 专线方式，一般速率为 64/128kbit/s，这就是所谓的 IP 的点对点互连。这种互连方式比较成熟，也是当今 IP 网络互连中广泛采用的方式。但是，这种互连方式使得路由器必须将 IP 数据包从一个 IP 网络向另外一个 IP 网络转发。这样就会带来如下的问题：

1）对于组建大型的 IP 网络来说，由于租用这种点对点的线路，使网络方案设计变得非常复杂。为了将来网络的可扩展性，一般会考虑设计分层结构的网络体系（如网络分为骨干层及接入层等），这样就会需要大量的路由器设备来完成这一工作。路由设备的增加，不可避免地带来了资金、IP 地址分配、全网路由政策等一系列问题。

2）这种点到点的线路互连完全依靠路由设备来完成各个节点的 IP 数据交换、传递，从而使目前基于 IP 层交换的路由设备的交换速率及吞吐率又成了全网信息流传递的瓶颈。

（5）CATV

CATV 是一种通过有线电视网络进行高速数据接入的装置，也是一种常用的上网方式。其具有以下优点：

1）基础设施已经到位。

2）需要稳定。

3）资费便宜。

4）覆盖范围广。

根据办公需求和当地外网入户实际情况（电话拨号上网、ADSL 和 ISDN 已经入户），选用 ADSL 方式上网，选择 4Mbit/s 网络带宽。如果不能满足需要可以提高带宽或选择其他上网方式。

1.5.7　网络设备选择

网络设备是通信子网的基本组成部分，是决定网络传输速率的器件。根据前面的分析，本公司办公网络方案选择一个 SOHO 路由器、一台 24 口 100Mbit/s 二层交换机，一台高端 PC 作服务器，其余则使用原来的计算机，以保护用户投资。

（1）路由器选型

SOHO 路由器产品较多，如思科、华为、华三、锐捷、TP-LINK、D-Link 和磊科等，各个厂家的产品性能比较相近，但价格相差较多。经过比较，选择磊科 Netcore 2605NR 路由器，其价格比较合理，功能较多，性价比高。

Netcore 2605NR 在局域网端口嵌入四端口 100Base-TX 快速以太网交换机，满足高速稳定的内部网络访问需求，内建防火墙，产品采用全新的集成安全设计模式，将安全设计渗透到每个模块、每个协议、每个业务流程中，为实现企业网络的安全防护带来最有效的保障。Netcore 2605N 的 WAN 端口支持多种基于以太网的 Internet 连接模式：PPPoE（虚拟拨号）、动态 IP（即 DHCP 客户端）和静态 IP。前面板多 LED 指示灯显示，方便监视路由器连接活动和状态，具有软件升级功能，最大限度地保护用户的投资。提供了基于 Web 页面的配置界面，方便用户安装和管理路由器。

（2）交换机选型

交换机采用 1 台 TP-LINK 的 24 口 100Mbit/s 以太网络交换机，其价位低、功能强，多出来的端口可以保证网络能够具有较大的扩充能力。

TP-LINK-SF1024 以太网交换机提供 24 个 10/100Mbit/s 自适应端口，所有端口均支持 MDI/MDIX 自动翻转功能，既可用做普通口，也可用做 Uplink 口。它提供了一个简单、经济、高性能、无缝隙、标准的迁移到 100Mbit/s 网络带宽的解决方法，在提高工作组性能上提供了很大的灵活性，具有使用简单灵活、安装方便、性能优越、性价比高的特点。该机型完全符合 IEEE 802.3、IEEE 802.3u 标准，UTP 端口支持自动协商功能，自动调整传输方式和传输速率，具有动态 LED 指示灯，提供简单的工作状态提示及故障排除。

1.5.8　硬件设备清单

本局域网硬件设备清单见表 1-5。

表 1-5　硬件设备清单

名　称	型　号	单　位	数　量
服务器	高端 PC	台	1
路由器	Netcore 2605NR	台	1
交换机	TP-LINK SF1024 24	台	1
配线柜		台	1
网线	AMP 网线	箱	1
RJ-45 接口（俗称水晶头）	AMP	个	100

1.5.9　应用情况

局域网组建完成后，公司所有的材料放在服务器中，采用文件夹共享方式来实现，打印机则放在中间的办公室，实现打印机共享。

1）局域网建立后，各主机间均可以相互访问、调用文件，非常迅速、方便，再也不需要用磁盘压缩复件文件，大大提高了工作效率。

2）每一台主机上均装有所有打印机的驱动程序，这样任何一台主机均可调用任何一台打印机进行打印作业。

3）员工可以在互联网上查阅资料，并通过电子邮件和 QQ 等工具与客户进行联络与传递材料，非常迅捷方便。

4）在公司内部基本实现办公自动化，提高了工作效率。

习题

1. 网络发展经历了几个阶段？世界网络现状如何？
2. 什么是计算机网络？如何进行分类？
3. 在计算机网络中哪些资源可以共享？
4. 什么是网络体系结构？其设计思想是什么？
5. OSI 参考模型分为哪几层？分层的原则是什么？
6. 网络拓扑结构设计原则是什么？
7. 实践设计题：现有一个××公司，有员工 16 名，办公室 4 间，由于写字楼比较紧张，其中两间办公室在 15 楼，另外两间办公室在 16 楼，其中一间 $25m^2$ 的办公室由总经理与副总经理使用，并兼作接待室；另外 3 间办公室分别是 $30m^2$、$35m^2$ 和 $40m^2$，其中 $40m^2$ 的办公室有 4 名员工，同时留出一部分空间存储产品，其余两间每间有 6 名员工。因计算机网络不断发展，公司准备组建内部局域网，请进行设计。

项目 2　规划与设计小学校园网络

2.1　教学目标

1）了解用户地理环境，了解用户楼内结构。
2）掌握核心层设计原则，具有核心层设计与规划的能力。
3）掌握网络接入层设计原则，具有网络接入层设计与规划能力。
4）掌握 IP 地址分配原则，具有进行 IP 地址分配的能力。
5）了解网络传输介质的种类与特点，为用户选择合适的网络传输介质。
6）掌握局域网设备选择原则，为用户选择合适的网络设备。

2.2　工作任务

某小学需要构建一个办公区域网络，要求覆盖校长办公室、副校长办公室、各教研组办公室以及全部教室，每个办公室内的教职员工需通过网络实现信息交流和资源共享，从而实现快速、便捷、安全的网上办公，每个教室内的计算机用于教师上课课件的网络传输。

学校只有一座教学楼，共有 3 层，各房间具体位置如图 2-1 所示。作为一名网络规划工程师，你要对该小学校园进行实地调查，根据客户的需要选择合适的网络设备，设计并制订出可行的网络方案。

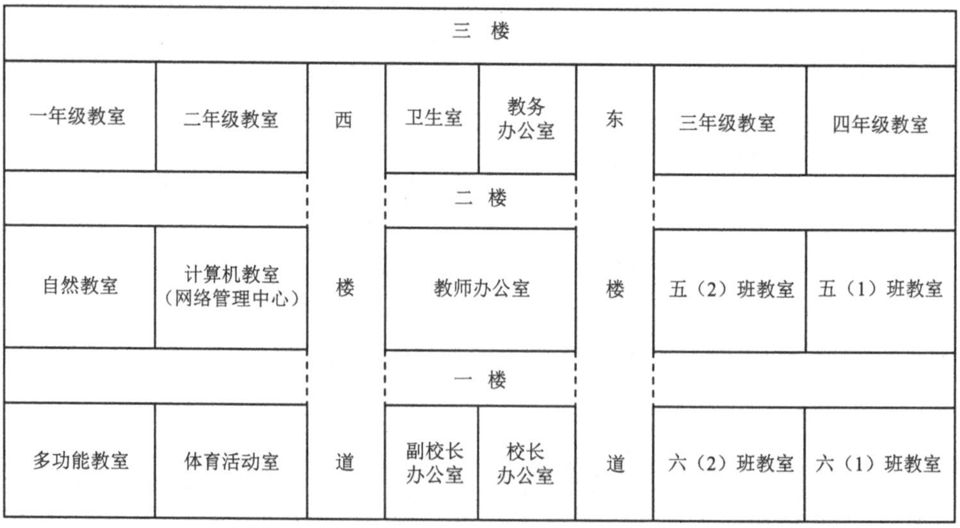

图 2-1　教学楼平面图

2.3　相关实践知识

小学教育的信息化提出了创建“数字化校园”的目标。校园网络是当今小学建设“数字化校园”的一项主要内容和重要举措。学校的网络建设应该为教育教学管理服务，为学生的学习服务。在当前我国发达地区的基础教育信息化发展过程中，以校园网络的建设为核心，加快教育现代化的进程，这是全面贯彻素质教育的关键性步骤。

小学校园网是小学内部信息化建设的重点，要求在校园网上实现办公自动化、计算机辅助教学，将学校的各种计算机、教学终端设备与局域网连接在一起，并能访问广域网。在此基础上还要建立满足教学、教研和管理工作需要的软硬件环境，包括各种信息库和应用系统，为学校各类人员提供充分的网络信息服务。校园网络总体设计方案要具备科学性，应该满足以下几个方面的基本要求：

1）整体规划安排。

2）先进性、开放性和标准化相结合。

3）结构合理、便于维护。

4）高效实用。

5）支持宽带多媒体业务。

6）能够实现快速信息交流、协同工作和形象展示。

2.4　相关理论知识

2.4.1　传输介质选择

任何信息传输和共享都需要有传输介质，计算机网络也不例外。对于一般计算机网络用户来说，可能没有必要了解过多的细节，如计算机之间依靠何种介质、以怎样的编码来传输信息等。但是，对于网络设计人员或网络开发者来说，因为要掌握信息在不同介质中传输时的衰减速度和发生传输错误时如何去纠正这些错误等知识，所以必须要了解网络底层的结构和工作原理。

传输介质是网络中连接收发双方的物理通路，也是网络通信中传送信息的实际载体。传输介质在很大程度上决定了通信的质量，从而也直接影响到网络的协议。

网络中常用的传输介质包括双绞线、同轴电缆、光纤及无线传输介质。不同的传输介质对网络通信质量的影响不同，主要体现在物理特性、传输特性、连通性、抗干扰性及传输距离等方面。

1．同轴电缆

同轴电缆是网络中应用十分广泛的传输介质之一。它由一根空心的外圆柱导体及所包围的单根导线组成，包括内导体、外屏幕层、绝缘层及外部保护层等部分，如图 2-2 所示。

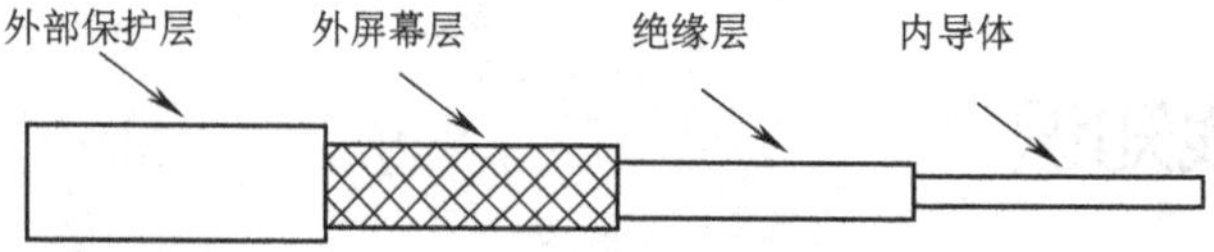

图 2-2 同轴电缆的组成

柱体铜导线用绝缘材料隔开，其频率特性比双绞线好，能进行较高速率的传输；屏蔽性能好，抗干扰能力强。对同轴电缆性能的主要限制是衰减和热噪声。

同轴电缆的规格是指电缆粗细程度的度量，按射频级测量单位（RG）来度量，RG 越高，铜芯导线越细；而 RG 越低，铜芯导线越粗。同轴电缆的品种很多，从较低质量的廉价电缆到高质量的同轴电缆，它们的质量差别很大。常用的同轴电缆的型号和应用如下：

1）阻抗为 50 Ω的粗缆 RG-8 或 RG-11，用于粗缆以太网。

2）阻抗为 50Ω的细缆 RG-58A/U 或 C/U，用于细缆以太网。

3）阻抗为 75Ω的电缆 RG-59，用于有线电视（CATV）。

特性阻抗为 50Ω的同轴电缆主要用于传输数字信号，此种同轴电缆叫作基带同轴电缆，其数据传输率一般为 10Mbit/s。其中，粗缆的抗干扰性能最好，传输距离为 500m，可作为网络的干线，但它的价格高，安装比较复杂；细缆比粗缆柔软，传输距离为 185m，而且价格低、安装比较容易，在早期的局域网中使用较广泛。

阻抗为 75Ω的 CATV 同轴电缆主要用于传输模拟信号，此种同轴电缆又称为宽带同轴电缆。在局域网中可通过电缆 Modem 将数字信号变换成模拟信号在 CATV 电缆传输。对于带宽为 400MHz 的 CATV 电缆，典型的数据传输率为 100～150Mbit/s，在宽带同轴电缆中使用频分多路复用（FDM）技术可以实现数字、声音和视频信号的多媒体传输业务。

2. 双绞线

双绞线是最古老、最便宜，也是目前使用最广泛的传输介质。它由两根具有绝缘保护的铜导线组成。把两根绝缘的铜导线按一定密度互相绞在一起，一方面是为了减小一根导线中电信号在另一根导线中产生的干扰信号，另一方面是为了减小与其他线对之间的信号干扰，如减小与电缆中邻近线对之间的串话噪声。如果把一对或多对双绞线放在一条导管中，便成了双绞线电缆。与其他传输介质相比，双绞线在传输距离、信号宽度和数据速度等方面均受到一定的限制，但价格较为低廉。目前双绞线可分为无屏蔽双绞线（Unshielded Twisted Pairwire，UTP）和屏蔽双绞线（Shielded Twisted Pairwire，STP）两种。屏蔽双绞线电缆的外层由铝箔包裹，价格相对要贵一些。

双绞线既可以传输模拟信号也可传输数字信号。对于模拟信号，每 5～6km 需要放大器；对于数字信号，每 2～3km 需要中继器。用双绞线点到点传输模拟信号，带宽可以到约 1MHz；长距离点到点传输数字信号速率可达每秒几个 Mbit，短距离可到 1Gbit。

双绞线最适合于局部网络内点对点之间的设备连接。由于使用双绞线传输信息时要向周围辐射，很容易被窃听，所以要花费额外的代价加以屏蔽，以减小辐射。之所以选用双绞线作为传输媒体，是因为其实用性较好且价格较低，比较适用于应用系统。

3. 光纤

光导纤维（简称光纤）是一种传输光束的介质，通常由透明的石英玻璃或塑料拉丝而成，直径很细且又十分柔软。光纤由一束玻璃芯组成，外面包了一层折射率较低的反光材料，称为覆层，其作用是吸收无用光线，保证有用光线反射回玻璃芯内，使光线曲折前进。

在光纤中，只要射到光纤表面的光线的入射角大于某一临界角度，就可以产生全反射。因此，可以存在许多条不同角度入射的光线在一条光纤中传输，这种光纤被称为多模光纤。若光纤的直径减小到只有光波波长数量级，则光都沿轴向传播，不发生反射，这种光纤被称为单模光纤。单模光纤提供更优的性能，不过价格也更高。

光纤的规格通常由玻璃芯材料及芯和覆层尺寸决定，芯的尺寸大小决定了光线的传输质量。常用的光纤有：8.3μm 芯、125μm 覆层、单模；62.5μm 芯、125μm 覆层、多模；50μm 芯、125μm 覆层、多模；100μm 芯、140μm 覆层、多模。

光导纤维电缆由一捆纤维组成，简称为光缆。光缆是数据传输中最有效的一种传输介质，它具有频带宽、衰减小、不受电源冲击及电磁干扰的影响、电磁绝缘性能好、缆径细而且重量轻、无光泄漏从而保密性好、因中继器间隔大而降低成本等优点。它的缺点是抽头困难，造成难于拼接和分接、单向传输等。如果要实现双向传输则需要有两根光缆。

4．无线传输介质

由于信息技术的发展，特别是近十几年无线电通信的快速发展，人们不仅可以在移动环境中进行无线电话通信，而且还能进行计算机数据通信。无线通信主要应用于一些高山、岛屿或河流地域中，在这些地方，铺设线路非常困难，而且成本非常高。目前，无线通信主要有微波、激光和红外线等方法。

（1）微波通信

微波数据通信系统有两种形式：地面系统和卫星系统。由于国家对空中无线电通信实行管制，因此使用微波通信要经过有关管理部门的批准，而且使用的设备也需要报批才能使用。微波在空间是直线传输的，而地球表面是个曲面，因此在地面传播的距离受到限制，一般只有 50km 左右。为实现远距离通信必须在一条无线电通信信道的两个终端之间建立若干个中继站。中继站的作用是把前一站送来的信息经过放大后再送到下一站。目前这种通信主要应用于电话、电报、图像、数据等信息的传输。卫星通信就是在地球站之间利用位于高空的人造地球同步卫星作为中继器的一种微波通信，实现远距离的信息传输。微波通信的主要特点是有很高的带宽、容量大，受外界干扰影响较小，不受环境位置的影响，并且不需要铺设电缆。

（2）激光通信

激光通信多用于短距离的传输，其优点是带宽更高，方向性好，保密性能好；其缺点是传输效率受天气影响较大。

（3）红外线通信

红外线通信系统目前大多用在小范围内的视距通信，如室内通信。它的优点是不受电磁干扰和射频干扰的影响，因此不存在信号泄露和各个系统相互干扰的问题，具有良好的安全性且不需要许可证；其缺点是会被障碍物反射回来，即不能穿透障碍物。

5．通信介质选择

在计算机网络中，通信介质要根据计算机网络现场情况和用户本身情况进行选择。在有线计算机网络中，主要的通信介质是铜轴电缆、双绞线和光纤，其中铜轴电缆目前已经退出市场。各种传输介质各有优缺点，应根据以下几个因素进行选择。

（1）通信距离

对于大多数办公环境来说，通常要求的布线长度一般都低于铜缆的100m距离限制，如果不存在保密问题，铜缆发射或接收的电磁信号对大多数办公环境影响不大。因此，目前大多数普通办公环境用户选择的网络布线通信介质仍然为铜质双绞线。对于要求提供千兆位网络通信能力的用户，所遵循的标准最低应为EIA/TIA和ISO公布的超五类标准。这些性能标准满足了基本的高速网络应用的需要。六类布线系统支持的频率为200MHz，以200MHz运行的编码系统实现的通信速率将更高。六类布线的传输性能远远高于超五类标准，最适用于传输速率高于1Gbit/s的应用。布线标准采用星形的拓扑结构，要求的布线距离为：永久链路的长度不能超过90m，信道长度不能超过100m。

光纤布线的成本较高，但是传输距离更长，通信带宽更高，具有很好的安全性，不会受到电力电缆的电磁干扰，在许多方面解决了非屏蔽双绞线通信的缺点。为了提高局域网主干系统的通信性能，通常在结构化布线的垂直子系统中采用光纤，在水平子系统布线中也不排斥安装光纤系统。根据具体应用需求，在安装铜缆的同时可以安装光纤系统。对于布线距离可能超过100m的远端局域网用户，直接安装光纤信道而不是单独建立一个配线间，可以更加节约成本。目前在结构化布线的垂直主干子系统中通常采用多模光纤，但是为了满足未来的带宽要求，不妨稍微增加一点投资，在安装多模光纤主干子系统的同时再加装相应的单模光纤系统，并可暂时将单模光纤系统隐藏起来或不进行端接。这样，当将来需要更高带宽时，可以方便启用这些单模光纤。

（2）安装与维护

由于铜质双绞线在相当长一段时间内的普遍应用，使得其安装与维护具有实际经验可循；而且由于其价格的低廉，也使它的维护费用比光纤低。总的来说，铜质双绞线缆的安装方便，接口配置方便，而且因为其本身的物理特性让它的后期维护相对来说简单得多，使用双绞线压线钳、RJ-45接口、标准网络双绞线手工即可独立完成。光纤由于实现传输的原理相对复杂，且材料选用的精密性相对较高，使得其安装与维护都要麻烦得多，需要专门购买适合的线缆接头、昂贵的光纤熔接机才能完成。

（3）网络转型

随着计算机网络技术不断发展，网络的传输速率越来越高，因此在选择传输介质时，要支持先进的网络技术。目前，所有介质类型都支持转千兆以太网。千兆以太网是工作站上部署要求最高的以太网系统，仍可在所有铜缆和光纤介质上运行。千兆以太网已经成为主流网络技术，根据应用要求的不断提升，万兆网络也已经步入了普通校园网中。

（4）经济高效

在大多数网络中，最昂贵的部分是硬件设备：交换机和网络接口卡（NIC）。这在千兆以太网中最为明显，由于选择的介质不同，每端口成本最高可以是布线成本的10倍。研究表明，以超五类布线为传输介质的千兆以太网（1000Base-T）是所有介质类型中较为廉价的，千兆以太网接口已经非常普及。以多模光纤为传输介质的千兆以太网（1000Base-SX）成本相对比较高。成本最高的是万兆以太网接口，是一种较新的以太网版本，最低要在六类UTP布线上运行。构建一个符合自己单位需要的局域网之前，应该充分了解相关的整体成本，包括设备成本和布线成本，以便获得最佳性价比。

2.4.2　通信子网设计

在计算机网络中，通信子网主要负责全网的数据通信，为网络用户提供数据传输、转接、加工和转换等通信处理工作。它主要包括通信线路（即传输介质）、网络连接设备（如网络接口设备、通信控制处理机、网桥、路由器、交换机、网关、调制解调器和卫星地面接收站等）、网络通信协议和通信控制软件等。

在局域网中，通信子网由网卡、线缆、集线器、中继器、网桥、路由器、交换机等设备和相关软件组成。在广域网中，通信子网由一些专用的通信处理机（即节点交换机）及其运行的软件、集中器等设备和连接这些节点的通信链路组成。

通信子网可分为点到点通信线路通信子网和广播信道通信子网两类。广域网主要采用点到点通信线路，局域网与城域网一般采用广播信道。由于技术上存在较大的差异，因此在物理层和数据链路层协议上出现了两个分支：一类基于点到点通信线路，另一类基于广播信道。基于点到点通信线路的广域物理层和数据链路层技术与协议的研究开展比较早，形成了自己的体系、协议与标准。基于广播信道的局域网、城域网的物理层和数据链路层协议研究相对比较晚一些。但最近几年，由于无线通信技术的不断发展，使得 P2P（点到点）网络不断发展，又掀起了点到点网络的发展高潮。组建有线局域网时，首选还是广播式网络。

由此可以看出，通信子网是计算机网络的硬件基础，主要负责计算机网络通信，如果通信子网设计完成了，则计算机网络的硬件系统也就完成了。它主要包括以下几个方面的规划与设计：

1）拓扑结构与网络总体规划。

2）主干网络（核心层）设计。

3）分布层/接入层设计。

4）远程接入访问的规划设计。

2.4.3　核心层设计

在计算机网络中，核心层网络又称为骨干网或主干网。主干网为分布层和接入层提供优化的数据运输功能，它是一个高速的交换网络，其作用是尽可能快地交换数据包。主干网技术的选择要根据需求分析中地理距离、信息流量和数据负载的轻重而定。一般而言，主干网用来连接建筑群和服务器群，承担着网络上 80%左右的信息流，是网络大动脉。连接建筑群的主干网一般采用光缆作为传输介质，可供选择的有千兆以太网、100Base-FX、ATM 和 FDDI 等，从经济性、可靠性、先进性和灵活性的角度考虑，一般采用千兆以太网络。

FDDI 基本已属于过时的技术，支持它的厂商越来越少。ATM 是面向连接的网络，能保证一些突发重负载在网上传输，但由于 ATM 在局域网的所有应用需要 ELAN 仿真来实现，不仅技术难度大，且带宽效率低、投入高，不适宜用做局域网或园区网，如果建网单位对实时传输要求极高，也可以考虑选用。

如果经费不足以建设千兆以太网，可以采用 100Base-FX 上快速以太网。其端口价格低，对光缆的要求也不高，是一种非常经济实惠的选择。

主干网的焦点是核心交换机（或路由器）。如果考虑提供较高的可用性，而且经费允许，主干网可采用双星（树）结构，即采用两台同样的交换机，与分布层/接入层交换机分别连接。双星（树）结构解决了单点故障失效问题，不仅抗毁性强，而且通过采用最新的链路聚合（Port Trunking）技术，如快速以太网通道（Fast Ethernet Channel，FEC）、千兆以太网通道（Giga Ethernet Channel，GEC）等技术，则可以允许每条冗余连接链路实现负载分担。图 2-3 对双星（树）结构和单星（树）结构进行了对比，双星（树）结构会占用比单星（树）结构多一倍的传输介质和光端口，除要求增加核心交换机外，二层上连的交换机也要求有两个以上的光端口。

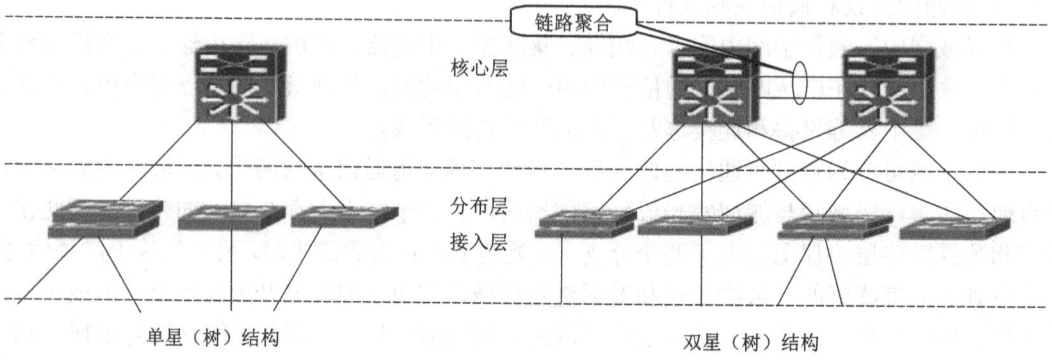

图 2-3　单星结构和双星结构

千兆以太网一般采用光纤作传输介质。多种波长的单模和多模光纤分别用于不同的场合和距离。由于建筑群布线路径的特殊性，一般直线距离超过 300m 的建筑物之间的千兆以太网线路就必须要用单模光纤。单模光纤本身并不贵，昂贵的是光端口及组件。

在企业中，经常会根据需要对骨干网及核心交换机进行改善设计或对旧网进行升级改造，主要采用的技术有 FEC/GEC、CGMP（分组管理协议）、GBIC（千兆位集成电路）和 HSRP（热备份路由协议）等。

1）FEC/GEC 是来自思科（Cisco）的产品。多个以太网链路组合起来，组成一个逻辑链路，提供多倍 100/1000Mbit/s 的全双工连接。FEC/GEC 不仅提高了连接带宽，且提高了链路可靠性，逻辑链路中任一物理链路失效仅降低链路带宽，不影响正常工作。

2）CGMP：一种在 Cisco 交换机上智能发送组播 Multicast 包的技术，保证组播包仅送到应该接收的站点，使交换机能够向目标多媒体终端工作站有选择地动态前传被发送过来的 IP 多点广播流量，从而降低了网络的总体通信流量。尤其是在多媒体应用中，可避免不必要的数据包在网络上流动，占用其他用户的可用带宽。

3）GBIC：千兆以太网接口一般有一个 GBIC 卡槽，可插 SX、LX/LH 或 ZXGBIC 卡。

4）HSRP：Cisco 的专有技术，在局域网上有两台以上路由器时，这个局域网上的主机只能有一个默认路由器，当这个路由器失效时，HSRP 可以使另一路由器自动承担失效路由器的工作。

2.4.4　核心层设备选择

1．网络设备选型原则

1）对功能需求的满足。在选择设备时，首先需要考虑的就是能否满足网络设计中的功能需求，包括硬件功能和软件功能。同时也需要注意，并不是功能越多越好。

2）对性能需求的满足。网络设备的性能通常在产品说明书中会注明，客户需要考察的就是这些性能指标能否满足网络设计中对设备提出的性能需求。

3）可升级性与可扩展性。网络技术的发展异常迅速，要求网络设备可以通过最小代价进行功能的升级，从而支持新的应用。网络设备可以通过软件版本的升级，实现新的功能。升级方法也必须简单和快速，从而减小网络动荡的影响。

4）可靠性。网络设备的可靠性直接关系到网络的应用。网络设备必须提供高可靠性，采用电源冗余、热插拔等可靠性技术来保证设备的正常运行。

5）选择性价比高、质量过硬的产品。为使资金的投入产出达到最大值，能以较低的成本、较少的人员投入来维持系统运转，应根据实际应用选择合适的设备，满足最迫切的需求，通过升级实现将来的需求，从而最大限度地保护投资。

6）厂商的选择。所有网络设备尽可能选取同一厂家的产品，这样在设备可互连性、协议互操作性、技术支持、价格等各方面都更有优势。从这个角度来看，产品线齐全、技术认证队伍力量雄厚、产品市场占有率高的厂商是网络设备品牌的首选。

2．核心交换机的选型策略

骨干网络核心交换机是企业网的核心，应具备下列要求：

1）高性能、高速率。核心交换机是网络的核心，因此要求交换机必须有高速率，最好是交换机背板带宽大于所有端口带宽的总和。在高速率方面，分布式交换体系结构的交换机是比较好的选择。

2）可升级性、可扩展性。随着网络技术不断发展，用户数量不断增加，交换机是否能够实现平滑升级和网络的扩展，这样可以降低网络升级的成本。

3）可靠性。除考核、调研产品本身品质外，在经费许可的情况下选择具有硬件冗余设计和软件容错功能的设备，如冗余电源等；且设备扩展卡支持热插拔，易于更换维护。例如，安奈特的 SwitchBade 4008 交换机就具备实现硬件冗余设计与软件容错功能。

4）安全性。核心交换机是否具有防火墙功能、提供 QoS，支持 RADIUS、TACAS+等认证机制。

5）良好的可管理性，支持通用网管协议，如 SNMP、RMON、EMON2 等。

2.4.5　网络接入层设计

通常将网络中直接面向用户连接或访问网络的部分称为接入层。接入层目的是允许终端用户连接到网络，访问远程服务器。

因接入层直接与用户终端相连，网络应用不是很重，因此一般采用 100Base-T（X）快速（交换式）以太网，采用 10/100Mbit/s 自适应传输速率到桌面计算机，传输介质则基本上是双绞线。在选择交换机时，接入层交换机可选择的产品很多，最好选择具有低成本和高端口密度特性的产品，但一定要注意接入层交换机必须支持 1～2 个光端模块，必须支持堆叠。

接入层是采用级连还是堆叠，要看网络信息流的特点。如果本地（楼宇内）信息流密集、全局信息负载相对较轻，而且交换机带宽较高时采用堆叠。如果全网信息流较平均时采用级连较好。

接入层交换机也称为外围交换机或边缘交换机，一般都属于可堆叠/可扩充式固定端口交换机，应具备下列要求。

1）端口选择：对端口的选择包括两个方面，一个是端口数量，另一个是端口类型。而且应该可以堆叠、易扩展，以便由于信息点的增加而从容地进行扩容。

2）高性能。作为大型网络的二级交换设备，应支持100/1000Mbit/s高速上连以及同级设备堆叠，当然还要注意与核心交换机品牌的一致性；如果用做小型网络的中央交换机，要求具有较高的背板带宽和三层交换能力。

3）性价比高。在满足网络性能要求的同时，达到最高的性价比，使用方便简单。

4）支持多级别网络管理。

2.4.6　边缘区域设计

目前，任何一个网络都要考虑与Internet的连接问题。提供高速、安全的Internet连接是网络设计必须考虑的问题。

小型局域网与外部网络的连接很简单，仅需要考虑内部网络用户对外部的访问，其路由协议的选择（静态路由或RIP）以及路由器的选择都很简单，成本也较低。

大型园区网络与外部的连接则要复杂得多，不仅要考虑选择什么样的接入技术，还要考虑安全性等多方面的内容。既涉及广域网服务提供商、路由器及路由协议的选择，还涉及一些广域网技术的选择。

1．设计目标与基本原则

边缘区域的目标是在给定成本的前提下，尽可能寻求较高的接入带宽，寻求较高的可靠性。

（1）速率

高传输速率是任何一个网络设计者都要追求的目标，因此在进行园区网络的外连设计时，设计人员要根据网络需求分析的结果确定与其他网络或者Internet的连接速率。从实际应用情况考虑，对带宽的追求几乎是无止境的，所以设计人员只能在给定成本的情况下，尽量设计较高的带宽。

根据目前的技术发展，能够提供高带宽的接入方式如下：

1）以太网接入。

2）基于光传输的WDM、SDH等的接入。

（2）成本

成本是一个永恒的话题。实际上，在很多情况下，设计人员需要在性能与成本（或者速率与成本）之间寻求折中，或者说，在给定成本的情况下，追求尽可能高的速率与性能。

一般而言，通过以太网接入到Internet的成本要低一些，而基于光技术的接入方式的成本要高得多，无论是一次性的设备投入还是以后的运行成本都比较高。

（3）可靠性

有时候，用户对外部接入的可靠性要求甚至超过了内部的可靠性要求，这是因为，一旦外部接入出现了故障，就会影响整个内部网络对外部的访问。

可靠性有时候不完全取决于接入方式，还与运营商有着密切的关系，有些运营商的服务质量较好，其接入的可靠性较高，价格也会高一些。

2．服务提供商的选择

任何一个局域网都不是直接连接到 Internet 的，通常都需要与国内的互联网连接，再通过这些网络实现对 Internet 的访问。目前，我国可以提供 Internet 接入服务的主要有六大电信运营高和几个大的专业主干网。

（1）六大电信运营商

目前可以提供网络接入服务的电信营运商主要有中国电信（中国公用计算机互联网 CHINANET）、中国网通（中国网通公用互联网 CNCNET）、中国联通（中国联通互联网 UNINET）、中国移动（中国移动互联网 CMNET）、中国铁通、中国卫星（中国卫星集团互联网 CSNET）等。电信运营商的网络覆盖范围比较广泛，在主要城镇都建立了基于以太网技术的城域网。

（2）主干专业网络

中国最初的四大互联网络是：中国公用计算机互联网（CHINANET）、中国科技网（CSTNET）、中国教育科研网（CERNET）、中国金桥信息网（CHINAGBN），它们分别归属于国家指定的 4 个部级互联网管理单位。

3．连接方式的选择

从连接方式的技术角度看，可简单地分为窄带和宽带的接入网技术。窄带的接入网技术主要有有源光网络（DLC）、无源光网络（PON）和固定无线接入（WLL）等，这些技术是根据不同的建设需要发展起来的。其中，DLC 适用于用户比较密集的地区，PON 适用于用户比较分散的地区，WLL 适用于边远地区、不宜铺设光缆的地区、城市新居民区应急通话和小范围有移动要求的用户。窄带接入网技术比较成熟，但也比较落后。

根据网络技术的发展及目前市场上的实际情况，园区网可以选择的接入方式包括以太网接入、DDN 接入及其他的广域网接入。

1）以太网接入。以太网接入是近几年发展起来的，已经成为园区网络接入城域网的标准选择。这种接入方式与局域网之间的互连在理论与方法上都是完全相同的。它可以通过路由器或者第三层交换机实现，如接入 CHINANET，可用光纤通过电信从城域网接入，速率一般为 10Mbit/s 或 100Mbit/s。

2）DDN 接入。DDN 接入曾经是局域网接入 Internet 的标准方案，但是 DDN 能够提供的接入速率较低，目前已经很少使用，或者仅仅用于备份线路中。

3）基于光技术的接入。在通过广域网接入时，基于光传输技术的接入方式已经成为市场的主流。目前主要的光传输技术有 IP Over SONET/SDH、IP Over WDM。

大部分园区网采用以太网接技术（或叫作局域网接入），这在城域网环境下是比较常用的。对于园区网（如高校校园网）接入主干网络（如省网中心、地区中心）通常采用光接入技术，可以提供更高的带宽。

2.4.7　路由器选择

1．路由器的分类

（1）按档次划分

任何商品都有一个默认的划分标准，也就是大家通常所说的高、中、低档。路由器也可以进行高、中、低档的分类，不过各厂家的划分标准并不完全一致。通常将背板交换能力大于40Gbit/s的路由器称为高档路由器，背板交换能力为25Gbit/s～40Gbit/s的路由器称为中档路由器，背板交换能力低于25Gbit/s的称为低档路由器。当然这只是一种宏观上的划分标准，实际上路由器档次的划分不仅只是以背板带宽为依据，而是有一个综合指标的。以市场占有率最大的Cisco产品为例，12000系列为高端路由器，7500以下系列路由器为中低端路由器。

（2）按结构划分

按结构划分，路由器可分为模块化结构与非模块化结构。模块化结构可以灵活地配置路由器，以适应企业不断增加的业务需求，非模块化的就只能提供固定的端口。通常中高端路由器为模块化结构，低端路由器为非模块化结构。

（3）按网络地位划分

按网络地位划分，路由器可分为核心层（骨干级）路由器、分布层（企业级）路由器和访问层（接入级）路由器。

1）骨干级路由器：实现企业级网络互连的关键设备，数据吞吐量较大。对骨干级路由器的基本性能要求是高速度和高可靠性。为了获得高可靠性，网络系统普遍采用诸如热备份、双电源、双数据通路等传统冗余技术，从而使得骨干路由器的可靠性一般不成问题。骨干级路由器的瓶颈是在转发表中查找某个路由所耗的时间过长，为此在骨干级路由器中，常将一些访问频率较高的目的端口放到Cache中，从而达到提高路由查找效率的目的。

2）企业级（或校园级）路由器：连接许多终端系统（连接对象较多），但系统相对简单，且数据流量较小。对这类路由器的要求是以尽量便宜的方法实现尽可能多的端点互连，同时还要求能够支持不同的服务质量。路由器连接的网络系统因能够将机器分成多个冲突域，所以可以方便地控制一个网络的大小。此外，路由器还可以支持一定的服务等级，至少允许将网络分成多个优先级别。当然，路由器的每端口造价要贵些，在使用之前要求用户进行大量的配置工作。

3）接入级路由器：主要应用于连接家庭或ISP内的小型企业客户群体。接入路由器在不久的将来不得不支持许多异构和高速端口，并能在各个端口运行多种协议。

（4）按功能划分

按功能划分，路由器可分为通用路由器与专用路由器。一般所说的路由器皆为通用路由器。专用路由器通常为实现某种特定功能对路由器接口、硬件等作专门优化。例如，接入服务器用于接入拨号用户，增强PSTN接口以及信令能力；VPN路由器用于为远程VPN访问用户提供路由，它需要在隧道处理能力以及硬件加密等方面具备特定的能力；宽带接入路由器则强调接口带宽及种类。

（5）按所处网络位置划分

按所处的网络位置划分，路由器可划分为边界路由器和中间节点路由器两类。边界路由器处于网络边缘，用于不同网络路由器的连接；中间节点路由器则处于网络的中间，通常用于连接不同网络，起到一个数据转发的桥梁作用。由于各自所处的网络位置有所不同，其主要性能也就有相应的侧重，如中间节点路由器要面对各种各样的网络。如何识别这些网络中的各节点呢？靠的就是这些中间节点路由器的 MAC 地址记忆功能。基于上述原因，选择中间节点路由器时就需要选择缓存较大、MAC 地址记忆能力较强的路由器。边界路由器由于要同时接受来自许多不同网络路由器发来的数据，所以要求路由器的背板带宽足够宽，当然这也要由边界路由器所处的网络环境而定。虽然这两种路由器在性能上各有侧重，但所发挥的作用却是一样的，都是起到网络路由、数据转发功能。

（6）按性能划分

按性能划分，路由器可分为线速路由器和非线速路由器。所谓线速路由器就是完全可以按传输介质带宽进行通畅传输，基本上没有间断和延时。通常线速路由器是高端路由器，具有非常高的端口带宽和数据转发能力，能以媒体速率转发数据包；中低端路由器是非线速路由器。但是一些新的宽带接入路由器也有线速转发能力。

2．路由器厂商介绍

（1）Cisco

Cisco 是全球领先的互联网解决方案供应商，1984 年由斯坦福大学的一对教授夫妇创办，1986 年生产第一台路由器，让不同类型的网络可以可靠地互相连接。Cisco 每年投入 40 多亿美元进行技术研发。过去 20 多年，它几乎成为了“互联网、网络应用、生产力”的同义词，在其进入的每一个领域都成为市场的领导者。

Cisco 目前拥有全球最大的互联网商务站点，公司全球业务 90%以上的交易是在网上完成的。公司于 1994 年进入中国市场，从事销售、客户支持和服务、研发、业务流程运营和 IT 服务外包等多项业务。

（2）华为

华为是全球领先的下一代电信网络解决方案供应商，其产品和解决方案涵盖移动（HSDPA/WCDMA/EDGE/GPRS/GSM、CDMA2000 1X EVDO/CDMA2000 1X、TD-SCDMA 和 WiMAX）、核心网（IMS、Mobile Softswitch、NGN）、网络（FTTX、xDSL、光网络、路由器和 LAN Switch）、电信增值业务（IN、Mobile Data Service、Boss）、终端（UMTS/CDMA）等领域。

华为在全球设立了包括印度、美国、瑞典、俄罗斯以及中国的北京、上海、南京等多个研究所，其营销及服务网络遍及全球。目前华为的产品和解决方案已应用于 28 个全球前 50 强的运营商，服务全球超过 10 亿用户。

（3）华三通信

杭州华三通信技术有限公司（简称 H3C）致力于 IP 技术与产品的研究、开发、生产、销售及服务，在中国的北京、杭州、深圳以及印度的班加罗尔设有研发机构，在北京和杭州设有产品鉴定测试中心。H3C 已参与中国通信标准化协会及 IETF、SMTA、SPC、PCISG、WiFi、USB、SNIA、VVCI 等国际标准组织。

通过与 3Com、华为、NEC 等公司合作拓展国际市场，目前 H3C 的产品和解决方案已经覆盖全球 90 多个国家和地区。

（4）迈普

迈普通信技术有限公司成立于 1993 年，致力于向客户提供全系列的路由器、交换机、VoIP 协同通信、信息安全以及综合接入组成的 IP 联网与应用解决方案。目前，迈普在中国、新加坡、印度尼西亚、印度等地设立了 30 多个分支机构，历经 20 余年的发展，系列网络产品和解决方案已在全球29个国家和地区得到规模应用。

（5）锐捷

锐捷网络公司成立于2000年1月，是国内著名的网络设备及解决方案供应商。目前公司已经发展成为一家分支机构遍布全国32个省、市、自治区，拥有包括路由器、交换机、无线、存储、安全等完备的全系列网络产品线及基于应用的端到端网络解决方案的专业化网络厂商。其产品和解决方案已全面迈向国际市场，广泛应用于美洲、东南亚、俄罗斯等地区，并与国外知名企业建立起了战略合作伙伴关系。

3. 路由器选择

路由器的选购主要从以下几个方面加以考虑：

1）管理方式。路由器最基本的管理方式是利用终端（如Windows系统所提供的超级终端）通过专用配置线连接到路由器的Console端口（配置端口）直接进行配置。因为新购买的路由器配置文件是空的，所以用户一般都是先使用此方式对路由器进行基本的配置。但仅仅通过这种配置方法还不能对路由器进行全面的配置，以实现路由器的管理功能，只有在基本的配置完成后再进行有针对性的项目配置（如通信协议、路由协议配置等），才可以更加全面地实现路由器的网络管理功能。还有一种情况，即用户并不在路由器旁边，无法连接专用配置线，这时就需要路由器提供远程Telnet程序进行远程访问配置，或者通过Modem拨号来进行远程登录配置，还可以通过Web方式来实现路由器的远程配置。

2）支持的路由协议。因为路由器所连接的可能是不同类型的网络，这些网络所支持的网络通信、路由协议也就有可能不一样，这时对于在网络之间起到桥梁作用的路由器来说，如果不支持一方的协议，那就无法实现它在网络之间的路由功能，为此在选购路由器时也就要注意所选路由器所能支持的网络路由协议有哪些，特别是在广域网中的路由器。

3）安全性保障。现在网络安全越来越受到用户的重视，而路由器作为企业内部网和外部进行连接的设备，能否提供高要求的安全保障就显得极其重要。目前许多厂家的路由器可以设置访问权限列表，控制哪些数据可以进出路由器，从而实现防火墙的功能，防止非法用户的入侵。另外一个就是路由器的NAT（网络地址转换）功能。该功能能够屏蔽公司内部局域网的网络地址，利用地址转换功统一转换成电信局提供的广域网地址，这样网络上的外部用户就无法了解到公司内部网的网络地址，防止非法用户的入侵。

4）丢包率。丢包率就是在一定的数据流量下路由器不能正确进行数据转发的数据包在总的数据包中所占的比例。丢包率的大小会影响到路由器线路的实际工作速度，严重时甚至会使线路中断。一般来说，小型企业网络流量不会很大，所以出现丢包现象的机会也很小，在这方面小型企业不必作太多考虑。

5）背板能力。背板能力通常是指路由器背板容量或者总线带宽能力，这个性能对于保证整个网络之间的连接速度是非常重要的。一般来说，如果是连接两个较大的网络，网络流量较大时应格外注意路由器的背板容量；如果在小型企业网之间则不必太在意。

6）吞吐量。路由器的吞吐量是指路由器对数据包的转发能力，如较高档的路由器可以对较大的数据包进行正确快速转发，而较低档的路由器则只能转发小的数据包。对于较大的数据包需要拆分成许多小的数据包来分开转发，这种路由器的数据包转发能力就差了，其实这与上面所讲的背板容量有非常紧密的关系。

7）转发时延。转发时延是指需转发的数据包最后一比特进入路由器端口到该数据包第一比特出现在端口链路上的时间间隔，这与上面的背板容量、吞吐量参数也是紧密相关的。

8）路由表容量。路由表容量是指路由器运行中可以容纳的路由数量。一般来说，越高档的路由器其路由表容量越大，因为它可能要面对非常庞大的网络。这一参数与路由器自身所带的缓存大小有关，一般的路由器也不需太注重，因为基本都能满足网络需求。

9）可靠性。可靠性是指路由器的可用性、无故障工作时间和故障恢复时间等指标，当然这一指标只能查阅开发商提供的资料，而新买的路由器则暂时无法验证。因此建议选择较好品牌作为保障。

2.4.8　IP 地址分配

1．IP 地址的定义

IP 地址是人们为了通信方便给每一台计算机都事先分配一个类似电话号码一样的标识地址。根据 TCP/IP，IP 地址由 32 位二进制数组成，而且在 Internet 范围内是唯一的。例如，某 IP 地址为 11000000 10101000 00001010 00000010。为了方便记忆，人们把 32 位的 IP 地址分成 4 段，每段 8 位，中间用小数点“.”隔开，然后再将每 8 位二进制换成十进制。上述 IP 地址转换后即 192.168.10.2。

IP 地址分为两个部分：网络标识和主机标识。

1）网络标识：同一物理网络上的所有主机都用同一个网络标识，网络上每一个主机都有一个网络标识与其对应。

2）主机标识：某个网络中特定的计算机号码。

例如，一个主机服务器的 IP 地址为 192.168.10.2，网络标识为 192.168.10.0，主机标识为 2。

2．IP 地址的分类

由于网络中所包含的计算机数量可能不一样多，人们按照网络规模的大小把 IP 地址分成了 A、B、C 共 3 类。

1）A 类 IP 地址：在 IP 地址的 4 段号码中，第 1 段为网络标识，其余 3 段为主机标识。也就是说，A 类 IP 地址由 1 个字节的网络标识和 3 个字节的主机标识组成。网络地址的最高位必须是 0，网络标识的长度为 7 位，主机标识的长度占 24 位。

A 类 IP 网络地址数量较多，适用于大型网络，可用主机数多于 1600 万台。

2）B 类 IP 地址：在 IP 地址的 4 段号码中，前 2 段为网络标识，后 2 段为主机标识。也就是说，B 类 IP 地址由 2 个字节的网络标识和 2 个字节的主机标识组成。网络地址的最高位必须是 10，网络标识的长度为 14 位，主机标识的长度为 16 位。

B 类 IP 网络地址适用于中等规模网络，可用主机数多于 6 万台。

3）C 类 IP 地址：在 IP 地址的 4 段号码中，前 3 段为网络标识，最后 1 段为主机标识。也就是说，C 类 IP 地址由 3 个字节的网络标识和 1 个字节的主机标识组成。网络地址的最高位必须是 110，网络标识的长度为 21 位，主机标识的长度为 8 位。

C 类 IP 网络地址数量较少，适用于小型局域网络，可用主机数最多有 254 台。

3．公共地址和私有地址

根据用途和安全性级别的不同，IP 地址可以分为公共地址和私有地址。公共地址在

Internet 中使用，可以随意访问。私有地址只能在内部网络中使用，只有通过代理服务器才能与 Internet 通信。

一个机构或网络要连入 Internet，必须申请公用 IP 地址。但是考虑到网络安全和内部实验等特殊情况，在 IP 地址中专门保留了 3 个区域作为私有地址，其地址范围如下。

10.0.0.0/8：10.0.0.0～10.255.255.255

172.16.0.0/12：172.16.0.0～172.31.255.255

192.168.0.0/16：192.168.0.0～192.168.255.255

使用私有地址的网络只能在内部进行通信，不能与其他网络互连。本网络中的保留地址同样也可能被其他网络使用，如果进行网络互连，那么寻找路由时就会因为地址的不唯一而出现问题。但是这些使用保留地址的网络可以通过将本网络内的保留地址翻译转换成公共地址的方式实现与外部网络的互连，这也是保证网络安全的重要方法之一。

4．IP 地址分配

IP 地址分配就是按某种原则给网络中的主机分配 IP 地址，使之能够联网工作。在设计 IP 地址方案之前，应考虑以下几个问题：

1）是否申请了 Internet 唯一的公有网址。

2）是否将网络划分为若干网段以方便网络管理。

3）是采用静态 IP 地址分配方案还是动态 IP 地址分配方案。

针对 IP 地址分配方案提出以下一些注意事项：

（1）使用私有网络地址

如果用户只申请了一个网络地址，在这种情况下，局域网内部将使用上述 3 类私有网络地址来为主机分配 IP 地址。

（2）使用公有网址

如果单位申请了某网段地址，则可以为用户分配 IP 地址。

（3）IP 地址分配原则

给局域网中每台计算机合理地分配 IP 地址能够给日常的管理工作带来很大的便捷。在分配 IP 地址的时候，应该掌握以下几个原则：

1）不一定要将所有的 IP 地址分配给计算机，但网络中的所有计算机必须被分配 IP 地址。

2）要分配的 IP 地址中的“网络号”不能以“127”开头，因为 IP 地址 127.0.0.1 通常被保留，以便做测试本机连接时用。

3）要分配的 IP 地址中的“主机号”不能全部是“1”，因为“主机号”全是“1”的 IP 地址被定义为此 IP 地址所处网段的广播地址。

4）要分配的 IP 地址中的“主机号”不能全部是“0”，因为“主机号”全是“0”的 IP 地址被用来标识此 IP 地址所处的网段的网络号。

5）为每个子网分配的“网络号”必须是唯一的。

6）要分配的 IP 地址中的“主机号”在此 IP 地址所处的网段中必须是唯一的。

7）分配 IP 地址时应本着“合理规划，预留扩展，顺序分配，便于管理”的原则，尽可能按照部门或用户集来分配 IP 地址，并且为每个部门或用户集预留适当的扩展空间。

（4）地址分配策略

IP 地址分配有两种策略：静态地址分配策略和动态地址分配策略。

所谓静态 IP 地址分配策略是指给每一个连入网络的用户分配一个固定的 IP 地址，该用户每次上网都使用这个地址。系统在给该用户分配 IP 地址的同时，还可给该用户分配一个域名。使用静态 IP 地址分配策略分配的 IP 地址是一台终端计算机专用的 IP 地址，无论该用户是否上网，分配给它的 IP 地址都不能再分配给其他用户使用。

动态 IP 地址分配策略的基本思想是，事先并不给上网的用户分配 IP 地址，用户上网时自动给其分配一个 IP 地址。该用户不上网时，所用的 IP 地址自动释放，可再次分配给其他用户使用。使用动态 IP 地址分配策略的用户只有临时 IP 地址而无域名。通常来说，使用电话拨号上网的用户大都是使用动态 IP 地址分配策略分配的 IP 地址。

2.4.9　IP 地址转换设置

IP 地址转换简称为 NAT，简单地说，就是在局域网内部网络中使用内部地址，而当内部节点要与外部网络进行通信时，就在网关处将内部地址替换成公用地址，从而在外部公网（Internet）上正常使用。NAT 可以使多台计算机共享 Internet 连接，这一功能很好地解决了公共 IP 地址紧缺的问题。通过这种方法，可以只申请一个合法 IP 地址，就把整个局域网中的计算机接入 Internet 中。这时，NAT 屏蔽了内部网络，所有内部网计算机对于公共网络来说是不可见的，而内部网计算机用户通常不会意识到 NAT 的存在。所谓的内部地址是指在内部网络中分配给节点的私有 IP 地址，这个地址只能在内部使用。

NAT 有 3 种类型：静态 NAT（Static NAT）、动态地址 NAT（Pooled NAT）和网络地址端口转换 NAPT（Port-Level NAT）。静态 NAT 设置起来最为简单也最容易实现，内部网络中的每个主机都被永久映射成外部网络中的某个合法的地址；动态地址 NAT 是在外部网络中定义了一系列的合法地址，采用动态分配的方法映射到内部网络；NAPT 则是把内部地址映射到外部网络的一个 IP 地址的不同端口上。根据不同的需要，3 种 NAT 方案各有利弊。

2.5　小学校园网络方案

2.5.1　某小学校园网系统分析

1．网络现状

某小学是一所新建的现代化小学，现有计算机为单机运行，使用效率低，联网情况落后，在教学、管理、后勤和科研工作中不便于信息交流和管理。

2．网络的地域分布

某小学要求建立计算机网络的范围为整个教学楼。为保证学校网络的可扩展性，在每个房间留有一信息节点，网络管理中心在二楼的计算机教室，这样设置有如下优点：

1）尽量避免水淹的可能性。

2）与各个信息点的距离相对较近。

3）管理方便，与各办公室物理位置接近。

3．网络管理

网络管理要求解决的问题包括以下几个方面：

1）虚拟网的管理、分配等问题。目前的虚拟网主要基于局域网交换端口，管理软件将提供远地支持虚拟网设备的修改功能。

2）对可管理网络设备端口的监视和管理。

3）对可管理网络设备的远地配置和控制，包括网络设备端口的开放和关闭。

4）网络的故障检测，故障自动报警功能。

5）网络性能的统计和分析报告。

4．网络安全

主干网的网络安全主要考虑以下几方面要求：

1）各个部门、单位访问网络的控制，各单位之间在未经授权的情况下不能相互访问。

2）内部网中要建立防火墙，即禁止外部用户未经许可访问内部的数据，或者内部用户未经许可访问外部数据。

5．广域网连接

局域网与广域网的连接需求主要表现在：通过光纤宽带、DDN或其他专用数据网络与教育科研网及Internet连接。

2.5.2 网络设计

1．网络设计原则

（1）实用性与先进性

根据某小学的特点，方案设计中特别强调实用性与先进性的结合。

首先，在积累了数十家网络建设成功案例经验的基础上，采用成熟的网络技术，保证某小学校园网络的实用性。

其次，跟踪国际网络技术的新发展，在保证网络可靠、实用的基础上，提供研究先进网络技术的教学、科研环境，方便学校的科研与应用系统的开发。

（2）开放性与标准化

整个网络的设计采用开放性的网络体系，能和多种厂家、多种规格的设备连接，能支持多种网络协议，以方便网络的升级、扩展和互连。同时在选择服务器、网络产品时，强调产品支持的网络协议的国际标准化。

（3）可靠性与安全性

在网络的设计中，主要考虑两个方面：一个是整个网络的可靠性与安全性，采用高可靠性、高安全性的网络体系结构，包括合理设计广域网的访问控制和内部虚拟网的访问控制、对外部网络访问链路的备份等；另一个是网络设备的安全性和可靠性，可以使用可带电插拔的模块、配置双电源、端口冗余、设置网络设备的用户表及口令限制等。

（4）经济性和可扩充性

在满足学校需求的前提下，选用性价比高的网络设备和服务器。采用的网络架构和设备充分考虑到易升级换代，并且在升级时可以最大限度地保护已有的硬件设备和软件投资。

（5）可管理性

为保证网络的正常运行，智能化网络管理可对网络通信状况进行动态监控，及时平衡网络负载。

2．网络系统关键技术比较与选择

（1）网络拓扑结构的选择

校园网常用的网络拓扑结构有总线型、环形和星形结构，为了便于网络管理和网络扩展，本方案采用星形拓扑结构，以网络管理中心所在的计算机教室为中心节点，其他做为外围主干节点或支节点。

（2）网络组网技术的选择

在本方案中，快速以太网或千兆以太网是价格较适中、性能较高的组网选择方式。快速以太网的传输速率为 100Mbit/s，保留原来 10Mbit/s 以太网 CSMA/CD 介质访问控制协议和 802.3 协议，可使已有的网络方便地与其连接。而日渐成熟的千兆以太网和快速以太网在光纤和 UTP 布线上是兼容的，方便后者今后平滑升级。

（3）网络传输电缆的选择

目前常用网络传输电缆可分为室内和室外两大类。室外常选用光缆，室内则一般选用双绞线。楼与楼之间多数采用 8 芯以上多模光纤连接，楼内采用五类或超五类双绞线连接。

3．网络升级与扩展性设计

根据学校的信息点需求情况，网络工程一期约有 48 个信息点入网，最终会有 100 个以上信息点入网。所以在网络的整体设计中要充分考虑到网络的扩展性，主要从如下两个方面考虑：

1）整个网络结构的扩展性。整个网络主干采用星形拓扑结构，可以很容易地扩展主干节点。二级以下的节点也采用星形拓扑结构，可以很灵活地接入微机和工作站。

2）扩展实施方法。首先在网络主干允许的情况下，可以增加楼层 HUB 来扩展网络信息点；然后增加二级节点交换机以增加交换的端口；最后增加网络主干交换机，可以把有关的交换机下推到二级节点。

从快速以太网升级为千兆以太网比较容易，在现有网络设备的基础上再增加千兆以太网交换机或有关的千兆端口模块即可，完全保护现有的网络设备投资。

快速以太网技术是应用广泛的技术，它有如下特点：

1）技术成熟稳定。

2）遵循百兆－千兆的发展路线。

3）采用星形拓扑结构，容易布线、管理和维护。

4）与传统的以太网可以非常好地无缝连接，所需的管理和培训费用低。

5）容易向更新的网络技术过渡。

对于未来向千兆网络的升级，只要进行主干网设备升级，原有的交换设备、路由器可下推到二级结点，保护了网络设备的投资。

4．网络基本拓扑结构

根据学校的实际需求与性能分析，给出如图 2-4 所示的网络拓扑结构图。接入层交换机负责各个信息点入网，其中的连接介质为铜质双绞线；汇聚层负责将各个接入层设备汇聚在一起，由于信息点数量不是很多，在接入层向汇聚层的连接也使用了双绞线作为传输介质；

核心层又提供了所有汇聚层交换设备，在汇聚层与核心层之间使用的是光纤作为传输介质，可以保证网络传输质量。路由器与核心交换机之间使用千兆光缆连接。

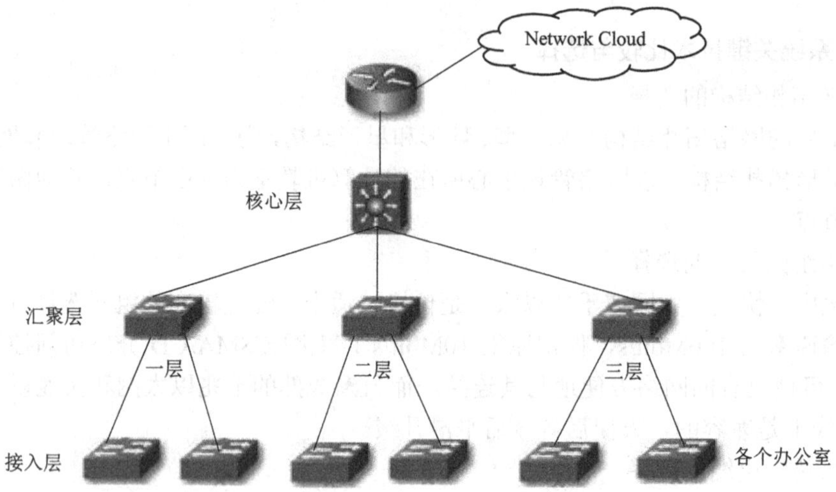

图 2-4　小学网络拓扑结构

2.5.3　综合布线系统

1．布线系统描述

综合布线系统由工作区子系统、水平区子系统、管理区子系统、垂直干线子系统、设备间子系统和建筑群子系统 6 部分组成。图 2-5 所示是各子系统连接示意图。

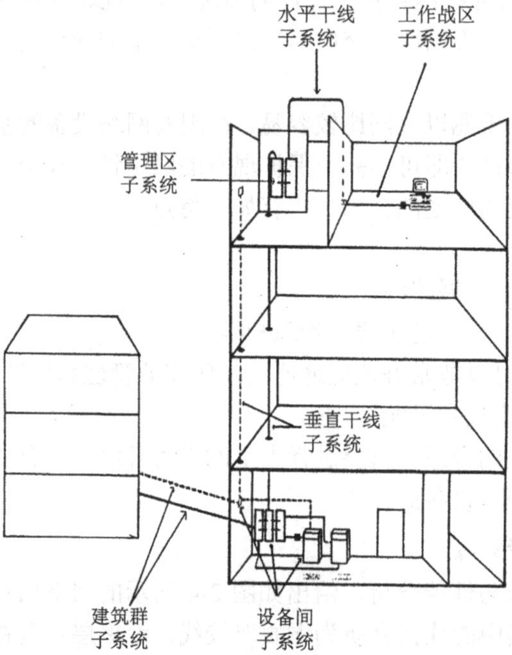

图 2-5　结构化布线系统

1）工作区子系统。工作区子系统由终端设备连接到信息插座的连线和连接器组成，信息端口采用 RJ-45 插座或光纤插座。每个工作区可接一个双口 RJ-45 插座，一个用于计算机网络，另一个用于电话线。为保证系统的可靠和冗余，一个 RJ-45 插座只提供一路电话线或一路计算机网络线。

2）水平区子系统。水平区子系统是指水平方向走线的系统，连接信息插座和管理子系统（配线架）。它将垂直主干线延伸到工作区。可采用五类双绞线或光纤作为水平连接介质。

3）管理区子系统。管理区子系统设置在每层楼的配线间，实现配线管理。各层配线间内配置配线架，管理各层的水平布线。可采用挂墙式配线架或机架式配线架连接相应的网络设备，其特点在于可以方便地更换和升级，安装与维护十分方便。

4）垂直干线子系统。垂直干线子系统连接设备间子系统和各管理区子系统。线缆铺设在弱电竖井的垂直桥架内或楼与楼之间的管道内。垂直区子系统采用五类双绞线或光纤直接连接到设备间的主配线架，为每个管理区提供最高 1000Mbit/s 的网络带宽。

5）设备间子系统。设备间安装大楼的进出线设备和主配线架，是进行布线系统管理和维护的场所，由建筑物进线、网络交换设备、配线设备和主配线架等组成。

6）建筑群子系统。建筑群子系统实现了建筑物之间的相互连接，常用通信介质为光纤。室外光纤安装要注意各种防护。根据学校实际情况，结构化布线系统中最重要的是建立覆盖整个校园的建筑群光纤系统和建筑物内的双绞线系统。

2．设计安装的标准及规范

设计安装应遵循以下标准及规范：

1）《商业大楼通讯路线和结构空间布线标准》ANSI/TIA/EIA-569。

2）《商业大楼通讯布线标准》ANSI/TIA/EIA-568-A。

3）《商业大楼通讯接地线和耦合线标准》ANSI/TIA/EIA-607。

4）《中国工程建筑标准化协会标准》。

5）《综合布线系统工程设计规范》GB 50311-2007。

6）《民用建筑电气设计规范》JGJ/T16-2008。

2.5.4　网络设备及配置方案

根据某小学校园网的设计规划和实际网络应用的需要，结合考虑整个网络的包交换能力、可扩充性、易管理性、稳定性和可靠性等综合因素，推荐神州数码（Digital China）的产品供用户选择。

神州数码股份有限公司的网络通信及安全产品包括网络防火墙、路由器、L3 交换机、骨干交换机、工作组交换机、快速以太网交换机、网卡、光纤收发器等系列网络互连设备和网络安全产品。

1．神州数码 DCR-2650 路由器

LAN 端口：2 个 10/100Base-TX。

配置端口（Console）：1 个 RJ-45 型。

辅助端口（AUX）：1 个 RJ-45 型。

接口卡扩展插槽：2 个。

加密卡扩展插槽：主板内置 1 个。

CPU：64 位 RISC 处理器。

存储器：SDRAM 1024MB，Flash Memory 1024MB。

其他：内置防火墙。

2．标准和协议

以太网接口标准：IEEE802.3 10Base-T 和 IEEE802.3u 100Base-TX 标准，支持 IEEE802.1q VLAN。

广域网接口标准：ITU-T V.35、V.24/V.28（RS-232）、X.21bis、RS422、RS449、G.703、G.704、I.403 等电气连接标准。

支持 Multicast 组播和多种组播协议。

支持 Fax Over IP。

支持 ISDN 标准。

广域网协议：HDLC、SLIP、PPP、MP、Frame-Relay（DTE/DCE）、X.25（DTE/DCE）

路由协议：静态路由、RIP（包括 RIP v1、RIP v2）、OSPF、BGP、DEIGRP（兼容 EIGRP）等路由协议，并支持多种组播路由协议。

支持 IPSec 协议族和数字证书。

3．网络设备配置方案

网络设备配置方案见表 2-1。

表 2-1　网络设备配置方案

产 品 型 号	描　述	单　位	数　量
DCRS-5950-28T	用作核心	台	1
DCS-3926S	用作汇聚	台	3
DCS-1008G+	24×10/100Mbit/s TX	台	12
DCR-2650	路由器	台	1

2.5.5　质量保证及售后服务

1．质量保证

1）保证所提供的设备均为原装、原配置。

2）如代购软件，保证所提供的软件为有效版权。

2．产品保修

1）D-Link 产品提供一年保修。

2）神州数码产品提供一年包换，三年保修。

3）其他设备提供一年保修（特殊标明保修时间的除外）。

3．售后服务

1）系统开通后，进行一定时间的现场跟踪检测和维护。

2）免费提供电话/传真/电子邮件等方式的技术支持。

3）提供系统升级的技术支持。

4）一年免服务费现场技术支持和系统维护。

4．施工测试文档

1）综合布线施工完成后，公司提供全部施工线路图及配线文档。

2）综合布线施工完成后，公司可根据用户要求提供全部线路测试数据。

3）网络设备调试完成后，公司提供完备的网络技术文档。

2.5.6　网络工程进度计划表

网络工程进度计划表见表 2-2。

表 2-2　网络工程进度计划表

施工项目	施工日期														
	1	2	3	4	5	6	7	8	9	10	11	12	13	14	15
熟悉现场及辅材进场	■	■													
安装线槽、敷设管路		■	■	■	■	■	■								
布放双绞线						■	■	■	■	■					
安装机柜、配线柜										■	■				
双绞线端接										■	■				
双绞线测试												■			
网络设备安装调试										■	■	■	■	■	
整理施工现场														■	
整理竣工资料														■	■
系统交接、验收															■

习题

1．交换式网络分哪 3 层结构，各层次的要求有哪些？

2．IP 地址规划过程中，使用子网掩码来确定每个 IP 地址所在网络段，请分析一下，当主机数量为 300 台时，如何使用子网掩码？

3．网络安装与设计规范有哪些？

4．综合布线的六大子系统包括什么？

5．实践设计题：某小学有两栋教学用建筑，一栋楼体内有 24 间教室，每个教室有 4 个信息点，24 间教室分布 4 个楼层中，每层楼都设置了教师办公室，每个办公室设置了 8 个信息点；另一栋建筑为实验办公楼（共 4 层），校长室设置 2 个信息点（2 层），教导处设置 8 个信息点（1 层），电学实验室、光学实验室、化学实验室分别处于 2 层、3 层、4 层，每个实验室设置 6 个信息点。针对该学校进行需求分析，绘制出学校平面图，并为其进行规划与设计该办公网络，形成网络方案。

项目 3　规划与设计社区信息网络

3.1　教学目标

1）掌握楼宇间信息传输方法的特点，具备选择合理传输方法的能力。
2）掌握网络分布层设计与规划方法，具备规划网络分布层的能力。
3）了解网络服务器的基本技术，具备选择网络服务器的能力。

3.2　工作任务

根据市政府统一要求，现在要建设 F 区街道信息网络。该项目包括 5 个子项目：F 区下辖 A、B、C、D 四个街道办事处信息网络系统和 F 区人才交流中心网络系统。

上述 4 个办事处均没有建立相应的计算机网络，各科室的计算机基本上都以单机方式工作。此外，这 4 个办事处部分计算机的配置也较低，需要更换。F 区人才交流中心是一家刚刚成立的单位，也需要建立相应的计算机网络。

作为一名网络规划工程师，你需要与客户沟通，了解客户的需要及目前软硬件应用情况，选择合适的网络技术和设备，为客户制订出合适的网络方案。

3.3　相关实践知识

设计一个网络，首先要为用户分析目前面临的主要问题，确定用户对网络的真正需求，并在结合未来可能的发展要求的基础上选择、设计合适的网络结构和网络技术，提供用户满意的服务。

一般社区信息网络平台的主要功能包括行政办公、信息交流、远程通信等，因此进行社区信息网络设计也应该从这几项功能入手进行分析和规划。根据不同的客户需求还要考虑规划设计合理的网络结构和网络应用，并根据项目预算进行合理的硬件设备选型和软件应用设计。

3.4　相关理论知识

社区办公网络的组建工作主要包括网络结构设计、综合布线设计、服务器环境搭建等环节。

3.4.1　网络分布层设计

网络结构设计中，通常把网络分为 3 个层次：核心层、分布层、接入层。其中分布层又称汇聚层，是楼群或小区的信息汇聚点，主要提供基于统一策略的互连性。它是核心层和接入层的分界点，定义了网络的边界，对数据包进行复杂的运算。

1．分布层的任务

分布层的主要任务是提供与流量控制、安全及路由相关的策略，具体内容如下：

1）地址的聚集。

2）部门和工作组的接入。

3）广播域/多目传输域的定义。

4）VLAN 间路由。

5）介质的转换。

6）安全控制。

2．分布层的设计目标

分布层的设计目标如下：

1）隔离拓扑结构的变化。

2）控制路由表的大小。

3）收敛网络流量。

3．分布层设计方法

设计分布层时，主要考虑的是如何保证提供流量控制及安全控制的策略。通常需要考虑的主要因素有 QoS（服务质量）、静态或者动态路由的选择、地址过滤等。对这些因素的综合考虑最后会转化为交换机的选择。

从物理位置上看，分布层交换属于楼宇交换机，或者说是各楼层的核心交换机。从逻辑上看，它可以是应用系统的汇聚。分布层可以通过两条上行线路连接到核心层，以保证线路的冗余。在近几年的产品设计中，分布层交换机的上行端口一般是千兆光纤端口，下行端口为百兆端口，连接到接入层交换机。

分布层的交换机目前大多数选用三层交换机（也可以选择二层交换机）。最终用户发出的流量直接影响分布层交换机的选择。如果选择三层交换机，则可在全网的设计上体现分布式路由思想，以减轻核心层交换机的路由压力，有效地进行路由流量的均衡。如果分布层设备选择二层设备，则核心层交换机的路由压力会增加，核心层交换机的投资将加大。

根据网络规模的不同，分布层不一定必须存在。分布层的存在与否，取决于外围网采用的扩充互连方法。当建筑物内信息点（如 220 个）超出一台交换机所容纳的端口密度，从而不得不增加交换机扩充端口密度时，如果采用交换机级联方式，即将一组固定端口交换机上连到一台背板带宽和性能较好的二级交换机上，再由二级交换机上连到主干；如果采用多个并行交换机堆叠方式扩充端口密度，其中一台交换机上连，则网络中就只有接入层而没有分布层。要不要设计分布层，采用交换机级联还是堆叠，具体要看网络信息流的特点。

堆叠体内能够有充足的带宽保证，适宜本地（楼宇内）信息流密集、全局信息负载相对较轻的情况；级联适宜于全网信息流较平均的场合，且分布层交换机大都具有组播和初级QoS管理能力，适合处理一些突发的重负载（如VOD视频点播）。

需要注意的是，在设计网络时增加分布层的同时也会使成本提高。

3.4.2 网络分布层交换机选择

分布层的设备对网络下层VLAN信息和生成树协议具有收敛功能，能实现简单的用户管理和控制功能，如用户的安全接入、下层网络不同层次的屏蔽和接入工作，对不同物理链路、不同特性的网络设备进行统一管理。因此，分布层网络设备要求具备多物理接口来完成众多设备的接入工作。

分布层一般都属于可堆叠/可扩充式固定端口交换机，应具备下列要求：

1）端口选择。对端口的选择包括两个方面：端口数量和端口类型。交换机应该具备可以堆叠、易扩展等特点，以便信息点增加时能够从容地进行扩容。

2）高性能。作为大型网络的二级交换设备，应支持千兆/百兆高速上连以及同级设备堆叠，还要注意与核心交换机品牌的一致性；如果用做小型网络的中央交换机，要求具有较高的背板带宽和三层交换能力。

3）性价比高。在满足网络性能要求的同时，达到最高的性价比，使用方便简单。

4）支持多级别网络管理。分布层交换设备的选择相对要容易一些，但分布层的产品容易成为网络的瓶颈，所以设计人员要对分布层交换机流量进行预测，根据预测结果选择相应的产品。另外，需要根据QoS的需要以及安全需要确定设备选型。分布层/接入层一般采用100Base-T（X）快速（交换式）以太网，传输介质则基本上是双绞线。Cisco Catalyst 3500/4000系列交换机、华为S3000/5000系列交换机就是专门针对分布层而设计的。

3.4.3 资源子网设计

资源子网负责全网的数据处理业务，向网络用户提供各种网络资源与网络服务。因此，资源子网规划任务主要是关于服务器的规划。

服务器系统是网络中必不可少的重要组成部分，是网络的“灵魂”。服务器节点位置的好坏直接影响整个网络的应用效果和运行效率。

按服务范围和对象来分，服务器一般分为全局服务器和部门服务器两类。顾名思义，全局服务器为全网提供公共信息服务、文件服务、通信服务和应用服务，为企业网提供集中统一的数据库服务，由网络中心管理维护，服务对象为网络全局，一般放在网管中心。部门服务器则只为一部分网络用户提供服务，主要由部门负责管理维护，如大学的图书馆服务器和企业的财务处服务器，适宜放在部门子网中。

服务器同时为网络上的所有用户服务，因此要求具有较高的性能，包括较快的处理速度、较大的内存、较大的容量和较快的访问速度的磁盘和高带宽接入。服务器接入方案主要有以下几种：

1）千兆以太网端口接入。服务器需要配置而且必须支持GBE网卡，GBE网卡采用PCI接口，使用多模SX连接器接入交换机的多模光端口中。其优点是性能好、数据吞吐量大；

缺点是成本高，对服务器硬件有要求。适合企业级数据库服务器、流媒体服务器和较密集的应用服务器。

2）并行快速以太网冗余接入。并行快速以太网接入即采用两块以上的 100Mbit/s 服务器专用高速以太网卡分别接入网络中的两台交换机中。通过网络管理系统的支持实现负载均衡或负载分担，当其中一块网卡失效后不影响服务器正常运行。

3）普通接入。采用一块服务器专用网卡接入网络，是一种经济、简单的接入方式，但可用性低，信息流密集时可能会因主机 CPU 占用（主要是缓存处理占用）而使服务器性能下降，适宜于数据业务量不是太大的服务器（如 E-mail 服务器）使用。

3.4.4　网络服务器

1．服务器概述

网络服务器是指在网络环境中可以为客户机提供各种服务的、特殊的专用计算机系统，在网络中承担着数据的存储、转发、发布等关键任务，是网络中不可或缺的重要组成部分。

20 世纪 50 年代中后期，受计算机成本和数据限制，信息系统应用采用将分散的多个终端通过通信线路连接到一台中心计算机上的多用户模式，用户通过与主机相连的字符终端，在主机操作系统的管理下共享主机的内存、外存、中央处理器、输入/输出设备等资源。随着计算机技术的发展，特别是微型机价格的降低，这种终端逐渐被其代替，形成了计算机之间为信息共享和协同工作而组成的计算机网络。作为最重要的网络资源设备，网络服务器先后经历了文件服务器、数据库服务器、通用服务器和专用应用服务器等几种角色的演变。

文件服务器就是利用服务器的海量存储和优秀的吞吐能力，为网络中连接的工作站群提供资源共享服务。它拥有比较完备的磁盘设备管理和用户安全管理体系。

数据库服务就是采用客户机/服务器（Client/Server，C/S）模式，使用大型数据库系统的服务程序作为服务器的主角。

通用服务器是指在异构网络环境下统一简化的客户端平台和广域网上的信息发布、采集、利用和高度资源共享，是现阶段用户最多的网络服务应用类型。它主要包括 Web（WWW）、E-mail（SMTP 和 POP3）、FTP、DNS、DS、Proxy 等服务应用。

应用服务器主要包括基于浏览器/服务器（B/S）结构的 Web 应用服务器和专用服务器。Web 应用服务器通过采用中间件或通用数据库接口构造和运行 Web 应用系统，其后端是数据库服务器，客户端则是清一色的浏览器。图 3-1 对客户机/服务器（C/S）和浏览器/服务器（B/S）两种应用结构进行了对比。

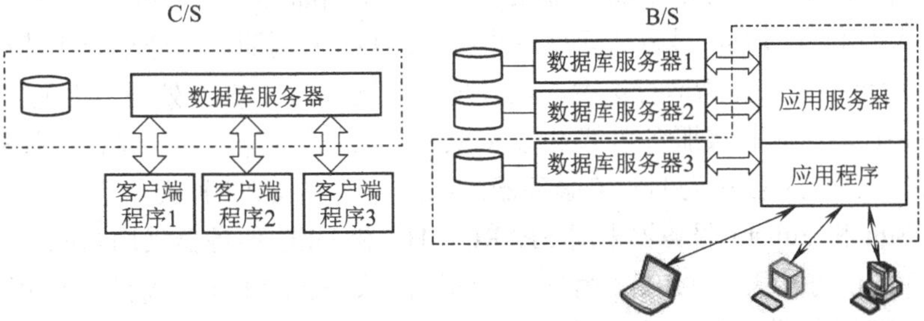

图 3-1　C/S 和 B/S 服务器应用结构对比

专用服务器也叫功能服务器，是按照服务器所提供的主要功能来进行细分的，如 CAD 服务器、视频点播服务器、流式音频（RM）点播服务器、NetMeeting 电视会议服务器、Voice over IP（如 IP 电话）服务器、打印服务器。

2．服务器分类

服务器是网络中必不可少的重要组成部分。根据不同的标准，可以对服务器进行不同的分类。

（1）按硬件体系结构划分

服务器按照采用的 CPU 架构分类，可以分为 CISC 架构、VLIW 架构和 RISC 架构 3 类。

1）CISC 架构。CISC（Complex Instruction Set Computer，复杂指令系统计算机）架构包括最早的 IBM 360 系统，以及后来的 Intel X86 系列处理器和 IA-32 架构的 Pentium（Pro）、Pentium II、Pentium III（Xeon）等。CISC 架构服务器主要指 IA 架构服务器，即通常所说的“PC 服务器”。

PC 服务器的主要优点是通用性好、配置灵活、性价比高、第三方支持的应用软件丰富。它的缺点是 CPU 运算处理能力稍差，I/O 吞吐能力不及 RISC 服务器。支持 Intel 架构 PC 服务器的厂商及产品主要有：HP 公司的 NetServer 系列、IBM 公司的 eServer（Netfinity）系列、Compaq 公司的 Prosiginal/Proliant 系列以及 DELL 公司的 PowerEdge 系列等。国内方面除曙光公司外几乎所有的服务器制造商生产的都是清一色的 PC 服务器。

PC 服务器中运行的主流操作系统有 Windows Server、Linux、SCO UNIX 和 Novell NetWare，其中 Windows Server 占统治地位。

PC 服务器根据安装结构可以分为机座式服务器和机架服务器。

2）VLIW 架构。VLIW（Very Long Instruction Word，超长指令集）架构采用先进的 EPIC（清晰并行指令）设计，也把这种架构称为“IA-64 架构”。每个时钟周期 IA-64 可运行 20 条指令，而 CISC 通常只能运行 1～3 条指令，RISC 也不过能运行 4 条指令。VLIW 的最大优点是简化了处理器的结构，删除了处理器内部许多复杂的控制电路，这些电路通常是超标量芯片协调并行工作时必须使用的。VLIW 架构处理器结构简单，使芯片制造成本降低、能耗减少，而处理性能却得以提高。目前基于这种指令架构的微处理器主要是 Intel 的 IA-64 与 AMD 的 X86-64。

随着 IA-64 架构 CPU 的诞生，以及 64 位版本的操作系统的问世，VLIW 架构服务器不仅保持了其易用性和价格优势，而且在处理性能上有了质的飞跃，从而也被广泛应用于超大规模的数据处理环境。

3）RISC 架构。RISC（Reduced Instruction Set Computing，精简指令集计算）是 IBM 在 20 世纪 70 年代提出的。RISC 技术大幅度减少指令的数量，用简单指令组合代替过去的复杂指令，通过优化指令系统来提高运行速度，其处理器比同等的 CISC 处理器性能提高了 50%～75%，因此各种计算机和超级服务器都采用 RISC 架构的处理器。由于 RISC 服务器主要采用 UNIX 操作系统，因此又被称为 UNIX 服务器。RISC 架构的 CPU 种类非常多，全部为 64 位处理器。其中，Sun 和 Fujistu 服务器采用 SPARC，HP 和 DEC 服务器采用 Alpha，IBM 服务器采用 Power，SGI 服务器采用 MIPS。另外，不同厂商服务器的 I/O 总线也各不相同，这就意味着不同品牌 RISC 服务器的板卡都是专用的，彼此之间不兼容。由此可见，RISC 架构是封闭专用的计算机系统，不仅价格昂贵，而且售后维护需要大量资金。

不过，尽管 RISC 是 PC 服务器价格的几倍，并且在设备购置之后还要处处受制于厂商，但仍然受到许多高端用户的青睐。原因在于他们看中的是 UNIX 操作系统的安全性、可靠性，以及专用服务器的高速运算能力。如图 3-2 所示为安装 8 颗 Ultra SPARC IV 的 Sun Fire V890 服务器。

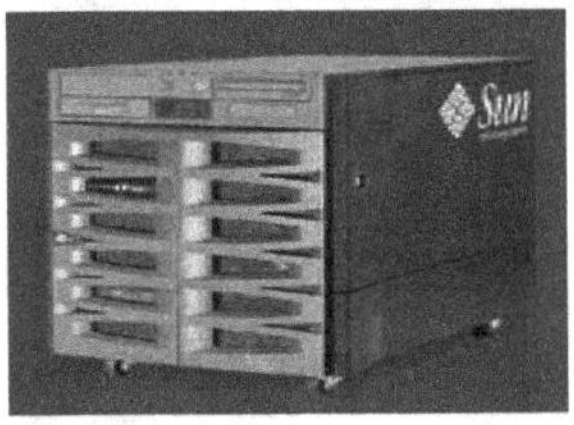

图 3-2　Sun Fire V890 服务器

（2）按网络应用规模划分

服务器按照网络应用规模划分，可以分为入门级、工作组级、部门级和企业级 4 类。

1）入门级服务器。入门级服务器通常只有 1～2 颗普通 CPU，并根据需要配置 512MB～1GB 的 ECC 内存和传输速率在 40MB/s 以下的 IDE 硬盘，必要时也会采用 SCSI 磁盘系统提高性能，或使用 IDE RAID 进行数据保护。操作系统主要是 Windows Server、Linux、NetWare，一般用于中小型网络用户的文件共享、打印服务、数据处理、Internet 接入等需求。

2）工作组级服务器。工作组级服务器一般支持 1～2 个服务器专用 CPU（如 Intel Xeon 或 AMD Opteron），可支持大容量 ECC 内存（可达 16GB），配置了小型服务器所必备的各种材料，如采用 SCSI 总线的 I/O 系统，可选装 RAID、热插拔硬盘和热插拔电源等。其功能全面、可管理性强、易于维护，具有高可用性特性。

工作组级服务器用于联网计算机的数量在 30～50 台，比较适合中小企业、中小学、大企业的分支机构的 Web、E-mail、数据处理、文件共享、Internet 接入以及简单数据库应用等服务。

3）部门级服务器。部门级服务器一般支持 2～4 个服务器专用 CPU（对称多处理结构），具有较高的可靠性、可用性、可扩展性和可管理性，具有大容量硬盘或磁盘阵列以及数据冗余保护，数据处理能力较强，易于维护管理。通常标准配置有热插拔硬盘、热插拔电源和 RAID。部门级应用服务器还具有极强的扩充能力，适用于对可靠性要求较高的应用环境，结合 RAID 磁盘阵列还可以进一步提高数据安全性。

部门级服务器是面向中型网络的核心服务器，用于联网计算机在百台左右、对处理速度和系统可靠性要求较高一些中型网络。

4）企业级服务器。企业级服务器通常支持 4～8 个服务器专用 CPU、最新 CPU 技术及关键部件热插拔技术，使得系统性能、系统连续运行时间均得到最大的提升。支持超大容量 DDR 或 DDR2 ECC 内存，双通道 Ultra320 SCSI 高速数据传输，硬盘、电源、风扇等关键部件的在线维护功能，集成双千兆位网络控制器，支持冗余和负载平衡，大容量热插拔硬盘和热插拔电源，具有超强的数据处理能力，同时系统的监控管理也得到很大简化。这类产品具有高度的容错能力及优良的扩展性能，可作为大型企业级网络的数据库服务器。适合运行在需要处理大量数据、高处理速度，以及可靠性要求极高的金融、证券、交通、邮电和通信等行业中。

（3）按照外观划分

服务器按照外观分类，可以分为台式、机架式、刀片式和机柜式4种。图3-3所示是1U的HP Proliant DL140 G3机架服务器，图3-4所示为IBM BladeCenter hs21刀片服务器和机箱。

图3-3　1U的HP Proliant DL140 G3机架服务器

图3-4　IBM BladeCenter hs21刀片服务器和机箱

3．服务器相关技术

（1）对称多处理（Symmetric Multi-Processing，SMP）技术

对称多处理技术是指在一个计算机上汇集了一组处理器（多CPU），各CPU之间共享内存子系统以及总线结构，系统将任务队列对称地分布于多个CPU之上，从而极大地提高整个系统的数据处理能力。

在对称式结构中，机器里每一位处理器的地位都是一样的，它们连接在一起，共享一个存储器。存储器里有一个操作系统，每个计算机都能运行这个操作系统，都能响应外部设备的要求，即每个存储器的地位是平等的、对称的。在国内市场上这类机型的处理器一般以4个或8个为主，有少数是16个处理器。但是一般来讲，SMP结构的机器可扩展性较差，很难做到100个以上多处理器，常规的一般是8～16个，不过这对于多数的用户来说已经够用了。这种处理器的好处在于它的使用方式和微机或工作站的区别不大，编程的变化相对来说比较小，原来用微机工作站编写的程序如果要移植到SMP机器上使用，改动起来也相对比较容易。SMP结构的机型可用性比较差，因为4个或8个处理器共享一个操作系统和一个存储器，一旦操作系统出现了问题，整个机器就完全瘫痪了。由于这个机器的可扩展性较差，因此不容易保护用户的投资。但是这类机型技术比较成熟，相应的软件也比较多，因此现在国内市场上推出的并行机大多数都是这一种。

（2）集群（Cluster）技术

集群技术是提高服务器性能的一项技术。它是将一组相互独立的计算机通过高速的通信网络组成的一个单一的计算机系统，并以单一系统模式加以管理。其出发点是提供高可靠性、可扩充性和抗灾难性。

一个服务器集群包含多台拥有共享数据存储空间的服务器，各服务器之间通过内部局域网进行相互通信。当其中一台服务器发生故障时，它所运行的应用程序将由其他服务器自动接管。在大多数情况下，集群中所有的计算机都拥有一个共同的名称，集群系统内任意一台服务器都可被所有的网络用户所使用。

集群系统通过功能整合和故障过渡技术实现系统的高可用性和高可靠性，集群技术还能够提供相对低廉的总体成本和强大灵活的系统扩充能力。

常见集群技术有服务器镜像技术、应用程序错误接管集群技术、容错集群技术等。

（3）分布式内存存取（Nom-Uniform Memory Access，NUMA）技术

NUMA 技术是在高性能服务器领域中被广泛采用的一种技术，是将 SMP 和集群的优势有机结合在一起。它是由若干通过高速专用网络连接起来的独立节点所构成的系统，各个节点可以是单个的 CPU 或是一个 SMP 系统，如图 3-5 所示。

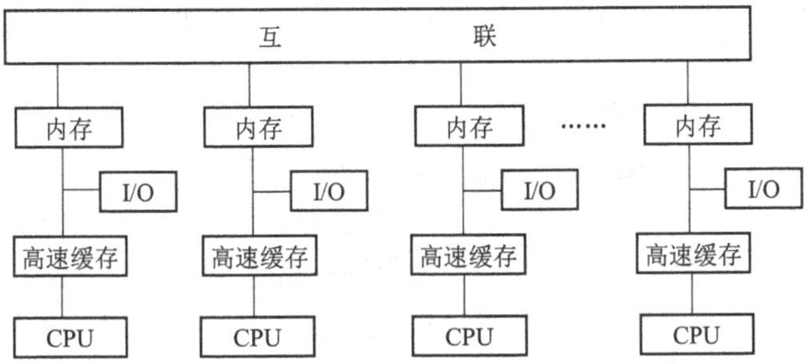

图 3-5　NUMA 体系结构

在 SMP 体系结构中使用共享存储器，因此系统性能受系统 I/O 性能的限制。如果采用 NUMA 技术，每个 Intel 处理器都将拥有其自己的局部内存，并能够形成与其他芯片中的内存静态或动态的连接，提高了系统的总体性能，减轻了并行计算机程序设计的复杂度，系统扩展性好，但难于管理、资源使用效率低。它的价格介于 SMP 系统和集群系统之间。最初 NUMA 技术是建立在采用专用的 IRIX 操作系统和 MIPS 处理器之上的，而现今该项技术已经被越来越多的厂商所采用。

（4）高性能存储技术

服务器是为网络中其他计算机提供服务的，由于服务器要将其数据、硬件提供给网络共享，在运行某些应用程序时要处理大量的数据，而且很有可能需要同时响应几十台、几百台甚至上千台计算机的请求，因此要求服务器拥有很高的 I/O 性能。

1）SCSI（Small Computer System Interface，小型机系统接口）。SCSI 于 1979 年由美国的 Shugart 公司研制，主要应用于服务器领域，经过多年的改进已经成为服务器 I/O 系统最主要的标准，几乎所有服务器和外设制造商都在开发与 SCSI 接口连接相关的设备。

SCSI 接口具备独立于硬件设备的智能化接口、减轻 CPU 负担、多个 I/O 并行操作、传输速度快等性能优势。SCSI 接口可以连接硬盘、光驱、磁带机、扫描仪等常见的外设，这些外设通过专用线缆和终端电阻与 SCSI 适配卡相连。

目前主要采用的是 320MB/s 和 640MB/s 传输率的 Ultra 320 SCSI 和 Ultra 640 SCSI 标准，由于采用了低压差分信号传输技术，使传输线长度从 3m 增加到 10m 以上。

2）RAID（Redundant Array of Independent Disks，独立磁盘冗余阵列）。RAID 技术就是利用现有的小型廉价硬盘，把多个硬盘按一定的方法组成一个磁盘阵列，通过一些硬件技术和一系列的调度算法，使得整个磁盘阵列对用户来说，就像是在使用一个容量很大、可靠性和速度非常高的大型磁盘。磁盘阵列的特点：①提高了存储容量；②多台磁盘驱动器可并行工作，提高了数据传输率；③由于有校验技术，提高了可靠性。如果阵列中有一台硬磁盘损

坏，利用其他盘可以重新恢复出损坏盘原来的数据，而不影响系统的正常工作，并可以在带电状态下更换已损坏的硬盘（即热插拔功能），阵列控制器会自动把重组数据写入新盘，或写入热备份盘而将新盘用做新的热备份盘。另外，磁盘阵列通常配有冗余设备（如电源和风扇）以保证磁盘阵列的散热和系统的可靠性。

（5）Intel 服务器控制（Intel Server Control，ISC）技术

ISC 是一种网络监控制技术，只适用于使用 Intel 架构的带有集成管理功能主板的服务器。采用这种技术后，用户在一台普通的计算机上就可以监测网络上所有使用 Intel 主板的服务器是否“健康”。一旦服务器中的硬件、系统信息、温度、电压的任何一项出现错误，就会报警提示管理人员。监测端和服务器端之间的网络可以是局域网也可以是广域网，可直接通过网络对服务器进行启动、关闭或重新置位，极大地方便了管理和维护工作。

（6）应急管理端口（Emergency Management Port，EMP）技术

EMP 是服务器主板所带的一个用于远程管理服务器的接口。远程控制机可以通过 Modem 与服务器相连，控制软件安装于控制机上。远程控制机通过 EMP Console 控制界面可以对服务器进行打开或关闭服务器的电源、重新设置服务器（包括主板 BIOS 和 CMOS 的参数）、监测服务器内部情况（如温度、电压、风扇情况）等。

（7）智能输入/输出（I2O）技术

随着处理器性能的飞速提高，服务器系统的作用越来越大，一旦作为网络中心设备后，其数据传输量会大大增加，因而 I/O 数据传输经常会成为整个系统的瓶颈。为了解决该瓶颈，服务器厂商在 I/O 系统中增加 CPU，负责中断处理、缓冲存取以及数据传输等烦琐的任务，提高了系统的吞吐能力，服务器的主处理器也能被解放出来去处理更为重要的任务。

依据 I2O 技术规范实现的 PC 服务器在硬件规模不变的情况下能处理更多的任务，作为中小型网络核心的低端 PC 服务器可以从中获得更多的性能提高。

（8）热插拔（Host Swap）技术

热插拔功能就是允许用户在不关闭系统、不切断电源情况下取出和更换损坏的硬盘、电源或板卡等部件，从而提高了系统对灾难的及时恢复能力、扩展性和灵活性等。

对于一些应用于关键任务的服务器，由于可以在不停机的情况下更换损坏的 RAID 或以太网卡等，从而大大地减少了由于硬件故障面造成的系统停机时间。利用热插拔技术，也可以在不停机情况下进行硬件扩容，如扩大硬盘、添加网卡等。

（9）I2C 总线技术

I2C（Inter-Integrated Circuit）总线是一种由飞利浦公司开发的串行总线技术。I2C 总线包括一个两端接口，通过一个带有缓冲区的接口，数据可以被 I2C 发送或接收，控制和状态信息则通过内存映射寄存器来传送。利用 I2C 硬件总线技术可以对服务器的所有部件进行集中管理，可随时监控内存、硬盘、网络、系统温度等多个参数，增加了系统的安全性，方便管理。

（10）刀片技术

刀片技术是一种 HAHD（High Availability High Density，高可用高密度）的低成本技术，是专门为特殊应用行业和高密度计算机环境设计的。

每一块“刀片”实际上就是一块系统母板，类似于一个独立的服务器。在这种模式下，每一个母板运行自己的系统，服务于指定的不同用户群相互之间没有关联。不过可以使用系

统软件将这些母板集合成一个服务器集群。在集群模式下，所有的母板可以连接起来提供高速的网络环境，可以共享资源，为相同的用户群服务。

4. 服务器的性能指标

衡量服务器性能的指标有很多，可以从以下 5 个方面来衡量服务负载性能。

（1）响应速度和作业吞吐量

响应速度是指用户从输入信息到服务器完成任务给出响应的时间。作业吞吐量是整个服务器在单位时间内完成的任务量。响应速度和作业吞吐量是服务器的 CPU、内存、I/O 能力等的综合性能指标，只有这些部件协同运行才能提高服务器的整体性能。

与 PC 不同，服务器必须能响应来自四面八方的服务请求，并且必须在极短的时间内完成这些请求。在 PC 中响应速度慢一些不是太严重的事情，可在服务器中这是不允许的。

（2）可扩展性

可扩展性是指服务器增加设备的扩展能力，具体表现在两个方面：留有富余的机箱可用空间，以及充裕的 I/O 带宽。

选择服务器时，中小企业用户首先考虑系统的可扩展能力，即系统应该留有足够的扩展空间，以便于随业务应用的增加和网络规模扩大对系统进行扩充和升级。这种可扩展性主要包括处理器和内存的扩展能力（如有没有多余的 CPU 接入槽口，有几个内存槽，是否支持内存频率从 200MHz 提升到 266MHz 等）、存储设备的扩展能力（如 SCSI 或 IDE 卡可支持多少硬盘，这些硬盘接口数量是否满足需求等）以及外部设备的可扩展能力和应用软件的升级能力等。

（3）高可用性（Availability）

可用性是指设备处于正常运行状态的时间比例，一般使用平均无故障工作时间（MTBF）和平均修复时间（MTBR）来衡量可用性指标。系统的可用性可用下式表示：

系统可用性=MTBF/（MTBF+MTBR）

也就是说，如果系统的可用性达到 99.9%，则每年的停止服务时间将达 8.8h；如果系统的可用性达到 99.99%，则每年的停止服务时间是 53min；如果系统的可用性达到 99.999%，则每年的停止服务时间只有 5min。

通过调查发现，造成系统停止服务的主要原因有 3 个：①硬件故障，在停机原因中占 30%；②操作系统和应用软件故障，占停机原因的 35%；③操作失误，程序错误和环境故障，占停机原因的 35%。

可以看出，要提高系统的可用性，必须从硬件和软件两个方面入手。对于硬件产品而言，部件冗余是提高可用性的基本方法，通常是对发生故障给系统造成危害最大的那些部件添加冗余配置，并设计方便的更换结构，从而保证这些设备即使发生故障也不会影响系统的正常工作。常用的部件冗余有磁盘系统冗余、电源系统冗余、网络系统冗余、冷却系统冗余和系统冗余等。对于软件系统而言，很难预测何时产生故障，于是如何减少软件恢复的时间是提高系统可用性的一个重要课题，一般采用对操作系统和应用软件备份的方法来快速地恢复软件系统，降低平均修复时间（MTBR），达到提高可用性的目的。

（4）可管理性

可管理性是指利用特定的技术和产品来提高系统的可靠性，降低系统的购买、使用、部署和支持费用。最显著的作用体现在减少维护人员的工时和避免系统停机带来的损失。

服务器的管理性能直接影响服务器的易用性，系统的可管理性对企业正常运行起着非常关键的作用。

作为一个关键指标，可管理性直接影响到中小企业使用 PC 服务器的方便程度。良好的可管理性主要包括人性化的管理界面，硬盘、内存、电源、处理器等主要部件便于拆装、维护和升级，具有方便的远程管理和监控功能，具有较强的安全保护措施等。

（5）可靠性

可靠性就是要求服务器必须稳定运行，也就是宕机率低。其中的关键在于操作系统与配件设备的协作，如果待处理的资源控制在 CPU 和操作系统上而不是应用上，就会避免由于某项任务处理出错导致系统无法运行的情况，服务器宕机率将大大降低。

如果客户应用服务器来实现文件共享和打印功能，只要求服务器在用户工作时间段内不出现停机故障，那么服务器中的低端产品就完全可以胜任。对于银行、电信、航空之类的关键业务，即便是短暂的系统故障，也会造成难以挽回的损失。

3.4.5 网络服务器选择

网络搭建的主要目的就是享受由服务器提供的网络服务。因此，网络服务器的选购必须非常慎重。

1．服务器选购原则

1）稳定压倒一切。就服务器而言，对稳定的要求高过对性能的要求。即使服务器的性能一般，只要可以提供稳定的服务，那么网络就是正常的，用户也会觉得是值得信赖的。

2）需求决定一切。不同类型的服务，对硬件配置的要求也往往不同。例如，数据库服务器要求拥有较高的 CPU 处理能力和内存容量，对硬盘空间没有太多的要求；Web 服务器要求拥有较大的内存对 CPU 处理能力和硬盘空间没有太多的要求；FTP 服务器和文件服务器要求拥有较大的内存和磁盘空间，对 CPU 处理能力没有太高的要求。因此，购置服务器时不是配置越高越好，而是应当针对不同类型的服务选择合理的硬件配置。

3）最佳性价比。不要盲目购置最高配置的服务器，将太多的资金投在少数机器上。事实上，多购置几台配置一般的服务器，然后利用集群技术或负载均衡技术将它们组织在一起，往往能够取得更高的处理能力，并且整个服务系统也会更加稳定。只有类似数据库服务这样对处理性能要求非常高的情况，才有必要选择高配置服务器。

4）知名品牌优先。知名品牌是依靠过硬的产品品质，以及完善的售后服务体系换来的。为了保证服务器长时间稳定、安全地工作，品牌服务器在出厂前，都有一套严格的硬件与软件兼容性及稳定性测试。

2．网络服务与服务器选型

要使服务器性能得到充分发挥，应当清楚什么样的服务器需要什么样的特别配置。事实上，不同的应用对服务器配置的要求是不同的，有的要重点考虑处理器、内存，有的则要重点考虑硬盘或网络的 I/O 吞吐能力。

（1）文件服务器（FTP）和通信服务器（News/E-mail/VOD）

因为文件服务器主要用来进行读/写操作，所以服务器需要有大容量的硬盘和内存，对

CPU 的处理能力则没有太高要求。一般情况下，单 CPU 或双 CPU 架构的服务器即可满足需要。硬盘一般采用磁盘阵列，以获得磁盘冗余和快速的硬盘 I/O 吞吐速率。

（2）数据库及应用服务器

对于数据库及应用服务器，用户在本地客户机上运行客户端应用程序，数据服务系统则在服务器端运行，客户通常发送“事务处理请求”（如订货单、数据库查询），而服务器则要及时处理这些请求，然后返回相应类型的结果。这里服务器就是数据的中心，它必须快速地处理各种请求，因此这类服务器需要具有强大的 CPU 处理能力和大容量的内存，同时需要有很好的 I/O 吞吐性能以及高速网络带宽。应当根据实际访问量的大小，采用双路 CPU、四路 CPU 甚至更多 CPU 架构，内存通常在 2GB 以上，硬盘容量不是很高，但访问速度必须快。

（3）Web 服务器及代理服务器

目前 Web 服务器的大部分采用 ASP 脚本程序、Java 等服务端应用和 ISAPI 库来动态地生成 HTML 代码，或作为数据库中间件服务器。代理服务器则是处于局域网与广域网之间，局域网与广域网之间的数据传输全部由它转发与控制，它需要向两端提供服务。因此二者均要求有大容量的内存及较高的 CPU 处理能力，对硬盘要求不高。

总之，当对 CPU 处理能力要求较高时，建议考虑选择双 CPU 或多 CPU 架构。当对硬盘容量要求较高时，建议考虑配置 RAID 阵列卡，甚至外接磁盘阵列。当对内存要求较高时，应当配置至少 2GB 的内存。

3．网络规模与服务器选型

不同规模的网络，应当选择不同性能的服务器。选择服务器的一个基本原则就是，既要保证提供稳定高效的网络服务，又不要造成性能浪费，导致性能资源的闲置。

（1）小型网络

用户在 30 人以下的小型网络，建议采用入门级专用服务器。当用户数量达到 50 人左右时，随着网络服务的丰富、访问量的增加和动态网站的搭建，也就需要配置较高的工作组级服务器来担当重任。与入门级服务器相比，工作组服务器的 CPU 处理能力、可扩展能力和 I/O 能力更强大，运行也更稳定，适用于提供小型数据库服务和 Web、FTP 等各种基本的网络服务。

（2）中型网络

对于 100～200 用户的网络而言，必须采用双 CPU 架构的部门级服务器，用于进行快速的数据处理，及时响应大量的并发访问。如果没有部门级服务器，也可以将两台甚至多台工作组服务器制作为集群，从而极大地提高网络服务性能。

当用户数量达到 300 人时，随着访问压力的增加，应当将每种网络服务分摊在不同的服务器上，并且根据网络服务的类型选择相当性能的服务器。对于一些访问量极大的网络服务（如数据查询、在线游戏），甚至还可以采用集群的方式，成倍地提升服务的性能。另外，还可以借助 NAS 或 SAN，实现数据的集中高速存储，从而满足视频点播文件下载等网络服务的需求。

（3）大型网络

对于 500 个以上用户的大型网络而言，除了需要将不同的网络服务分配到不同性能的部门级服务器和企业级服务器外，还必须为一些重点服务设置负载均衡和集群，一方面可以分担过于集中的网络请求，减缓每台服务器的压力，为客户的请求提供快速和可靠的响应；另一方面，可以实现服务器的故障冗余，以确保在一台或几台服务器发生故障时，仍然能够不间断地提供网络服务。

当企业提供多种网络服务时，建议采用多台性能较低的服务器，而不是全部安装在一台性能较高的服务器上。这是因为：①将网络服务分布在不同的服务器上，即使其中某一台系统瘫痪，也不会影响其他的网络服务；②当多个网络服务器请求同时发生时，多台计算机同时处理各自的事件，显然要比在一台计算机执行多任务表现更好；③多台性能较差服务器的总造价往往比一台性能强劲的服务器更低。因此，如果对服务器的处理能力没有较高的要求，还是将网络服务分散到多台服务器上更为稳妥、经济。

3.4.6 操作系统选择

组建网络的目的是资源共享和协同应用，而网络资源的承载体是服务器，因此选择和配置服务器是十分关键的。

许多用户偏重网络集成而不是应用集成，对应用方面缺乏高度认识和认真细致的需求分析，待昂贵的服务器设备购进后才发现与应用软件不配套或不够用，这些问题都必然会使预算超支，直接导致网络方案失败。因此，网络应用与操作系统的关系、服务器的综合配置是构筑网络服务器体系的关键。

1．网络应用与网络操作系统

网络服务器档次应与具体的网络应用相关联。网络应用的框架结构由底层到高层依次为服务器硬件、网络操作系统、基础应用平台和应用系统，如图3-6所示。

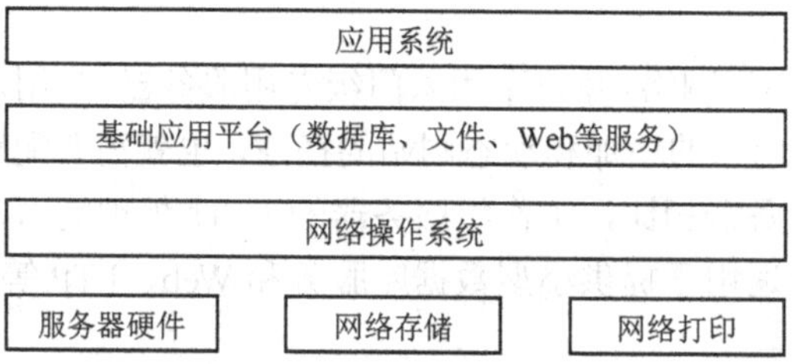

图3-6 网络应用的框架结构

虽然从理论上讲应用系统与服务器硬件无关，但由于应用系统所采用的开发工具和运行环境建立在基础应用平台的基础上，基础应用平台与网络操作系统关系紧密，其支持是有选择的，有时基础应用平台甚至是网络操作系统的有效组成部分，不同的服务器硬件支持的操作系统大相径庭，因此选择服务器硬件首先要把网络操作系统定下来。

2．网络操作系统选择要点

当前被广泛采用的操作系统主要有4类：Novell公司的NetWare操作系统、UNIX操作系统、Windows类操作系统以及Linux系统。不同的网络操作系统是建立在不同的网络体系基础之上的。

（1）Novell公司的NetWare操作系统

NetWare操作系统是针对网络而设计的多任务优化网络操作系统，能支持绝大多数的工业标准和国际标准，提供给用户很好的网络扩充和升级的技术环境。它采用的优化系统性能的主要技术有多任务内核技术、磁盘高速缓存技术、后台写盘技术、索引文件分配表技术。

（2）UNIX 操作系统

UNIX 操作系统是 32 位多用户的操作系统，主要应用于小型机、大型机和 RISC 计算机上。自从 TCP/IP 以模块方式运行在 UNIX 操作系统上之后，UNIX 系统服务器就可以和 DOS 工作站通过 TCP/IP 组成总线以太网网络。因为 UNIX 操作系统能很好地支持网络文件系统服务和数据库的应用，所以通常的局域网操作系统都能较好地运行于具有 UNIX 环境的服务器上。

目前主要的 UNIX 操作系统有 IBM 公司的 AIX、HP 公司的 HP-UX、Sun 公司的 Solaris、SGI 公司的 Irix、Compaq 公司的 Tru64 UNIX。

（3）Windows 类操作系统

Windows 类操作系统不仅在个人操作系统中占有绝对优势，其在网络操作系统中应用的也非常广泛。这类操作系统配置在整个局域网配置中是最常见的，但由于它对服务器的硬件要求较高，且稳定性能不是很高，所以 Windows 类网络操作系统一般只是用在中低档服务器中。

Windows 类网络操作系统主要有以下几种版本：Windows NT、Windows Server 2000/2003/2008/2012 等。

其中 Windows NT 和 Windows Server 2000 属于较早期版本。Windows Server 2000 是一种 32 位的网络操作系统，是一种面向分布式图形应用程序的操作平台，能运行于各种不同类型的计算机上，并具有小型网络操作系统和工作站所具有的全部功能。其最大的特点是良好的用户操作界面。

Windows Server 2003 系统是基于.NET 技术对 NT 技术做了实质性的改进，部分实现了.NET 框架。Windows Server 2003 并不是 Windows Server 2000 的简单升级，而是在 Windows Server 2000 基础上集成了功能强大的应用程序环境，开发全新的 XML Web 服务和改进的应用程序，能够显著地提高进程效率。

Windows Server 20008 是专门为了强化下一代网络、应用程序和 Web 服务的功能而设计的，是目前比较先进的 Windows 类网络操作系统。它建立在网络和虚拟化技术基础之上，可以提高基础服务器的可靠性和灵活性，有效地降低成本，并能够为一个动态和优化的数据中心提供平台。

（4）Linux 系统

Linux 系统实际上是一个源代码公开的免费软件包，它将一台普通的 PC 变成一台装有 UNIX 系统的工作站。它的最大特点就是源代码开放，用户可以得到大量的免费应用程序。Linux 系统的主要优势体现在稳定性和安全性方面，它有很多类似 UNIX 系统的地方，目前主要应用在中、高档服务器上。

总之，不同的网络操作系统具有不同的特点，在具体的网络方案规划设计中，选择操作系统要考虑的重要因素有以下几点：

1）符合工业标准与国际标准。随着网络产品的国际标准化和工业标准化的逐渐形成，只有符合这些标准的网络操作系统才具有发展的潜力，用户才能在今后的技术维护中看到厂商的技术支持和服务。标准化的程度越高，与其他的网络产品的兼容性也就越强。

2）支持多种网络硬件设备。组成网络的硬件设备是多种多样的，因此不同的计算机系统之间不一定能够兼容。只有能支持多种网络硬件设备的网络操作系统，才能为今后建立更广泛的网络打下基础。

3）对应软件的支持。网络操作系统在网络市场上的占用率越高，就有越多的第三方厂商开发基于这种网络操作系统的应用软件，该操作系统与其他的网络系统的兼容性就越强。

4）具有良好的安全性。网络的安全性是网络性能的一个重要方面。网络安全性有两方面含义：一方面是对用户操作权限的设置，防止非法的用户从网络上窃取、篡改、伪造重要的数据或者干扰网络的正常运行；另一方面是防止网络病毒的侵入。网络操作系统应能提供一套有效的用户访问权限的设置机制，并应具备一定的病毒防范能力。

3.5 社区信息网络方案

3.5.1 背景分析

1．信息网络建设的必要性

随着计算机多媒体和网络技术的不断发展与普及，信息网络的建设是非常必要的，也是可行的。

1）当前信息网络系统已经发展到了各单位及各部门间相互关联、静态资源共享、动态信息发布及协同工作的阶段，对办公现代化的建设提出了越来越高的要求。

2）部门信息量的不断增多，使各级各类单位对信息的计算机化管理要求越来越强烈。

3）我国各级研究部门、软件开发单位、设备供应商不断开发、提供了各种在网络上运行的软件及多媒体系统，并且越来越实用。

4）现代办公的需要。在信息网络中将计算机引入各个环节，引起了办公模式的重大革新，对于提高办公效率、推动全面的无纸化办公起着不可估量的作用。信息网络是单位提高管理水平、工作效率、改善工作质量的有力手段，是解决信息时代办公落后问题的基本工具。

5）随着经济的发展，我国各级政府对于改善办公环境的投入不断加大的。计算机和网络技术的飞速发展，也使相应产品的价格不断下降，使得计算机用于办公信息管理和信息服务是完全可行的。

综上所述，建设单位内部网是发展的趋势。随着信息网络的成功建设，必将给单位的各项正常业务的开发带来积极的影响，极大地提高单位的管理水平和工作效率。

2．项目描述及用户需求

F 区街道信息网络项目包括 5 个子项目：A 街道办事处信息网络系统、B 街道办事处信息网络系统、C 街道办事处信息网络系统、D 街道办事处信息网络系统、F 区人才交流中心网络系统。

F 区街道信息目前仅限于各单位独自组建网络，以后考虑与 F 区政府信息网相连接，这就要求网络有足够的主干带宽和扩展能力。

4 个街道办事处的网络需求基本是一致的，主要就是实现内部资料的共享，同时也要考虑数据的安全性，如用户账号、访问权限等。F 区人才中心主要面向社会，要求提供相应的必备设备，如电子屏、触摸屏等；在安全性方面，需要购置防火墙；另外，要求通过代理服务器，使全部计算机都可以上网。

除上述考虑外，还要注意到由于逻辑上业务和管理网必须分开，所以建成后的信息网络应能提供多个网段的划分和隔离，并能做到灵活改变配置，以适应办公环境的调整和变化。

按目前的考虑，数据信息点全部以交换 10/100Mbit/s 自适应以太网端口接入为主，整个方案设计的目的是建设一个集数据采集、传输与备份、现代办公应用以及 Internet 访问等于一体的高可靠、高性能的宽带多媒体信息网络。

3．功能需求

1）满足行政办公需要，提供各种办公工具和支撑平台，并提供丰富的计算机软硬件系统资源。

2）具有完善的办公事务处理能力，包括电子公文传递、电子公文管理、邮件管理等无纸办公自动化功能。

3）满足信息情报交流的需要，方便单位各级领导和员工对各种信息资料、科技情报的检索和查阅。

4）具有远程通信能力，借助电话网等通信手段，以最低的通信成本，方便地实现远程互连，跨越地域限制，满足单位要求，加强各单位之间的业务联系和信息资源共享。

5）具有收集、处理、查询、统计各类信息资源的能力，充分利用原有数据资源，为单位领导提供准确、快捷的数字信息，实现数据化管理和智能化决策。

6）单位网络系统要确保整个计算机网络系统的可靠性、安全性，具有一定的冗余，容错能力强，确保信息处理安全保密。

7）单位信息网络系统要保证实用和技术先进，便于非计算机专业人员使用，并能不断满足单位未来业务发展的需要，具有很强的扩展能力。

3.5.2　系统构成与设计思想

1．系统的构成

信息网络系统由软件和硬件两个部分组成。

软件部分包括系统软件和应用软件。系统软件主要是服务器操作系统、工作站操作系统、网络设备上的操作系统、网络管理系统以及安全系统。应用软件主要是信息网络上的 Internet 应用、办公自动化系统（OA）。

硬件部分主要由网络布线系统、网络设备、主机（服务器）系统以及各种外设（UPS、打印机）等组成。

2．设计思路

信息网络系统的设计、实施，按照一切从实际出发，遵循经济实用的原则，依照以下思路进行：

1）总体规划、分步实施。考虑到单位资金、单位员工的现有水平以及单位计算机应用的长远发展，网络建设应该分步实施，基础设施建设一步到位。

2）注重应用系统的建设。建设信息网络的目的就是为了应用，以全面提高单位的办事效率，所以要特别注重应用系统的建设。F区街道信息网络的OA系统由F区政府提供。

3）先进性和可扩展性。这里的先进性是指系统的硬件和软件不落后，并能在相当长的时间内发挥极大的作用。系统的可扩展性主要表现为系统的结构是否开放。

4）符合标准（国际标准和国家标准）。符合标准是系统具有开放性的前提条件，只有符合标准，才能具有开放性和兼容性。

5）注重对人员的培训。应用系统总是由人去使用的，所以要特别注重对人员的培训，要注重对实施系统的工程人员、维护系统的管理人员和使用系统的职工们的培训。

3.5.3　系统设计方案

1．网络的分层设计原则

从逻辑上分，大型网络可分为核心层、分布层和接入层，每层都有其特点。这样的层次化设计有如下优点。

1）可扩展性：因为网络可模块化增长而不会遇到问题。

2）简单性：通过将网络分成许多小单元，降低了网络的整体复杂性，使故障排除更容易，能隔离广播风暴的传播、防止路由循环等潜在的问题。

3）灵活性：使网络容易升级到最新的技术，升级任意层次的网络不会对其他层次造成影响，无须改变整个环境。

4）可管理性：层次结构使单个设备的配置的复杂性大大降低，更易管理。

2．综合布线系统设计

针对用户需求和本布线工程的性质，公司在F区街道信息网络建设中推荐AMP公司的建筑物与建筑群结构化综合布线系统。这是一套针对现代化楼宇内部网络及各种通信需求而设计的配线系统，符合我国工信部颁布的《大楼通信综合布线系统》布线标准。

（1）综合布线系统组成

AMP的布线系统是一个模块化的开放系统，主要由以下6个子系统组成：

1）工作区子系统（Work Area Subsystem）。工作区子系统由终端设备连接到信息插座的连线（或软线）组成，包括装配软线、连接器和连接所需的扩展软线。

2）水平子系统（Horizontal Subsystem）。水平子系统由各区的分线架（IDF）到该区的各个信息输出口的连接，是整个布线系统的一部分，它将干线子系统线路延伸到用户工作区。水平子系统与垂直干线子系统的区别在于：水平子系统总是处在同一楼层，并端接在信息插座上。

3）管理子系统（Administration Subsystem）。管理子系统即指楼层配线间（FD），由交连、互连和I/O组成。管理点为连接其他子系统提供连接手段。交连和互连允许用户将通信线路定位或重定位到建筑物的不同部分，以便能更容易地管理通信线路。I/O位在用户工作区和其他房间，使用户在移动终端设备时能方便地进行插拔。

4）垂直干线子系统（RISER Backbone Subsystem）。垂直干线子系统是整个建筑物综合布线系统的一部分，负责提供建筑物的干线电缆的路由。它通常是在两个单元之间，特别是在位于中央点的公共系统设备处，提供多个线路设施。该子系统由所有的布线电缆组成，或者由导线和光缆以及将此光缆连到其他地方的相关支撑硬件组合而成。传输介质可能包括一幢多层建筑物的楼层之间垂直布线的内部电缆或从主要单元（如计算机机房或设备间和其他干线接线间）来的电缆。

5）设备间子系统（Equipment Subsystem）。设备间子系统即指总配线间，由设备间的电缆、连接器和相关支撑硬件组成。它把公共系统设备的各种不同设备互连起来。该子系统将中继线交叉连接处和布线交叉连接处与公共系统设备连接起来。该子系统还包括设备间和邻近单元中的导线，这些导线将设备或雷电保护装置连接到有效建筑的接地点。主线架与主控室内各系统的连接部分，包括通信系统、计算机系统、广播系统、闭路电视监视系统和消防报警系统和大厦设备自动化系统等。

6）建筑群子系统（Campus Subsystem）建筑群子系统即指群楼布线系统（CD）。它将一个建筑物中的电缆延伸到建筑群的另外一些建筑物中的通信设备和装置上。它是整个布线系统中的一部分并支持提供楼群之间通信设施所需的硬件，其中有导线电缆、光缆和防止电缆的浪涌电压进入建筑物的电气保护设备。与外界公共交换网络的连接部分，包括与邮电局等通过光缆或电缆的连接。

上述 6 个系统示意图如图 3-7 所示。

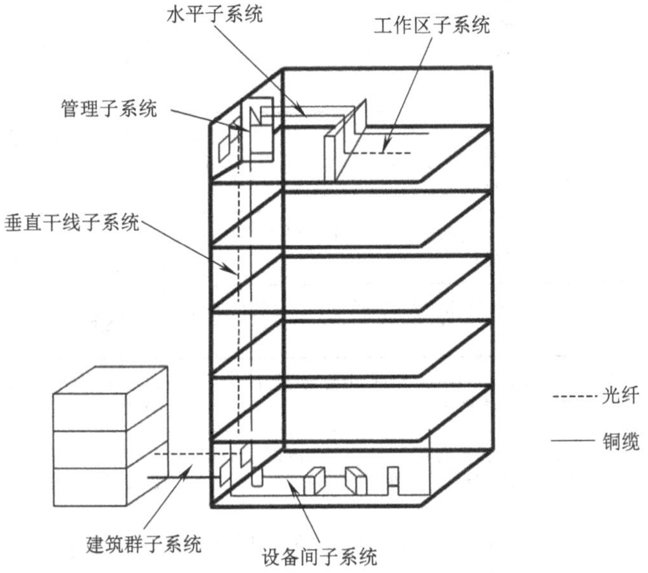

图 3-7　综合布线系统示意图

（2）设计综合布线系统依据的标准

1）ANSI/TIA/EIA-568 标准和 ISO/IEC 11801 标准；

2）《大楼通信综合布线系统　第 1 部分：总规范》YD/T 926.1-2009

3）《大楼通信综合布线系统　第 2 部分：电缆、光缆技术要求》YD/T 926.2-2009

4）《大楼通信综合布线系统　第 3 部分：连接硬件和接插软线技术要求》YD/T 926.3-2009

5）《综合布线系统工程设计规范》GB 50311-2007

6）《综合布线系统工程验收规范》GB 50312-2007

7）《民用建筑电气设计规范》JGJ/T16-2008

（3）AMP布线系统简介

AMP的布线系统具有完全的开放性和兼容性，支持众多的网络、通信和控制方式，组网和维护起来相当灵活方便。

AMP系统与其他系统的比较见表3-1。

表3-1　AMP系统与其他系统的比较

比较项目	AMP布线系统	其他布线系统
符合国际标准方面	不但完全满足ANSI/TIA/EIA-568、ISO/IEC11801及EMC电磁兼容性等国际标准，还完全满足中国综合布线标准，在实践中得到了充分的检验	宣传能满足标准，但未能得到充分验证
公司历史	世界大型跨国通信公司，中国信息高速公路主要设备供应商，综合布线的发明商	有些厂家规模较小，不能提供布线系统全方位产品，发展方向不明
产品系列	布线系统的发明和倡导者，仅布线方面就有3800多种产品，全面支持话音、数据、图像、楼宇自控、显示系统、磁卡门禁系统等。与全球各知名楼宇自控厂家全面合作，系统设计、测试、运行有保障。已推出在布线系统上传输1000Mbit/s的应用，有各种图像、大型计算机系统的适配器，真正体现了布线系统的意义	开发时间短，主要是一些线、线架等基本产品，产品不成熟，整体配合性差，系统升级不协调。特别是缺乏图像、IBM等大型计算机及楼宇自控系统等方面应用的配套产品，厂家无法提供图像、楼宇自控系统和其他一些系统的综合布线设计指导手册，系统的开放、兼容性较弱，使综合布线的意义打折扣
技术支持	有著名的贝尔实验室专职开发，在香港、北京、上海设有技术支援中心，对各种IBS系统均有专门的研究、设计、施工及测试手册，确保使用和发展，技术上一直领先	缺乏专门技术机构，没有工程和应用等方面的技术文件资料和支持，大大影响应用和发展的进行
人员培训	在北京、上海、香港等地提供D&E、I&M、IBS培训，随时提供布线系统新产品、应用的信息和帮助	有些没有，或者有但不固定，缺乏保障
产品支持	Honeywell、Johnson、HP、IBM等一大批5A产品的楼宇自控厂家	常无楼宇自控及计算机等方面的合作伙伴
质量保证	产品质量、系统应用双十五年保证，EMC电磁兼容性的保证，严格的设计方案及验收测试数据TSB-67标准	厂家规模小，缺乏各方面的技术、实施规范和标准
产品供货	AMP亚太区在新加坡有大规模仓库，分销商在国内各地有现货及时供应，完全保证工程工期、系统扩展等	厂家协调问题导致供货延误，分销渠道少，供货差，部分产品依赖OEM厂家
工程经验	大型工程多，系统应用多，推广时间长。工程项目在全国占有80%	在国内外缺乏大型工程实例和成功的范例，代理缺少工程经验

（4）布线设计

设计网络系统的综合布线系统时，将严格依照标准和规范进行设计、施工、测试和验收，适度超前，一步到位。

建筑物（即大楼内部）的布线，原则上是垂直主干采用光缆，水平系统采用超五类双绞线。根据初步的调查，F区街道参与网络建设的大楼都不太高，有的部门就在一层办公，可以采用CAN结构，即整栋大楼只设一个配线间，集中管理。这样大楼里面的布线系统，其垂直主干和水平系统已经合二为一，可以全部采用超五类双绞线。

CAN结构如图3-8所示。

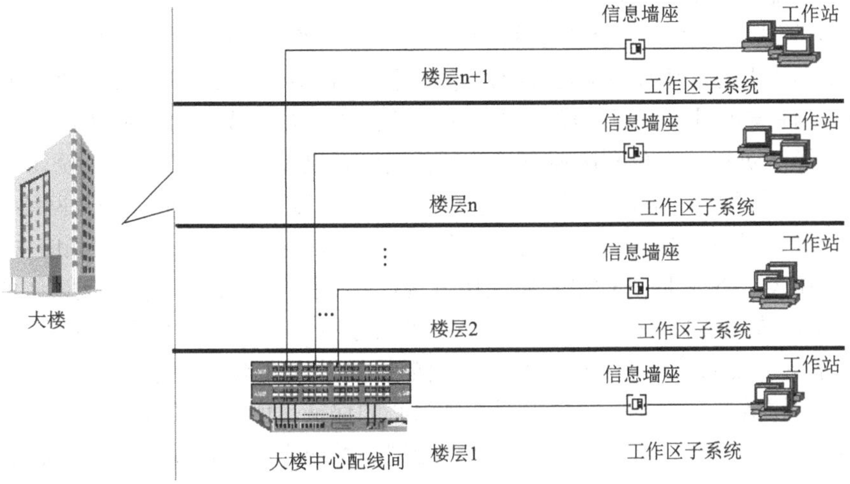

图 3-8 CAN 结构

3．网络系统方案设计

（1）设计目标

建设一个以现代网络技术为依托，技术先进、扩展性强、能覆盖整个办公环境的网络，将部门的各种 PC、工作站、终端设备和局域网连接起来，并与外网相连，形成结构合理、内外沟通的计算机网络系统。系统总体设计将本着总体规划、分步实施的原则，充分体现系统的技术先进性、高度的安全可靠性，同时具有良好的开放性、可扩展性。

（2）网络建设原则

随着现代计算机应用的高速发展，特别是诸如图形、语音、视频等多媒体信息和技术在管理信息系统、科研设计等领域的广泛应用，对网络平台的设计提出了更高的要求。为了更好地满足用户的需求，保证系统能正常稳定运行，在较长的时间内不落后，在本网络系统方案设计中应当把握以下几个原则：

1）稳定性原则。只有运行稳定的网络才是可靠的网络，网络的可靠运行取决于诸多因素，如网络的设计及产品的可靠性。为了使系统稳定运行，还要求有物理层、数据链路层和网络层的备份技术。

2）高带宽原则。为了支持数据以及语音、图像等多媒体的传输能力，在技术上要到达当前的国际先进水平。要采用最先进的网络技术，以适应大量数据和多媒体信息的传输，既要满足目前的业务需求，又要充分考虑未来的发展，为此应选用高带宽的先进技术。

3）先进性原则。要注意选择性价比高的先进技术，保证系统的基础环境在 5 年内不落后。

4）标准性和开放性原则。选择统一性的网络结构与软硬件平台，有利于系统的建立与开发。制定信息管理的规范，组织有关人员对管理信息系统进行系统分析，确定数据流图和数据结构，为信息系统的开发奠定基础。为了实现与各种网络互访的要求，要选择开放的网络体系结构，既要选择当前的主流产品，又要具有开放性，以利于今后的扩充。

5）可扩展性与可升级性原则。随着业务的增长和应用水平的提高，网络中的数据和信息流将按指数增长，需要网络有很好的可扩展性，并能随着技术的发展不断升级。易扩展不仅仅指设备端口的扩展，还指网络结构的易扩展性，只有在网络结构设计合理的情况下，新的网络节点才能方便地加入已有网络。

6）高可管理性原则。街道信息网络系统的外部环境是多变的，如部门的合并、人员的升迁等，所以设计出的方案必须是强健的，能够很方便地调整系统以满足这些外部环境的变化。

7）经济性与实用性原则。设计的方案不但要考虑采用技术的先进可靠，而且还必须考虑到用户的经济负担，充分利用原有的软硬件资源，减少投资浪费。

8）安全性原则。网络系统应具有良好的安全性，以保证数据的安全及网络使用的安全。由于 F 区街道信息网络是有一定的安全性要求的，所以安全管理十分重要。应支持 VLAN 的划分，并能在 VLAN 之间进行第三层交换时进行有效的安全控制，以保证系统的安全性。

9）符合 IP 发展原则。在当前任何一个提供服务的网络中，对 IP 的支持服务是最普遍的，而 IP 技术本身又处在发展变化中，网络必须跟紧 IP 发展的步伐。

10）售后服务原则。良好的售后服务是信心的保证，所选购的设备及提供的技术、服务应具有良好的售后支持。在后面的网络技术选型和系统方案中，以上设计原则和思想都将会被贯彻始终。

（3）技术选型

随着计算机科技的不断进步，现代计算机网络传输技术已取得突飞猛进的发展，在局域网和城域网中有多种可选的主流网络技术。以下将介绍不同技术类型的特点，为公司的技术选型提供科学的依据。

1）传统以太网技术。早期局域网技术的关键是如何解决连接在同一总线上的多个网络节点有秩序地共享一个信道的问题，以太网正是利用载波侦听多路访问/冲突检测（CSMA/CD）技术成功地提高了局域网共享信道的传输利用率，从而得以发展和流行的。特别是近几年交换式以太网和 100Mbit/s 快速以太网的产生和应用，使以太网成为当今局域网应用较为广泛的主流技术之一。然而，以太网在发展早期所提出的共享带宽、信道争用机制限制了网络后来的发展，即使是近几年发展起来的链路层交换技术（即交换式以太网技术）和提高收发时钟频率（即快速以太网技术）也不能从根本上解决这一问题，具体表现在以下几个方面：

① 不提供服务质量保证。以太网提供的是一种所谓“无连接”的网络服务，网络本身对所传输的信息包无法进行诸如交付时间、包间延迟、占用带宽等关于服务质量的控制。这种传送方式就像邮局递送信件一样，信息包一旦交给传输介质，无论是发送端还是接收端都无法再对中间的传输过程进行任何有效控制，这就是所谓没有服务质量保证（QoS）。而且以太网的帧（包）长度本身是不确定的，这就导致网络设备对每一个帧的处理和转发延迟处于随机、不可控状态。这两个因素的存在，使得以太网的帧在传输时的延迟和延迟的突发变化（抖动）就显得非常严重。多媒体信息（音频、视频等）与时间的关系非常紧密，如视频要求每秒钟固定数量的画面、音频要求每秒钟固定数量的量化比特流等，这些定时性很强的信息在传送时并不要求在某一个瞬间提供过多的带宽，但要求在长时间内能够保持一直有合适带宽，否则视频的画面就会有抖动，声音就可能结巴。显然，以太网对传输过程的不可控性和对帧处理延时的过多抖动都不适用于当今大量涌现出的具有较强定时性要求的多媒体信息的传输。

② 带宽利用率较低。对信道的共享及争用机制导致信道的实际利用带宽远低于物理提供的带宽，虽然基于 CSMA/CD 机制的以太网可以使网络节点对带宽的争用具有一种秩序，但

其带宽有效利用率仍低于 10%。以太网的交换技术可以降低争用的概率，但为了与原有网卡及应用软件兼容，CSMA/CD 仍须存在，且交换中对转发端口的定位是在动态学习和动态刷新中进行的，这就使在统计上仍存在大量的帧以共享争用的方式传递，交换技术可使利用率提高 20%～50%。

除以上两点以外，以太网传输机制所固有的对网络半径、冗余拓扑和负载平衡能力的限制以及网络的附加服务能力薄弱等，也都是以太网络的不足之处。但以太网络以其成熟的技术、广泛的用户基础和较高的性能价格比，仍是传统数据传输的网络应用中较为优秀的解决方案。

2）千兆以太网技术。千兆以太网（Gigabit Ethernet）是 IEEE 802.3 以太网标准的扩展，传输速率为每秒 1000 兆位（即 1Gbit/s）。千兆以太网技术应用于大型网，能把现有的 10Mbit/s 以太网和 100Mbit/s 快速以太网连接起来。它可取代 100Mbit/s FDDI 网，也是 ATM 技术的强劲对手。千兆以太网采用同样的 CSMA/CD 协议，同样的帧格式，是现有以太网最自然的升级途径，可使用户对以太网原有设备管理工具的投资得到保护。

千兆以太网是超高速主干网的一种选择方案。在数据、话音、视频等实时业务方面，它虽然不能提供真正意义上的服务质量（QoS），但频宽较高，能克服原以太网的一些弱点，提供服务保证等特性。

IEEE 802.3 工作组已确定了以下一组规范，统称为 1000Base-X。

① 1000Base-LX：多模光纤传输距离为 550m，单模光纤传输距离为 3000m。

② 1000Base-SX：62.5μm 多模光纤传输距离 300m，50μm 多模光纤传输距离 550m。

③ 1000Base-CX：用于短距离设备的连接，使用高速率双绞铜缆，最大传输距离 25m。

④ 1000Base-T：五类铜缆传输最大距离为 100m。

千兆以太网支持交换机之间、交换机与终端之间的全双工连接，支持共享网络的半双工连接方式，使用中继器和 CSMA/CD 冲突检测机制。千兆以太网络联盟（GEA）为千兆以太网的应用提出了以下几种方案。

① 更新快速以太主干网：更换核心交换机，全面提高原有网络的性能。

② 用于交换机到服务器链路：服务器使用千兆以太网卡，直接与千兆以太网交换机相接，提供每秒百万个包的处理能力。

③ 千兆以太网到桌面台式机：高性能工作站安装千兆以太网卡，直接与千兆以太网相连。

④ 用于交换机之间的链路：千兆以太网交换机用光纤相接，提供一条高性能主干线路。

⑤ 更新 FDDI 主干：保留现有光缆，提高带宽 10 倍。

3）ATM 网络。ATM（异步传输模式）这一名词最早就是与电话中继通信中常用的 STM（同步传输模式）技术对应产生的。它既吸取了话务通信中电路交换的“有连接”服务和服务质量保证，又保持了以太、FDDI 等传统网络中带宽可变、适于突发性传输的灵活性，从而成为迄今适用范围最广、技术最先进、传输效果最理想的网络互连手段。

概括起来，ATM 技术具有如下特点：

① 实现网络传输有连接服务，实现服务质量保证（QoS）。这是 ATM 技术先进于其他网络交换技术、最有魅力的特点所在。以太网、FDDI 等传统网络由于受当时技术所限，传输机制主要围绕解决信息包冲突碰撞问题、保证发端的信息包能够到达收端就可以了，并不考虑“如何到达”。而提出 ATM 技术的主要目标则是为了解决传输的服务质量问题，即不仅要

能够到达，还要控制如何到达，因而 ATM 技术是网络通信技术中革命性的突破，具有其他技术所不具备的天生优势。

② 交换吞吐量大。ATM 交换理论在建立时，充分利用了当时刚刚成熟的超大规模集成电路（VLSI）技术，其定长的帧结构使所有交换工作能用纯硬件完成，因而 ATM 交换机本身的硬件交换性能就远远优于一般传统网络交换设备。

③ 带宽利用率高。ATM 是有连接的网络服务，其内部交换是通过建立“虚电路”完成的。每一个虚电路所需带宽由服务质量保证体系按需分配，不同的应用要求分配不同的信道带宽。一经分配，该带宽就由所属应用以统计的方式所占用，有传输则提供始终如一的持续带宽，无传输则自动让出带宽给其他通信使用，因而带宽分配灵活，利用率可达 90%以上。

④ 具有灵活的组网拓扑结构和负载平衡能力，伸缩性、可靠性极高。由于 ATM 采用有连接的网络服务，因此在 ATM 网络中可以存在多条冗余链路，实现环接、并行连接等冗余拓扑结构，带宽按链路冗余数目加倍，使全网具有极高的可伸缩性和可靠性。这在传统网络中都是难以做到的，例如，以太网是不能同时启动两条或两条以上的冗余链路的，这样会导致永无休止的“回环包”占据所有有用带宽，让网络崩溃。一旦网络中出现冗余，则必须启动一种称为 SpanningTree 算法的寻径技术，堵塞住所有冗余链路端口。用这种算法重新拓扑后的网络不仅会失去所有负载平衡功能，而且还会带来额外的网络负担，降低网络性能。

⑤ 局域网与广域网技术统一。ATM 是现今唯一可同时应用于局域网和广域网两个网络应用领域的网络技术。两个网络应用领域的技术的统一是网络未来发展的趋势，也是实现宽带综合业务数字网（B-ISDN）这一计算机网络未来的宏远目标的必由之路，因此具有广阔的发展前景。

在整个业界的充分重视下，ATM 近几年的发展已使其走上了一条成熟稳定发展的轨道，并逐步成为网络市场的主流。ATM 是一个在现有技术水平上已获得成熟的发展、同时兼具有新技术所特有的蓬勃生命力的技术。不过，ATM 有一个不足之处，就是采用 ATM 技术来构建网络主干需要较高的成本，对所建的中等偏小规模的网络经济适用性差。

在阐述了当今几种主流网络主干技术后，回到 F 区街道信息网络的设计中来。结合前面所强调的设计原则和用户的具体需求，我们可以得出一个最佳的主干设计方案。首先根据最先进技术和最佳性能优化设计原则，技术已久滞不前、性能相对较差的 FDDI 已不适应建网的需求了。剩下可选的是快速以太网、千兆以太网和 ATM 这 3 种当今主流主干网络技术。从前面的需求分析可以看到，对于用户的网络应用而言，ATM 交换技术、快速以太网和千兆以太网技术都可作为理想的解决方案。从另一方面来讲，还必须考虑到建设的成本、未来维护的能力和不同网络应用类型的搭配等其他因素。由于 F 区所有子项目信息点的数量都不大，用户对于多媒体的应用并无要求，主要目的就是为了数据信息的共享和交换。此外，对于每一子项目的信息点来说，分布相对集中（在同一幢楼房或同一楼层），故建议采用快速以太网技术，达到最近 5 年不过时的标准。

（4）设备选择

提供网络产品的厂家很多，国外的有 Cisco，Nortel Networks、3Com、Lucent（该公司提供网络设备的部门现已独立出来成为公司 AVAYA）、Alcatel、Cabletron 和 Intel，国内的有华为、神州数码、中兴、台湾的 D-Link 和 Accton。

这些厂家各有其优势和特色。Cisco 在广域网产品方面的地位是无人能及的，在广域网骨干路由器上其产品占有 80%的市场份额；Nortel Networks 在语音交换方面有 100 多年的历史；而就 3Com 来说，尽管它的高端产品目前已经被人收购，但它在园区网方面，特别是在中国市场上，占有很大的份额。各家产品的特点不一而足，但它们的相同点就是均比较贵，且占据的是中高端市场。在中低端市场方面，D-Link 和 Accton 有极大的优势。

对于 F 区街道信息网络来讲，结合用户的需求，公司主要推荐采用神州数码、D-Link 及 3Com 公司的交换产品。

3.5.4　硬件与软件系统方案

1. 硬件系统方案

这里的硬件主要指主机系统，即各种用途的服务器和工作站，且主要考虑各种服务器的选择原则。

目前的网络应用中，要使用各种各样的服务器。Internet 应用方面的服务器包括代理服务器、WWW 服务器、E-mail 服务器、文件传输服务器、BBS 服务器、DNS 服务器；管理信息系统和办公自动化方面的服务器包括 OA 服务器、各种应用服务器以及为整个网络应用服务的数据库服务器、文件服务器等。

以上服务器是从逻辑上划分的，并不一定要求每一种逻辑服务器都对应有一台物理上的服务器级的主机，具体采用多少台主机要根据实际情况决定。根据 F 区街道信息网络的招标要求，大致定为以下几类服务器，它们分别为 OA 服务器、主域服务器、邮件服务器和备份域服务器。

主机系统可以有三大类选择：大型机系统、小型机系统和 PC 服务器系统。

采用大型机系统的做法，在历史上曾经流行过，其原因主要是应用系统所要求的处理能力当时只有大型机能够提供。那时候，终端的处理能力很有限且价格昂贵；大型机的处理能力可以满足应用的需要，但是更加昂贵。为了节约费用，只好采用“有足够处理能力的大型机+基本没有处理能力的终端”方式。随着大规模集成电路和计算机技术的发展，小型机、PC 服务器和台式计算机的性能都有了极大的提高，大型机逐渐失去了它的优势。

小型机系统是处于大型机和 PC 服务器之间的一种选择。通常来说，小型机的性能可以很高，可以趋近于大型机的水平。小型机的 CPU 通常采用 RISC 技术，其程序执行效率较采用 CISC 技术的机器有了极大的提高。小型机的可靠性较 PC 服务器高，因为小型机的元器件大多经过严格的筛选和老化。另外，小型机通常有与之配套的操作系统，且大多是 UNIX 操作系统。可选的小型机有 HP 9000、IBM P 系列等。

PC 服务器的性能与小型机相当。之所以称为 PC 服务器，通常认为其采用的是 Wintel 架构，即采用 Intel 的 CPU 和微软的 Windows 操作系统。因为市场的原因，Intel 专门生产芯片，而微软专注于操作系统，它们都是大规模生产，所以这种组合的价格极具有竞争力，是大多数单位的选择。

建议采用 PC 服务器作为应用系统的硬件平台。结合用户需求，建议 F 区人才交流服务中心采用 IBM System x3650 M4 服务器，其他 4 个街道办事处采用 IBM System x3250 M5 服务器，具体的配置参见表 3-2 所示的 A 街道子项目设备清单。

2．软件系统方案

在计算机网络系统中，只有可靠高效的硬件是远远不够的，各种计算机网络功能的最终获得还有赖于网络硬件平台上的系统软件、服务器软件、应用软件以及工具软件。

（1）系统软件

系统软件在整个软件结构中处于最底层，直接与各种类型的硬件设备交互，其主要作用是有效地支配和管理系统中的各种硬件资源。

系统软件的选择，从理论上讲，可以采用 UNIX、Linux、Windows 或 NetWare。但是系统软件的选择又是跟硬件平台的选择紧密关联的。UNIX 的版本很多，有 IBM 的 AIX、HP 的 HP-UX、Sun Microsystems 的 Solaris、SCO 公司的 UnixWare 等。如果硬件平台采用的是 IBM 公司的小型机，则操作系统基本就是采用 IBM 的 AIX，主要是因为这种搭配性能好。另外一点则是厂家的策略了，当用户采用它们的小型机或工作站以后，操作系统基本是免费的。

在硬件平台选型环节，已经推荐采用 PC 服务器，并且也提过，PC 服务器与小型机、工作站的区别就在于它们采用的是 Wintel 架构。既然如此，操作系统就理所当然地采用微软的 Windows 系列了。

应用系统的软件平台同样采用微软的 Windows 系列。为稳妥起见，服务器可以采用 Windows Server 2012，工作站操作系统采用 Windows 7。

（2）服务器软件

服务器软件主要是为网络用户提供各种类型的信息服务，主要包括以下类型。

1）电子邮件：提供信息网络内用户的电子邮件收发服务。可以采用的邮件服务器有 Microsoft Exchange 以及 Sun Solaris SMTPMail 等。

2）文件服务：负责存储管理全网的公用软件和网络标准的规范文件，并向下一级节点分发全网信息检索表和存储信息资源。

3）WWW 服务：用于存储管理全网超文本信息，对不同部门的信息提供授权访问。可以采用的 WWW 服务有 Microsoft IIS（Internet Information Services），Netscape WWW Services 和 APACHE WWW 服务等。Client 端则可用 Microsoft IE 和 Netscape Navigator 等。

4）代理服务器；Microsoft Proxy Server。

5）DNS 服务：提供对信息网络的域名服务。

6）NEWS 服务：负责存储、提供和管理电子新闻信息，为全网提供基于网络环境的网络论坛、新闻服务。

7）BBS 服务：允许网络用户提出问题，通过 BBS 获得或发布消息。

8）数据库：在网络中心及其他主要网络节点的数据库，用于信息存储、检索等服务。

（3）应用软件

计算机网络系统应包括异常丰富的应用软件。在此网络建设中，同样会有各种各样的应用软件运行其上。

1）OA 系统软件：采用统一的 Internet 技术及各种软件进行办公自动化系统管理，包括网络会议、办公审批、通知公告、公文收发和文档管理等子系统。

2）管理信息系统软件：包括查询、修改、增加、删除等日常信息管理、财务管理等子系统。

3）培训（教学）软件：包括计算机辅助学习系统、网络教学与远程教学系统。

根据用户需求，应用软件统一采用由 F 区政府提供的 OA 系统。

（4）工具软件

1）网络管理软件：包括网络管理平台软件和网络管理应用软件。

2）网络安全软件：比较优秀的有 CA Unicenter TNG 系统管理软件、IBM Tivoli TME 10 系统管理软件等。

3）病毒防杀软件：主要是面向以 Windows 7 和 Windows Server 为主要操作平台的应用环境，较为出色的有 Network Associates 的 McAfee Total Virus Defense 网络防病毒套件、CA 的 Unicenter TNG/Advanced Anti Virus Option 等，国产的主要有 360 以及瑞星等。

4）网页制作软件：Microsoft SharePoint Designer（FrontPage）2010，Adobe Dreamweaver CS6 等。

用户目前的此项需求只限于杀毒软件，统一采用瑞星杀毒软件网络版即可。

表 3-2 为 A 街道子项目设备清单，由于 B、C、D 等 3 个子项目网络建设与 A 街道子项目基本相同，这里仅列出 A 街道子项目设备清单供参考。

表 3-2　A 街道子项目设备清单

序　号	设备名称	产品型号	描　述	数　量	单　位
网络设备					
1	交换机	DES-3624I	10/100Mbit/s，22 口*RJ-45，主堆叠交换机	1	台
		DES-3624	10/100Mbit/s，24 口*RJ-45，从堆叠交换机	3	台
		DES-363S	3 口堆叠模块	1	块
		堆叠线缆		3	条
2	光电转换器	DFE-855	多模 100Mbit/s 光电转换器	17	个
布线设备					
3	信息模块	406372-3	超五类信息模块	67	块
4	跳线	1-219245-0	超五类跳线（10FT）	67	条
5	面板	双口		67	个
6	超五类双绞线	6-219507-4	超五类双绞线（305m/箱）	11	箱
7	配线架	406331-1	48 口配线架	2	个
8	理线架	623021-1	1U	4	个
9	机架式光纤盒		24 口光纤盒（机架式）	2	个
10	光纤跳线	504958-4	光纤跳线 5m	17	条
11	光纤耦合	501381-1		34	点
12	机柜	新奇生	42U 机柜	1	个
13	PVC 管材				
服务器					
14	服务器	IBM System x3250 M5	Xeon E3-1240，1TB，8GB，SATA/SAS，1U，10/100Mbit/s，15"	2	台
	刻录机	华硕 BW-16D1HT	16X，内置（台式机光驱），SATA	1	台
机房装修					
15	机房综合装修		含防静电地板、天花、防雷（3～4m²），标准二级机房防雷和接地系统（简单装修）	1	项
16	不间断电源（后备 4h）	POWERSOS	2000VA	1	台
		国产松下电池	100AH	6	个
		电池箱		1	个

（续）

序　号	设备名称	产品型号	描　述	数　量	单　位
PC					
17	品牌机	联想扬天 T4900	i5 4570，1TB，4GB，DVD 刻录，1GB 独显	0	台
软件配置					
18	网络操作系统	Windows Server 2012（20 用户）	中文版 10 用户	1	套
			LICENSE	10	个
19	杀毒软件	瑞星网络应用版		1	套

表 3-3 为 F 区人才交流服务中心子项目设备清单。

表 3-3　F 区人才交流服务中心子项目设备清单

序　号	设备名称	产品型号	描　述	数　量	单　位
网络设备					
1	交换机	DES-3624	10/100Mbit/s，24 口*RJ-45	1	台
2	超五类双绞线	219507-4	超五类双绞线（305 米/箱）	1	箱
3	跳线	1-219245-0	超五类跳线（10FT）	13	条
4	机柜	新奇生	6U 标准	1	台
5	水晶头	554720-3		1	盒
6	信息模块	406372-3	超五类信息模块	13	个
7	面板	1427003-2	双口	13	个
8	配线架	406330-1	24 口配线架	1	个
电脑设备					
9	服务器	IBM System x3650 M4	Xeon E5-2600，1TB，8GB，SATA/SAS，2U，10/100Mbit/s，15"	1	台
	硬盘	西数 WD2002 FAEX	2TB，7200 转，64MB，SATA3	2	个
	刻录机	华硕 BW-16D1HT	16X，内置（台式机光驱），SATA	1	个
10	PC 机	联想启天 M4500	i5 4590，500GB，1 GB，19"液晶显示器	11	台
11	彩色喷墨打印机	爱普生 R330		1	台
12	扫描仪	爱普生 V330	光学分辨率 4800*4800dpi/48Bit/A4/USB 接口	1	台
13	不间断电源	POWERSOS	PIII-1000A	2	台
14	PVC 管材				
软件配置					
15	网络操作系统	Windows Server 2012（20 用户）	中文版 10 用户	1	套
			LICENSE	10	个
16	杀毒软件	瑞星网络企业版		1	套
17	天网防火墙			1	套

3.5.5　工程实施管理

1. 工程组织

一套健全有效的组织和领导机构是贯彻工程意图和顺利进行工程实施的前提条件和保证。建议 F 区街道信息网络系统各子项目负责人与公司共同成立项目组，采用项目领导小组下的各级项目组长负责制，并明确规范所属下级各组的职责及组间协调关系。为工程验收，设置直属项目领导小组之下的双方共同组成的验收小组。为监控项目的实施，保证工程的质量，在项目执行小组下设置监控小组。

这种组织结构曾在公司承接的多个大型项目中被采用，是被验证为行之有效的工程组织方案。工程组织结构示意图如图 3-9 所示。

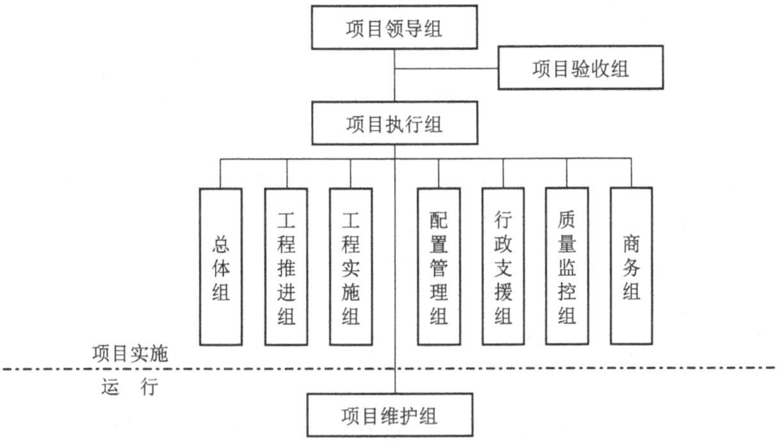

图 3-9　工程组织结构示意图

2．工程实施

（1）工程设计

工程设计一般是在公司所提的方案建议书的基础上，经过对项目的实际调查研究，为了实现建议目标而进行的具体设计。

F 区街道信息网络工程主要涉及的内容如下：

1）总体工程设计。

2）网络结构设计。

每项设计都应包括以下 3 个方面的内容：

1）设计的详细配置说明（实现原理和实现途径）。

2）所需资源概算（人力、设备购置和工期）。

3）相关图表（网络拓扑图、设备连接图、机房平面图、电缆布线图、功能结构图和数据流程图）。

工程设计的结果应落实为实施。为正确高效地实现工程设计，相关人员必须准确地分割实施中的步骤，合理地规划每个实施步骤的工时、工作量，调配实施步骤间的衔接，以达到最有效的资源利用和最佳的工期进度安排。

（2）实施步骤

1）设备的选型及采购。设备由买方选型确定之后，在双方总体组的共同协调和指导下，将以商务组为实施主体，和双方其他各组同共展开设备、产品的下单、运营等一系列商务运作。同时需根据买方要求，通过工程实施组和配置管理组的配合和反馈，帮助买方完成实施中所必需的少量其他合同外设备、工具的采购和到位工作。相关文档和配置更新需提供给配置管理组归档。

2）工程实施准备工作。以工程实施组为主体，按照系统设计建议书，详细分析达到最佳要求所需的现场条件，指导实施现场的准备工作，并向配置管理组提供具有技术细节的工程实施计划文档。具体有以下几个方面的工作要做：

① 分析技术难点。

② 做可行性实验。

③ 布线勘查：查看布线情况，分析布线测试报告，提出实施准备建议。

④ 机房环境勘查：了解机房电源需求、环境指标、设备放置位置，提出实施准备建议。

⑤ 确定合同外购买的设备、工具、软件的详细清单，并做必要性说明。协同商务组做好外购设备的正确到位。

⑥ 在安装正式开始前，向建设方提交设计详细技术细节的工程实施计划、可行性实验报告等文档，经双方讨论、修改、确认后，交由配置管理组归档。

⑦ 对用户展开有关硬件设备及系统软件的培训。

3）网络安装与调试。

① 由集成商负责完成网络实施方案，并提交给建设方，得到建设方认可后，方可进行网络安装。

② 工程实施组的网络工程师配合商务组完成到货、分货和验货等工作。

③ 进行本地信息网络交换机的安装、配置和调试。

④ 进行广域网设备连通调试。

⑤ 进行网络线路端接设备（如 Modem 等）的安装、配置和调试。

⑥ 进行路由器等远程网络设备的集中联调。

⑦ 进行网络管理软件的安装、配置和调试。

⑧ 分项进行网络测试，包括局域网、广域网等功能测试。

⑨ 向配置管理组提交完整的网络调试、配置、测试及遗留问题报告。

⑩ 对用户进行安装与调试的现场培训。

4）系统试运行。

① 在网络系统均已初验合格之后即可开始试运行。

② 应用软件系统加载在实际网络运行环境之上。

③ 在试运行阶段，整个系统工程将一起接受时间和环境的考验，不但要考察系统的功能特性，还要考察系统运行的性能是否符合预期目标。

④ 在试运行期间，双方技术人员共同负责系统的维护工作。

⑤ 试运行结束时，将协助用户生成试运行报告。

5）整体系统工程最终验收。整个系统工程试运行结束时，项目验收组要依据双方总体组提出的验收准则，对试运行情况进行分析，并给出结论性意见。

连续3个月无重大故障，并且达到预期性能指标时，最终验收通过。

① 验收对象：网络系统（包括网络设备、网络软件）、文档（各种工程、技术、配置文档）、培训（技术培训和应用培训）。

② 验收标准：双方总体组共同制定，经项目领导组审批。

③ 验收方法：验收组根据总体组制定的验收标准，实施验收。

对整个网络系统工程的验收都应拟定验收测试计划，生成验收报告。

对文档的验收，依据工程文档中所列，考察其数量和内容与实际的符合度以及可读性等。

对培训的验收，以考试的形式来测试受训人员的培训效果，考试合格上岗。

（3）施工进度

根据双方约定，整个施工计划完成周期为 20 天，计划实施任务进度如图 3-10 所示。

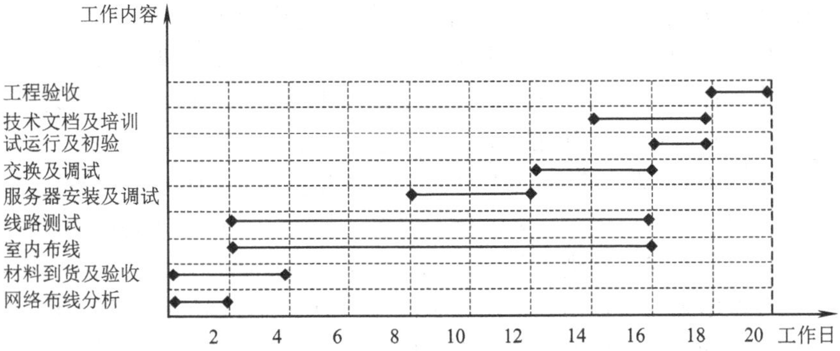

图 3-10　计划实施任务进度

（4）系统支持和维护

完善的支持和维护是系统得以建设成功并长期稳定运行的重要保障。为达到这一目的，公司坚持 3 个思想：

第一，系统维护应以预防为主。在系统的软硬件平台建设完成之后，公司有责任帮助客户建立一个无忧环境，即协助客户建立一套完整的规章制度，并运用一整套系统和网络管理工具来保障系统的正常运行。

第二，系统维护的大量基础工作还得依靠各级技术队伍，仅凭集成商的力量肯定是不够的。在工程实施过程中，公司应尽可能地帮助客户建立一支技术队伍，做好技术上的交接。

第三，系统维护的主要工作还需要集成商来完成。公司将有一套完整的系统支持维护体系，包括支持维护的机构和计划以及相应的责任和承诺。

3.5.6　售后服务与技术支持

（1）产品质量保证

公司提供的所有网络产品，均可由相关的外商驻中国代表处代表参与确认，并提供产品序列号作为备查。

除人为因素或不可抗力因素外，所有网络产品的保修期为 3 年，布线系统材料的保修期为 15 年。

（2）工程质量保证

首先，网络方案设计的科学性、合理性和先进性，是保证工程质量的先决条件。公司有从事计算机网络和通信的高级工程师数名，在网络设计和系统配置上具备雄厚的实力。

其次，在工程的施工和管理上，公司有一整套工程质量保证措施。在系统方案确定后，公司可出具规范的工程施工图纸及材料、工时定额。在工程实施中，公司将严格按施工图和材料量施工，并可由用户方监督及核查。

（3）工程图纸和售后服务

网络工程结束后，提供系统原理图、施工图、设备的连接图、配线架连接图。

设备故障报修的响应时间：工作时间（星期一至星期五：9:00～18:00）为8小时；非工作时间为24小时。

（4）培训

根据培训内容的实现方式，一般可分为现场培训和授课培训。

1）现场培训。现场培训时集成商或厂家的工程师到现场安装调试相关设备和系统，客户方的有关技术人员在现场观看和学习，并给予适当实际操作的机会。对学习产生的问题随即解答，具有很强的实践性和交互性，但人数不能过多。

2）授课培训。授课培训一般提供较为系统的理论学习，并根据不同课程辅以实验环境下的实际操作，学习过程中还提供完备的学习资料，是正规培训主要采用的方式。为使培训收到良好的效果，公司按参加培训人员的知识水平层次将授课培训分为初级、中级和高级。初级和中级培训一般由公司直接承担，高级和部分中级培训由原厂商直接提供。

不论是何种形式的培训，作为验收规程在培训方面的具体体现，公司都有相应形式的考核，以保证取得培训的效果，提高培训的质量，确保上岗人员的技术素质，最终达到有益系统长期安全、稳定使用和运行的目的。

为了保证培训质量，培训由公司和用户共同协商，具体由工程实施组负责，制定出一个合适的管理办法。

3.5.7　应用情况

F区信息网络建设完成后，经过测试开始使用。社区网络提供各种办公工具和支撑平台，并提供丰富的计算机软硬件系统资源；具有完善的办公事务处理能力；可满足信息交流的需要。适合现代化社区办公的基本需求，并且在规划设计过程中充分考虑后续发展需要，保证了网络的可扩充性。

习题

1. 设计网络结构过程中，网络分布层（汇聚层）主要有哪些功能？
2. 服务器选型有哪些性能指标？
3. 网络操作系统的选择标准有哪些？
4. 实践设计题

某社区分管两个小区，两小区之间有一条5m宽的小巷相隔；两个小区办公室分别设置在各自小区居民楼的一楼；两居民楼相距约500m；两个小区办公室各自配备了计算机，但没有组建网络。

为方便向上级汇报材料、对外宣传、提高办公质量和效率，社区决定组建社区办公网络。主要工作任务是将两个小区办公室通过网络连接起来，实现网上办公、资源共享等功能。

假设你是某网络公司的工程师，现在需要你通过与客户沟通，了解客户的需要及当前软件的应用情况，并选择合适的网络技术和设备，为客户制订出合适的网络方案。

项目 4　规划与设计小型政府网络

4.1　教学目标

1）了解导致网络瓶颈的原因。
2）掌握查找网络瓶颈的方法。
3）掌握网络管理区域的设计方法，具备设计管理区域的能力。
4）具备设计解决网络瓶颈的方案的能力。

4.2　工作任务

随着信息化、数字化时代的到来，我国已经组建了各级政府办公网络，实现了办公信息化和政务电子化。按照上级政府的要求，A 区政府在多年前就已经完成了网络的组建。但随着业务的增加，与上级、下级的数据信息传输量也在急速增加，为此，区政府决定升级网络。

作为一名网络规划工程师，你需要分析 A 区政府的网络现状，设计网络管理区域，制订网络升级方案。

4.3　相关实践知识

政府机构主要负责对辖区发展进行战略规划，承担研究、制订、下达和组织经济发展战略目标、中长期计划的重任，是相关法令法规和方针政策的监督者和执行者，直接领导着各区委会、各街道办事处，责任重大。为了加强沟通，保证政令畅通，加快信息的传达，政府必须应信息化社会提出的要求实现网上办公。实施“政府上网工程”旨在推动各级政府部门为社会服务的公众信息资源汇集和应用上网，实现信息资源共享，这对于全面推进国民经济信息化具有重要意义。

政府办公网络不仅涉及技术方面，还包括网络设施、应用平台、信息资源、专业应用、人员素质等众多成分的综合化以及信息化办公环境系统。因此，在总体上如何筹划、组织网络建设和开发应用，是政府办公网络建设中最重要的问题。

4.4　相关理论知识

4.4.1　导致网络瓶颈的原因

网络瓶颈（Network Bottleneck）是指因计算机网络中的某一个节点信息处理得很慢，导致网络的总体速度变慢。比较常见现象是：局域网在运行一段时间后，整个网络的网速突然变慢，运行系统软件和访问局域网内主页的速度明显降低，访问外网速度也大不如前。网络瓶颈问题是困扰网络的大问题，必须要重点对待并解决。

要想解决网络瓶颈问题，首先需要了解网络瓶颈产生的原因。引起网络瓶颈现象的原因很多，网络中的任何一个元素都可能引起网络瓶颈，如网络拓扑结构、网线、网卡、服务器配置、网络连接设备等。

（1）网络的硬件连接

这种情况下，首先需要检查网线是否脱落，有无折损或断裂；网线接头是否松动，是否接触不良；路由器的电源是否松动或接口是否沾满了灰尘或杂物，造成堵塞；网卡的工作是否正常，IP 地址的设置是否与其他计算机的设置相冲突等。

（2）网络的拓扑结构

网络的拓扑结构不合理也会影响到网速，其中包括网线架设过长和网络冗余回路。

首先，检查两个网络设备之间的物理距离。现在一般局域网内大都使用五类和超五类双绞线，而这类网线的有效距离是 120～150m，最佳距离应小于 80m。如果两个网络设备之间的物理距离超过 120m，而且之间又没有网络中继设备，那么它们之间的网络传输速度就会很慢，如图 4-1 所示。若采用光纤作为传输介质，则不会出现这种问题。

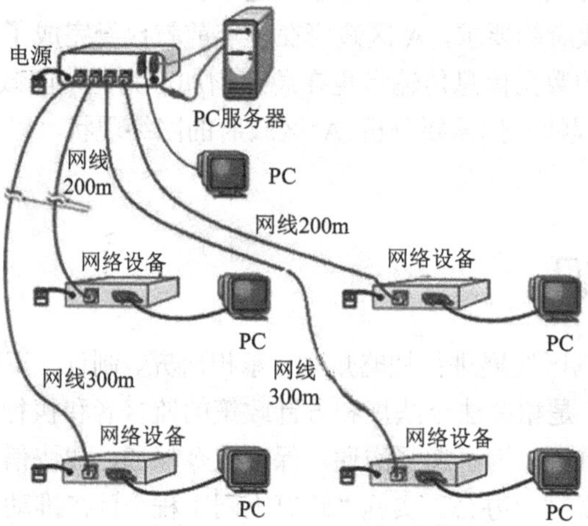

图 4-1　网线架设过长导致网络瓶颈

其次，需要统计一下任意两个网络设备之间经过的中继器数量。在 10Mbit/s 以太网中不应超过 4 个，在 100Mbit/s 快速以太网中不应超过 2 个。

最后，网络冗余回路问题也会影响网络速度。一般当网络较小而且涉及的节点数不是很多、结构不是很复杂时，这种现象很少发生。但在一些比较复杂的网络中，由于一些原因经常有多余的备用线路会构成回路，数据包会不断发送和校验数据，从而影响整体网络速度。这种情况下查找问题原因比较困难。为避免这种情况发生，要求我们在铺设网线时一定要养成良好的习惯，网线打上明显的标签，有备用线路的地方要做好记载。

（3）网络自身问题

网络自身问题就是因为服务器配置相对于网络服务来讲偏低，网络响应过慢而造成网络瓶颈。其主要原因有服务器带宽不足、负载过大、服务器配置较低等。

（4）网线问题

双绞线是由四对线按严格的规定紧密地绞合在一起的，用来减少串扰和背景噪声的影响。同时，在 T568-A 标准和 T568-B 标准中仅使用了双绞线的 1、2 和 3、6 四条线，其中，1、2 用于发送，3、6 用于接收，而且 1、2 必须来自一个绕对，3、6 必须来自一个绕对。只有这样，才能最大限度地避免串扰，保证数据传输。实践证明，如果不按正确标准（T586-A、T586-B）制作网线，将存在很大的隐患，主要表现有以下几种情况：一种情况是刚开始使用时网速就很慢；另一种情况则是开始网速正常，但过了一段时间后，网速变慢。后一种情况在台式计算机上表现得非常明显，但用便携式计算机检测时网络速度却表现为正常。需要注意的是，这种情况有时与网卡的性能也有关系，一般台式计算机的网卡性能不如便携式计算机。因此，在用交换法排除故障时，使用便携式计算机检测网络速度正常并不能排除网线不按标准制作这一问题的存在。

（5）广播风暴

广播风暴也会影响网络速度。作为发现未知设备的主要手段，广播在网络中起着非常重要的作用。然而，随着网络计算机数量的增多，广播包的数量会急剧增加。当广播包的数量达到 30%时，网络传输效率将会明显下降。网卡或网络设备一旦损坏，会不停地发送广播包，从而导致广播风暴，使网络通信陷于瘫痪。

（6）端口瓶颈

路由器广域网端口和局域网端口、交换机端口、集线器端口和服务器网卡等都可能出现瓶颈，从而导致网络速度变慢。这类情况需要根据实际情况进行具体分析。

（7）蠕虫病毒

现在许多计算机病毒如尼姆达、求职信病毒及其变种等都会造成网速变慢。如果有一台计算机感染了这些病毒，它们就会通过局域网或 Internet 向其他计算机传播。整个网络中充斥着的病毒文件堵塞了网路，加重了服务器或客户端计算机的负荷。这些因素都会造成网速的变慢。

例如早期流行过的求职信病毒，使用者只要预览病毒信件，不需执行任何附件，就会受到感染。用户一旦中毒，病毒便会大量寄发邮件给通信簿的收件者，造成服务器和客户端负荷加重，引起网路堵塞，正常的数据帧不能传输，甚至于整个网络瘫痪。

（8）过多使用防火墙

为了增加网络安全，有的网络使用了很多道防火墙，局域网、部门、办公室都使用。这样做网络是安全了，也保护了网络资源安全，但过多使用防火墙也会带来副作用，即导致网速变慢，形成网络瓶颈。

4.4.2 解决网络瓶颈的方法

了解了导致网络瓶颈的原因后，在解决网络瓶颈时就需要对症下药。下面是针对各种原因提出的相应解决方法：

1）针对网络硬件连接引起的网络瓶颈，网络维护与管理人员应定期检查网络设备电源连接是牢固、是否有脱落现象，双绞线是否有破损、接头是否完好等，而且可以通过软件来检查是否有 IP 冲突，以及确定 IP 冲突是否有人为因素。

2）网络的拓扑结构不合理造成网络瓶颈属于逻辑问题，不容易查出。首先检查网络设计文档，查看网络设计时是否存在连接线过长或级联超过规定数量情况。如果有，需要改变网络拓扑结构，例如缩短两个网络设备之间的物理距离或增加网络中继设备（如集线器、中继器），还可以更换网线采用超五类或者光纤等。对于级联超过规定数量的情况，应拿出解决方案，及时改变现状。

3）因网络自身问题引起的瓶颈，解决方法只有一个，即升级网络服务器，更换网络服务器的连接介质，如双绞线改为光纤模块。

4）对于因网线问题引起网络瓶颈，解决方法是按照国际标准（T586-A 和 T586-B）制作网线，就可以完全避免的。在网络施工时，不能随意而为之。

注意：在检测故障时不能全部用便携式计算机来代替台式计算机。

5）当怀疑有广播风暴类故障时，首先可采用置换法替换集线器或交换机来排除交换设备故障。其次是关掉集线器或交换机的电源后用 ping 命令对所涉及计算机逐一测试，找到有故障网卡后，更换新的网卡即可使网速恢复正常。

6）对于由端口瓶颈导致的网速变慢，可在网络使用高峰时段，利用网管软件查看路由器、交换机、服务器端口的数据流量；也可用 netstat 命令统计各个端口的数据流量。据此确认网络数据流通瓶颈的位置，设法增加其带宽。具体方法很多，如更换服务器网卡为 100Mbit/s 或 1000Mbit/s、安装多个网卡、划分多个 VLAN、改变路由器配置来增加带宽等，都可以有效地缓解网络瓶颈，最大限度地提高数据传输速度。

7）为了防止蠕虫病毒的干扰，网络维护人员需要定时查毒杀毒、设置网络防火墙、修改各种漏洞。当有一台计算机中毒时，要将它与网络断开，以防感染其他计算机。

8）对于防火墙过多使用导致网速变慢，解决办法就是卸载不必要的防火墙。

4.4.3　网络管理区域设计

1．网络管理概述

网络管理是指对网络进行监测和控制，使网络能够正常、高效地运行，并在网络运行出现故障时能够及时报告和处理。网络管理包括两项基本任务：一是对网络的运行状态进行检测；二是对网络运行状态进行控制。通过检测了解当前网络状态是否正常、是否存在瓶颈和潜在的危机，通过控制对网络状态进行合理调节，提高性能，保证服务。

2．网络管理功能

ISO 在 ISO/IEC 7498-4 文档中定义了网络管理的五大功能包括：配置管理、性能管理、故障管理、安全管理和计费管理。

（1）配置管理（Configuration Management）

配置管理是最基本的网络管理功能，即初始化并配置网络，以使其提供网络服务。配置管理是一组对辨别、定义、控制和监视组成一个通信网络的对象所必要的相关功能，目的是为了实现某个特定功能或使网络性能达到最优。

配置管理主要包括：

1）设置开放系统中有关路由操作的参数。

2）被管对象和被管对象组名字的管理。

3）初始化或关闭被管对象。

4）根据要求收集系统当前状态的有关信息。

5）获取系统重要变化的信息。

6）更改系统的配置。

（2）性能管理（Performance Management）

性能管理评估系统资源的运行状况及通信效率等系统性能，主要包括监视和分析被管网络及其所提供服务的性能机制。性能分析的结果可能会触发某个诊断测试过程或重新配置网络以维持网络的性能。性能管理收集分析有关被管网络当前状况的数据信息，并维护和分析性能日志。

（3）故障管理（Fault Management）

故障管理是网络管理中最基本的功能之一。用户都希望有一个可靠的计算机网络。当网络中某个组成失效时，网络管理器必须迅速查找到故障并及时排除。通常迅速隔离某个故障是不大可能的，因为网络故障的产生原因往往相当复杂，特别是当故障是由多个网络组成共同引起的。在此情况下，一般先将网络修复，然后再分析网络故障的原因。分析故障原因对于防止类似故障的再发生相当重要。故障管理包括故障检测、隔离和纠正三方面内容，应包括以下典型功能：

1）维护并检查错误日志。

2）接收错误检测报告并作出响应。

3）跟踪、辨认错误。

4）执行诊断测试。

5）纠正错误。

对网络故障的检测依据对网络组成部件状态的检测。不严重的简单故障通常被记录在错误日志中，并不作特别处理，而严重一些的故障则需要通知网络管理器，即所谓的“警报”。一般网络管理器应根据有关信息对警报进行处理，排除故障。当故障比较复杂时，网络管理器应能执行一些诊断测试来辨别故障原因。

（4）安全管理（Security Management）

安全性一直是网络的薄弱环节之一，而用户对网络安全的要求又相当高，因此网络安全管理非常重要。网络中主要有以下几大安全问题：网络数据的私有性（保护网络数据不被侵入者非法获取）、授权（Authentication，即防止侵入者在网络上发送错误信息）、访问控制（控制对网络资源的访问）。相应的，网络安全管理应包括对授权机制、访问控制、加密和加密密钥的管理，还要维护和检查安全日志。主要包括以下内容：

1）创建、删除、控制安全服务和机制。

2）与安全相关信息的分布。

3）与安全相关事件的报告。

（5）计费管理（Accounting Management）

计费管理记录网络资源的使用，目的是控制和监测网络操作的费用和代价，它对一些公共商业网络尤为重要。它可以估算出用户使用网络资源可能需要的费用和代价，以及已经使用的资源。网络管理员还可规定用户可使用的最大费用，从而控制用户过多占用和使用网络资源。这也从另一方面提高了网络的效率。另外，当用户为了一个通信目的需要使用多个网络中的资源时，计费管理应可计算总计费用。

3．网络管理方式

常见的网络管理方式有以下几种：

（1）SNMP管理技术

SNMP（Simple Network Management Protocol，简单网络管理协议）首先是由Internet工程任务组织（Internet Engineering Task Force，IETF）的研究小组为了解决Internet上的路由器管理问题而提出的。

SNMP是目前最常用的环境管理协议。它被设计成与协议无关，所以可以用于IP、IPX、AppleTalk、OSI以及其他用到的传输协议上。SNMP是一系列协议组和规范，它们提供了一种从网络上的设备中收集网络管理信息的方法，也为设备向网络管理工作站报告问题和错误提供了一种方法。

（2）RMON管理技术

RMON（Remote Monitor，远程监控）规范是一套管理信息库（Management Information Base，MIB）的定义，其作用是定义标准的网络监控功能和接口，使基于SNMP的管理终端和远程监视器之间能够实现通信，监视器在子网中执行RMON定义的监视功能。

RMON MIB是对SNMP框架的重要补充，它定义了一系列对支持远程监控功能有用的被管理对象。另外，RMON MIB规范为远程监控定义了一系列的功能。RMON的强大之处在于它与SNMP框架完全兼容。

（3）基于Web的网络管理

基于Web的网络管理就是用户可以通过Web页面对网络内的设备进行管理。目前大多数网络设备都同时支持Web管理，这样的好处是用户不需要过多的专业知识就可以方便快捷地进行设备维护。

4．网络管理系统的选择

市场上有各种各样的网络管理系统和监控系统，那么，企业应如何选择适合自己的网络管理系统呢？一般来讲，选择网络管理系统应遵循以下原则：

（1）可靠性

为了达到监控和管理企业设备和环境的目的，网络管理平台必须具有高的可靠性，虽然可靠性可以通过一些指标，如平均无故障工作时间、平均系统故障修复时间等来判断，但通常这些指标有较大的模糊系数，从实用角度看，关注下面一些方面也许更有意义：

1）硬件平台。主服务器是否采用成熟品牌服务器，如一些知名厂商服务器等。

2）操作系统。服务器是采用UNIX系统还是WINDOWS系统或者其他类操作系统？

3）中间环节。从设备到网管系统之间信息传递，是否有过多环节，从而增加了故障点？主服务器系统是否具有冗余措施？

（2）安全性

安全性包括使用者权限和网络安全。使用者权限需要考虑系统是否对各种角色有严格的权限规定和检查措施，如管理者、使用者、浏览者等的访问管理，系统是否具备完善的操作日志记录等。网络安全系统是否有防火墙功能或网络信息监控工具和手段，保证网络的正常运行。另外，数据安全性如数据备份和恢复措施，也应成为安全考虑的内容。

（3）操作方便性

操作方便性主要需要考虑操作界面是否简洁，操作是否简单、易用。使用者需要使用系统某项功能时，应该只需单击鼠标或触摸屏，而不必经过辛苦的学习。

（4）显示直观性

显示直观性要求系统对所管理对象的监控以及提供的分析，应能以图形化的方式体现，因为图形所传递的信息量远远超过文字的信息量，而且图形的组织和安排也要合理，结构和层次要清楚。

（5）管理多样性

管理多样性考虑的是系统需要管理各种各样的设备和环境，同时还能提供管理各种数据和事务的能力。一个企业的设备数量可能不是很多，但种类却多种多样，通常这些设备包括：

1）网络服务器、网络交换机、工作站、路由器、终端服务器等。

2）通信传输设备如 PCM 复用设备、光端机、载波机、微波机等。

3）重要电源设备。

4）企业专业设备。

5）环境管理设备如温湿度、火警、盗警、视频系统等。

系统需要具有对这些设备的综合接入能力，既要考察系统对标准网管设备的接口能力，又要考察系统对各种非标准设备的接口能力。

除能接入和管理各种设备外，系统还应具有各种信息和数据的管理能力，如用于支持网络运行和日常运作相关的静态数据，包括网络结构配置信息、终端用户信息、路由信息、后勤数据等，并能综合应用。

（6）实时性和及时性

实时性主要是考察系统对设备管理和环境管理的性能。系统应能实时反应设备当前的运行状态和参数，不能有很大的延迟。及时性是考察系统是否能及时将故障或告警信息自动发送给管理人员。及时性不仅要考虑工作时间，而且要考虑节假日时间，这要求系统具有关联各种通信手段的能力，如当有重要故障或告警时，系统应能通过电话语音通知、手机短信息、电子邮件等方式自动发送信息给管理人员。

（7）可扩展性

对企业来说，可扩展性是一个非常重要的考虑因素。随着时间的推移，企业必然会淘汰一些设备，增加一些设备，这就要求网络平台有较强的扩展性，不至于增加太多的费用。除了设备供应商在升级方面的承诺外，关键是要考虑系统本身的扩展能力，这方面考虑包括系统是定制的还是模块化可配置的，系统是否提供用户级开发设计工具，并且这些工具是否易用等。

4.4.4 局域网管理软件选择

目前比较流行的网络管理系统基本上可分为通用网络管理平台、专用网络管理系统、综合网络管理系统和专业网络管理软件。

1．通用网络管理平台

通用网络管理平台（如 HP OpenView、IBM Tivolo NetView、SUN NetManager 等）对各个厂商的网络设备都可以管理，但一般需要进行二次开发，对管理人员的技术要求很高。

（1）HP OpenView

HP OpenView 是惠普公司出品的电子业务管理工具程序，被称为“全球 20 大软件公司必备产品”，面向 HP 9000 和 HP e3000 系列服务器的用户群。客户可以利用 OpenView 来管理服务器的应用程序、硬件设备、网络配置和状态、系统性能及程序维护，还能进行存储管理。

HP OpenView 具有以下优点：

1）支持领域广泛。支持系统资源管理、数据库管理、故障和事件管理、Internet 业务管理、应用管理、PC 桌面管理、性能管理、网络结构管理、存储管理、用户账号管理、安全管理、软件分发管理等多方面。

2）支持目前业界开放标准协议。

3）支持标准网络传输和管理协议，如 TCP/IP、SNA、SNMP、RPC、CMIP 等。

4）采用开放的、模块化体系结构，扩充性能好，异种网络管理能力强。

5）提供丰富的图形操作界面，能动态反映网络的拓扑结构，包括网络各种资源变化的自动监测，方便操作人员的网络运行状况监控。

6）提供用户灵活的设置功能，如阀值设定，以监测网络故障的发生。

7）提供丰富的应用程序接口，方便用户开发自己的网络管理程序。

（2）IBM Tivolo NetView

IBM Tivolo NetView 是面向企业和服务供应商的、具有兼容性的网络管理系统。它既是一个开发平台，也是一个可以直接使用的最终系统，是在最初的 HP OpenView 基础上发展起来的，被普遍认为是当今销售的最先进的网络管理产品。

IBM Tivolo NetView 对被管理的网络定义了 3 个部件。它是接收来自网络上被管理设备警报的聚焦点。入口是在被管理设备上的代理，如主机系统、前端处理器、控制器和 LAN 部件。服务点向非 SNA 协议系统提供了一个进入的途径，并支持简单网络管理协议（SNMP）和公用管理信息协议（CMIP）。

（3）Sun NetManager

Sun NetManager 是基于 UNIX 的网络管理系统，只能运行在 Sun 平台上。它主要作为开发平台，提供很有限的应用功能，因此如果用户希望直接使用，则必须购买第三方开发的针对具体硬件平台的网络管理系统。Sun NetManager 是第一个提供基于分布式的管理结构，它将网络管理负载分散到整个网络中，从而使得管理负载最小化，而网络性能和效率最大化，因此可实现大型复杂网络的协同管理，能管理所有支持 SNMP、TCP/IP 和 ONC RPC 的设备。Sun NetManager 目前在市场上的占有率在逐步减少，但仍有很多第三方的开发应用。该产品主要应用在政府、教育科研、金融、互联网和制造业等领域。

2．专用网络管理系统

专业网络管理系统也称为网元管理系统，是设备厂商为自己产品设计的专用网络管理系统，这种系统对自己产品的监测和配置功能非常全面，可监测一些通用网络系统无法监测的重要性能指标，还有一些独特的配置功能，但不能管理其他公司生产的设备。

CiscoWorks 是 Cisco 提供的面向广域网和局域网的全面网络管理解决方案，是 Cisco 设备专用的网络管理系统，能集成到前面几种流行的网络管理平台上，如 Sun 工作站上的 Sun NetManager、Sun 或 HP 系统上的 HP OpenView 以及 IBM NetView for AIX。该产品系列有 4 个解决方案：LAN 管理方案、Routed WAN 管理方案、服务管理方案和 VPN 管理方案。Cisco 通过开发基于 Internet 的体系结构，向用户提供更高的可访问性，并可以简化网络管理任务和进程。使用 CiscoWorks 不需要安装网络管理系统，可直接将其加到网络中去。该方案符合 Internet 标准，并支持 Cisco 的端到端网络管理模型。

CiscoWorks 最多可以管理数百个节点，拥有 Cisco 全套产品的数据库，能够调出各种产品的直观视图，可深入到每个物理端口去查询状态信息，具有自动发现和显示网络的拓扑结构和设备、生成和修改网络设备配置参数、网络状态监控、设备视图管理等功能。

与 Cisco 类似，华为、D-Link 等厂商都有管理自己产品的网络管理系统，可以单独对网络的相关设备很好地进行管理，也可以配合综合管理系统对网络进行更有效的管理。

3．综合网络管理系统

综合网络管理系统包括 Cabletron 的 Spectrum、东信冠群的 IPNet SureWordks、华信亿码的 Netein 2000、北大青鸟的 NetSue Xpert、游龙科技的 Siteview、永达的 SecView、网强、北塔 BTNM 等，可对中小型网络进行管理。其特点是功能较全面，价格适中。

Cabletron 的 Spectrum 是一个性能强大同时非常灵活的网络管理系统，采用面向对象的方法和 C/S 体系结构，从而使网络可以进行无限制扩充，并且它还是前面几种网络中唯一具备处理网络对象相关性能力的系统。Spectrum 使用归纳模型化技术，采用人工智能的思想，能够理解网络设备之间的依赖关系。因此，当网络中某个设备发生故障时，其他停止对轮询应答的设备将不被认为发生故障，避免以往在其他不具备相关性能处理的网络管理系统中出现的，即使只有一个设备发生故障时也可能会出现许多告警的现象，从而减少了故障卡片的数量，也减少了网络的开销。但是与前面几种网络管理系统相比，Spectrum 的灵活性也带来了它的复杂性，只得到少数第三方开发厂商的支持。因此，虽然它是一个优秀的网络管理系统，但其市场占有率还比较低。该产品主要应用在政府、能源、金融、印刷业、零售业及军工等领域。

其他国产网络管理软件的总体特点是可以对网络集中进行管理，能够很好地集成现有的网络产品，功能较齐全，使用方便，对管理人员技术要求不是很高，适用于不需要进行很多二次开发的政府、教育、食品、制造、零售业等领域。

4．专业网络管理软件

专业网络管理软件是专门针对网络某方面的需求，如配置管理、故障管理、性能管理、记账管理和服务管理等进行管理的系统，如 Netscout、Micromuse 等。

Netscout 是目前市面上具备最完整网络性能管理方案的厂家，其产品包含全系列的硬件探针和管理软件。其中硬件探针以“被动侦听”的形式在线路上捕获数据包，为用户提供丰富可靠的数据。管理软件本身是 Netscout 作为数据收集、分析和综合的网络监控及性能管理系统，但同时它也可以和 CiscoWorks 或 HP OpenView 等第三方网络管理平台整合形成一体化的综合性网络体系。管理软件从路由器、交换机、服务器、nGenius 网络探针等各种 RMON 数据源收集统计的数据，实现包括实时流量监控、数据包捕捉及解码、VOIP 监控、自动化报表生成、网络时延、流量异常告警等功能，并可支持 Windows Server、HP-UX、Solaris 或 IBM AIX 等多种操作系统。

Micromuse 是网络管理系统的领先提供商，其旗舰产品 Micromuse Netcool 是一个电信运营级的服务与业务保障系统，能够帮助用户管理用于支持基于 IP 网络不断增加的语音、数据和视频流量的日益复杂的 IT 系统。在 Netcool 网络管理套件的支持下，服务供应商和企业级用户的网络管理系统能够通过一个数据库监视和分析网络的运行，整合和管理成千上万个网络运行事件、网络设备和实时的网络运行进程。Micromuse 用户涵盖了全球著名的电信、银行、电力行业业务提供商。

4.4.5　VLAN 划分

1．VLAN 概述

VLAN（Virtual Local Area Network，虚拟局域网）是一种通过将局域网内的设备逻辑地而不是物理地划分成一个个网段，从而实现虚拟工作组的网络技术。IEEE 于 1999 年颁布了用以标准化 VLAN 实现方案的 802.1Q 协议标准草案。

VLAN 技术允许网络管理者将一个物理的 LAN 逻辑地划分成不同的广播域（或称虚拟 LAN，即 VLAN），每一个 VLAN 都包含一组有着相同需求的计算机工作站，与物理上形成的 LAN 有着相同的属性。但由于它是逻辑地而不是物理地划分，因此同一个 VLAN 内的各个工作站无须被放置在同一个物理空间里，即这些工作站不一定属于同一个物理 LAN 网段。一个 VLAN 内部的广播和单播流量都不会转发到其他 VLAN 中，即使两台计算机有着同样的网段，但是它们却没有相同的 VLAN 号，它们各自的广播流也不会相互转发，从而有助于控制流量、减少设备投资、简化网络管理及提高网络的安全性。

VLAN 是为解决以太网的广播问题和安全性而提出的，它在以太网帧的基础上增加了 VLAN ID，把用户划分为更小的工作组，限制不同工作组间的用户二层互访，每个工作组就是一个虚拟局域网。虚拟局域网的好处是可以限制广播范围，并能够形成虚拟工作组，动态管理网络。

因为 VLAN 隔离了广播风暴，同时也隔离了各个不同 VLAN 之间的通信，所以不同的 VLAN 之间的通信是靠路由器来完成的。

2．VLAN 分类

（1）基于端口的 VLAN

基于端口的 VLAN 的划分是最简单有效的 VLAN 划分方法，它按照局域网交换机端口来定义 VLAN 成员。VLAN 从逻辑上把局域网交换机的端口划分开来，从而把终端系统划分为不同的部分，各部分相对独立，在功能上模拟了传统的局域网。基于端口的 VLAN 又分为在多交换机端口和单交换机端口定义 VLAN 两种情况：

1）多交换机端口定义 VLAN。如图 4-2 所示，交换机 1 的 1、2、3 端口和交换机 2 的 4、5、6 端口组成 VLAN1，交换机 1 的 4、5、6、7、8 端口和交换机 2 的 1、2、3、7、8 端口组成 VLAN2。

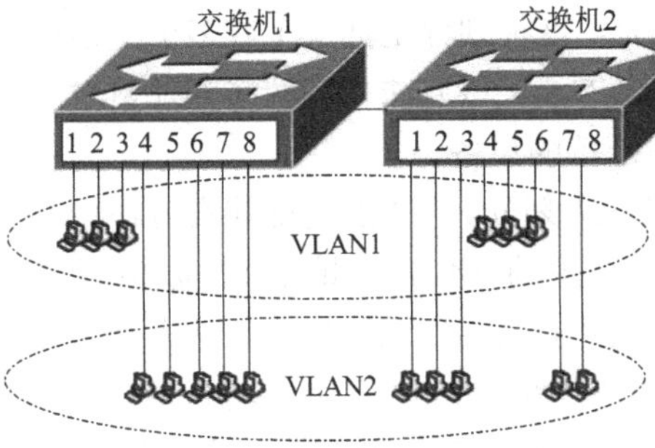

图 4-2　多交换机端口定义 VLAN

2）单交换机端口定义 VLAN。如图 4-3 所示，交换机的 1、2、6、7、8 端口组成 VLAN1，3、4、5 端口组成了 VLAN2。这种 VLAN 只支持一个交换机。

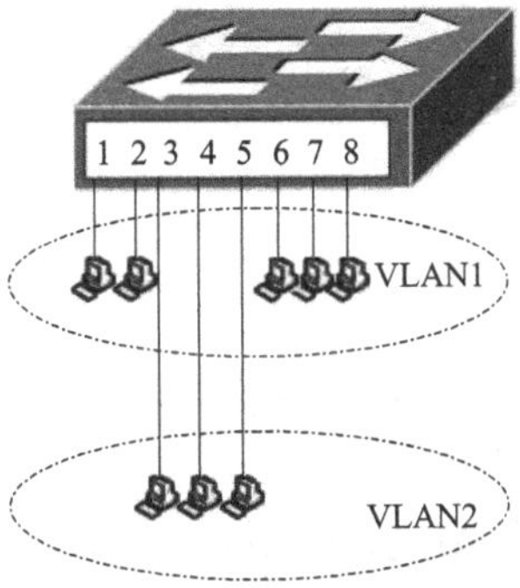

图 4-3　单交换机端口定义 VLAN

基于端口的 VLAN 的划分简单、有效，但其缺点是当用户从一个端口移动到另一个端口时，网络管理员必须重新对 VLAN 成员进行配置。

（2）基于 MAC 地址的 VLAN

基于 MAC 地址的 VLAN 是用终端系统的 MAC 地址定义的 VLAN。MAC 地址其实就是指网卡的标识符，每一块网卡的 MAC 地址都是唯一的。这种方法允许工作站移动到网络的其他物理网段，且自动保持原来的 VLAN 成员资格。在网络规模较小时，该方案不失为一个好的方法，但随着网络规模的扩大以及网络设备、用户的增加，则会在很大程度上加大管理的难度。

（3）基于路由的 VLAN

路由协议工作在 7 层协议的第 3 层——网络层，例如基于 IP 和 IPX 的路由协议，这类设备包括路由器和路由交换机。该方式允许一个 VLAN 跨越多个交换机，或一个端口位于多个 VLAN 中。

（4）基于策略的 VLAN

基于策略的 VLAN 的划分是一种比较直接有效的方式，主要取决于在 VLAN 的划分中所采用的策略。

3．划分 VLAN 的基本策略

从技术角度讲，VLAN 的划分可依据不同原则，一般有以下 3 种划分方法：

1）基于端口的 VLAN 划分。这种划分是把一个或多个交换机上的几个端口划分一个逻辑组，这是最简单、最有效的划分方法。该方法只需网络管理员对网络设备的交换端口进行重新分配即可，不用考虑该端口所连接的设备。

2）基于 MAC 地址的 VLAN 划分。MAC 地址其实就是指网卡的标识符，每一块网卡的 MAC 地址都是唯一且固化在网卡上的。MAC 地址由 12 位 16 进制数表示，前 6 位为厂商标识，后 6 位为网卡标识。网络管理员可按 MAC 地址把一些站点划分为一个逻辑子网。

3）基于路由的 VLAN 划分。路由协议工作在网络层，相应的工作设备有路由器和路由交换机（即三层交换机）。该方式允许一个 VLAN 跨越多个交换机，或一个端口位于多个 VLAN 中。

就目前来说，对于 VLAN 的划分通常采取上述第 1、3 种方式，第 2 种方式为辅助性方案。

4.5　政府网络升级方案

4.5.1　项目概述

A 区政府的政务网络建成并投入使用已有数年，在区政府的日常工作中发挥了巨大的作用，已经成为必不可少的基础政务平台。

但是，随着设备的老化和前期网络建设的不断增补，目前网络系统的可靠性、安全性等都已经不能满足区政府政务办公的需求，必须进行重新规划和升级改造。

A 区政府的政务网络以区政府大院为中心，分别由区政府大院以及区政府管辖内的各下属单位、街道办事处、居委会等部门的网络组成。

A 区政府的政务网络主要分为 4 个部分，分别是政府机关大院网络（共有 Cisco 网络设备 54 台，其中交换机 51 台、路由器 3 台，分别位于大院内的 16 个配线间内）、通过电信 MPLS VPN 连接的机关大院外单位网络（需要维护的光线链路 43 条）、通过电信帧中继接入的外管中心网络（需要维护的帧中继链路 13 条）、通过电信 ADSL+帧中继方式接入的各居委会网络（183 个居委会接入）。大院外单位与信息中心的接入还在不断拓展中。

大院内网络采用二级结构，以一台 Cisco Catalyst 6506 作为大院和整个 A 区政府政务网络的核心交换机，而另外一台 Cisco Catalyst 6506 则作为备份交换机（交换机已经损坏）。有约 40 台应用服务器连接在天融信防火墙上，通过防火墙连接到大院核心交换机。接入层交换机均分布在 15 个配线间内，包括 3 台 Cisco Catalyst 4003、多台 Cisco Catalyst 2948，其余均为 Cisco Catalyst 2924。外联接入设备有一台 Cisco 3662 和一台 Cisco 3640 路由器，前者负责 183 个居委会、外管中心、人口办等单位的接入，同时作为远程办公的拨号接入服务器；后者用于连接市信息中心以及网通链路，而电信链路直接通过另外一台路由器接入。

A 区政府政务网络共计有 3000 多台 PC 实现联网，数据流量大。

整体网络拓扑结构如图 4-4 所示。

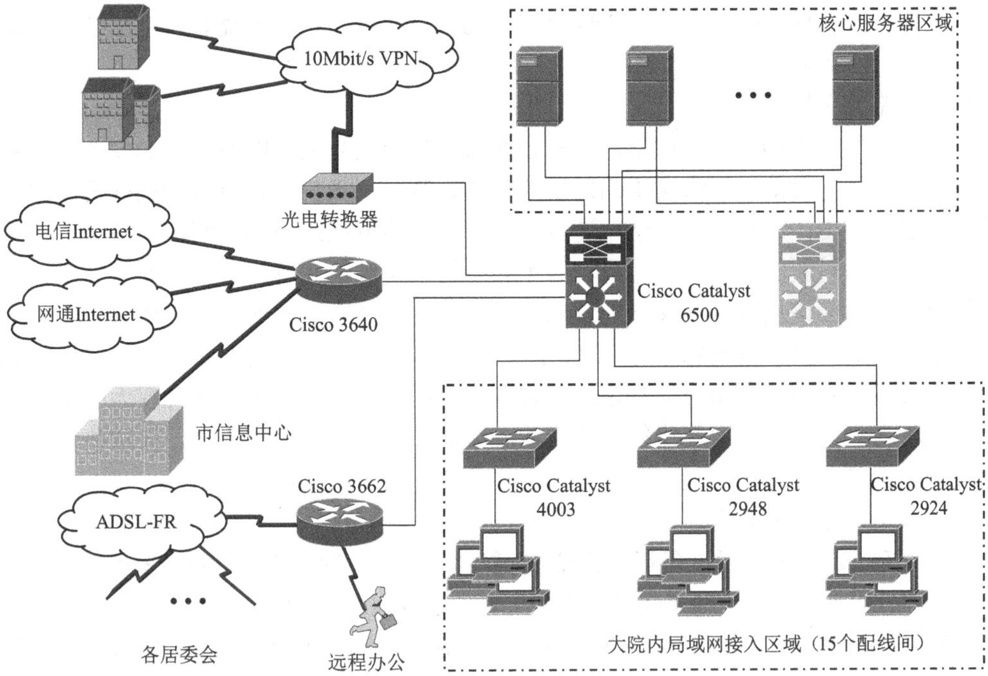

图 4-4　网络拓扑结构图

从图 4-4 可以看出，A 区政府政务网络中存在以下一些迫切需要解决的问题：

（1）网络可靠性低

A 区政府的政务网络经过多年的建设及运行，不可避免地会产生因设备的老化而引起的一些故障，造成部分用户和部分区域断网。例如，在网络核心部分，目前只有 1 台 Cisco Catalyst 6506 交换机在运行，另外一台则因为故障无法运行；而核心交换机所用的板卡由于运行多年，故障率也在逐步升高；考虑到核心交换机是整个网络的中枢，一旦产生故障，将造成整个网络的瘫痪，因此必须考虑核心网络设备的可靠性，满足电信级的不停机要求。

在接入路由器中也存在同样的问题，每一台接入路由器，不管是 Cisco 3662 还是 Cisco 3640，都存在着设备部件的单点故障，板卡模块的使用已经多年，因此必须给予充分考虑，以保证整个网络的畅通无阻。

在系统的可靠性上，核心交换机能使用的只有 1 台，且接入层交换机与核心交换机采用单链路的形式，一旦链路产生故障，将导致部分区域无法上网，可靠性低。

（2）网络性能相对较低

随着网络技术的不断发展，CPU 处理能力、ASIC 芯片研发水平都有了长足的进步，内存和闪存的容量也增长了上百倍甚至上千倍；而现在的网络设备处理的数据流量也在迅猛增加，处理的业务种类（同时处理数据、语音、视频、安全、无线等业务）更是越来越多，既有网络设备的处理能力、内存空间都不足以应付新的挑战。A 区政府的政务网络在规划之初具备了较高的前瞻性，采用了业界性能最好、系统最稳定的 Cisco 产品，在一定时期内保证了系统的先进性、可靠性和可扩性。但也应该看到，网络技术发展到今天，目前的主流已经是主干带宽可达每秒千兆甚至万兆，入户带宽可达每秒百兆；广域网接入技术从模拟拨号、帧中继、X.25

等发到更高速的 ADSL、以太网、SDH 等接入方式。因此，网络性能和速度已经无法满足 A 区政府的要求，必须进行升级改造。

（3）网络安全性低

在网络病毒肆虐的今天，保证网络系统的安全性至关重要，网络系统的安全也与系统的可靠性密切相关。目前，网络病毒的发展非常快，几乎每天都有几百种新的病毒出现，新的攻击手段层出不穷；一旦中毒，感染速度相当快，瞬间就能造成整个网络的瘫痪，影响政府的日常工作。面对新的网络安全形势，必须有新的安全观念和解决办法，即改变以往的单点防御的观念，而应该从系统及整网的角度出发，建立一个自防御网络安全体系，使网络中的每个元素包括交换机、路由器、防火墙、IPS 都成为防御攻击的防御点，并且能够互相协作，保证网络设备自身和网络系统的安全。同时在出现网络病毒时，必须要有有力的工具能够准确定位出攻击的源头、类型及路径，并且能够采取切实的措施缓解攻击，而这些都不是目前的网络所能做到的。

（4）网络缺乏整体的规划

A 区政府的政务网络经过多年的建设，已经建成一个相对较大的网络，覆盖了政府办公所需的绝大部分区域。但由于网络建设是逐步进行、逐步增加的，因此整个网络缺乏一个整体的规划。例如，在 IP 地址分配、VLAN 分配、设备命名管理、安全区域划分、安全策略等方面缺乏统一的规划和管理，这必然会增加管理的工作量，容易造成管理上的混乱，不利于网络系统的维护与运行。又如，路由器接入区域，应该对每一台路由器有一个清晰的划分，哪一台连接外管网络，哪一台连接居委会、街道办事处，都应做统一的管理和安排。

（5）缺乏网络设备件更换和服务

目前，A 区政府的政务网络系统的设备已经过了保修期，应考虑接入层设备、核心设备在出现故障时，由专业的合作伙伴提供备件更换和升级等服务。而接入层设备可考虑多配置几台，以便在产生故障时及时替换。

综上所述，为应对新的网络技术的发展和 A 区政府对网络性能、可靠性、安全性方面提出的全新要求，必须对现有的网络系统进行升级改造，建设一个安全、可靠、高速、可扩展、易管理的网络，保证网络系统能够有力支撑 A 区政府的日常工作。

4.5.2　需求分析

针对 A 区政府政务网络系统的现状，需要从网络可靠性、网络性能、网络安全、网络规划、网络管理等方面出发，以实际需求为依据，力争通过本次网络升级改造，为 A 区政府的政务办公提供一个高速、可靠、安全、易管理有服务保障的网络系统平台，实现数据信息的安全、快速交换和传输。为此，下面先从网络系统的可靠性和性能建设、安全建设、投资保护建设、网络规划建设、网络维护服务建设等方面进行分析。

（1）网络可靠性需求

A 区政府的政务网络系统的可靠性保证需要从下面 4 个方面考虑：

1）增加设备的可靠性，即增加关键设备（如核心交换机、路由器）的可靠性。增加设备的可靠性可以通过增加核心部件的冗余来达到，如冗余电源、冗余引擎、冗余板卡等。

2）增加系统的可靠性，即从整个系统上保证可靠，如采用两台核心交换机互连，以保证它们能够互为冗余和负载均衡；从接入层交换机来说，可采用双链路上联的方法来增加链路的可靠性。

3）充分考虑核心交换机、路由器等设备的操作系统的可靠性和成熟程度，即要考虑该厂商的交换机和路由器是否已经得到多年的大规模的应用，性能是否稳定，是否在防止网络攻击方面要有很好的预防机制从而保证系统的不停顿运行，是否能在系统出现故障时保证系统的快速切换，从而提高可靠性。

4）所采用的核心交换机支持在线诊断功能，以便在业务运行情况下对设备进行诊断，及早发现问题并及时处理。

（2）网络性能需求

网络性能需求需要从下面 3 个方面来满足：

1）速率上必须采用至少千兆主干、百兆到桌面这种方式，即核心交换机与接入层交换机之间、核心交换机与路由器之间、核心交换机与防火墙之间均采用千兆链路连接；核心交换机与核心交换机之间采用多条千兆链路做捆绑，以提高速度和可靠性。

2）所采用交换机和路由器应该具备良好的 QoS 机制，保证在出现网络拥塞情况下依然能够保证关键业务的快速转发。

3）由于新的网络安全解决方案要求交换机和路由器也同样具备安全功能，特别是核心交换机将来有可能扩展高级智能服务（如入侵检测、防火墙、VPN 等），因此要求所采用的交换机和路由器在处理这些安全、无线等业务的同时能够保证数据包的线速转发。

（3）网络安全需求

目前，A 区政府的政务网络在安全方面的措施主要是在网络的边界设置了防火墙，而在大院网络、各接入区域均存在不同的安全隐患，常常存在发现病毒却无法定位病毒源头和病毒类别的困境。旧的做法已经不能适应新的安全形势的要求，因此，安全建设应从下面几个方面考虑：

1）所采用的新的交换机和路由器必须具备较好的安全性能，如有 DHCP 监听、动态 ARP 检测、集成防火墙功能、IPS 功能，可保护设备自身和网络系统的安全。

2）除了连接 Internet 区域设置防火墙外，对进出各居委会、街道办事处等接入区域的数据流量进行过滤和检测，防止一些非法应用和病毒感染 A 区政府内部网络。

3）在连接 Internet 的路由器内集成入侵防火墙系统，随时监测进入区政府政务网络的异常流量。

4）针对病毒发生时病毒源头、种类、攻击路径的定位困难，增加一套对整个网络进行安全分析、监控和响应的安全监控系统，以直观的、图形化的界面监测网络系统的安全状况。

（4）投资保护建设

经过多年建设，A 区政府的政务网络已初具规模；在前期的网络建设中，A 区政府投入了大量资金进行系统的建设；因此，在本次网络升级改造中，必须考虑到保护用户投资的需求，即要保护 A 区政府所采购的网络设备，比如价格不菲的核心交换机和路由器的板卡。因此，本次网络升级改造中，所采购的设备必须与原有的板卡做到兼容，尽可能保护用户投资。

（5）网络整体规划建设需求

本次网络升级改造应包括对整个网络重新进行整体的规划和部署，优化网络性能，以求最大限度地发挥网络系统的效益。

（6）网络维护服务建设

在本次网络升级改造中，怎样满足为 A 区政府在产生网络硬件和软件故障时提供足够的技术支持、保证硬件故障设备能够及时地更换和维修也是必须要考虑的问题。

故障和提供备件的响应速度是必须考虑的一个因素，必须结合 A 区政府的实际情况，选取合适的服务内容。

综上所述，在本次网络升级改造方案中，必须体现 A 区政府的上述要求，提出经济、合理的网络规划方案。

4.5.3　网络系统建设原则

在网络设计中，一定要从网络、服务器、工作站的互连性以及支持 A 区政府未来的应用系统出发，设计一个符合网络主流发展，具备足够可靠性、安全性和易管理性的网络系统。

考虑到网络系统对 A 区政府日常管理工作的重要性，在本网络的设计中，首要考虑的重要因素就是系统的可靠性。网络应该具有一定的容错能力，在设计中尽可能地减少单一故障点，以使该网络不会因为某一设备的损坏或某一信道的故障而导致全部或部分瘫痪。另外，网络的性能、网络的安全也是设计网络必须考虑主要因素，在设计中不但要考虑满足当前的应用，而且要考虑到今后相当长一段时间内的发展，具体需要考虑以下因素：

1）设备的先进性与成熟性。为了保证正常稳定地运行，本网络系统的建设应该采取目前已经在工业界经过考验的，证明为成熟、可靠的技术和方案，并能够根据技术的发展平稳地向新技术过渡。

2）网络方案设计的先进性。设计方案立足于先进技术，采用最新的科学技术水平，使本网络系统的建设达到和具备国内乃至国际的先进水平。

3）设备和线路的高可用性、高可靠性。通过本次网络升级改造，A 区政府的政务网络的结构和设备、线路必须具有高度的可靠性和冗余性，以提供尽可能高的可靠性和可用性。

4）开放性和标准化。系统必须符合国际公认的有关标准，同时具有良好的开放性，以便和不同厂家的产品能够互操作和互连。

5）用户的投资保护。网络方案的设计必须能够保护用户以往的投资，能利用好现有的设备。

6）性能可扩展性。所有设备均可满足目前的需求，又能扩展以保障将来升级。考虑到今后的扩展性，建议骨干交换机留有相当的扩展插槽。又考虑到骨干交换机高性能的要求，交换引擎的交换能力与背板的交换容量必须足够大，背板的交换容量原则上应远大于（至少等于）交换引擎的交换能力，以防交换机所有端口同时交换时在背板形成瓶颈，且便于今后升级引擎时不需更换背板，保护用户的投资。

7）良好的层次性结构和可伸缩性。应该采用层次性的系统设计原则，这样既可以方便网络的管理和路由的设计，帮助进行网络查错和诊断，也可使网络具备良好的可扩充性，能够随着网络的发展不断进行扩充，以满足 A 区政府不断发展的需要。

8）高性能设备。由于当前应用对网络的带宽和时延、服务质量提出了越来越高的要求，因此，网络设备的选型和设计必须采用经过实验测试的高性能的设备，并能够提供一定的服务质量的保证，让关键和重要的应用有充分的带宽和服务质量保证。

9）良好的安全性。网络应该具备强大的安全性机制和方法，能够保护和隔离敏感性的信息和机密文件，能够完全保证内部的安全性。

10）易于管理。网络设备必须支持常用的管理协议和标准；网络管理软件应该可以对网络系统进行全面的监控和管理、配置，并能够帮助管理员对网络和系统故障进行诊断、排错、分析与规划。

11）合理性能价格比（P/C）。方案应该有良好的性能价格比。

12）正确的合作伙伴。建设网络不仅仅是购买设备，网络建成之后，还要进行运行维护、升级换代并部署新的技术和应用，以适应业务发展的需要。因此，选择正确的合作伙伴非常重要。这个合作伙伴应该是一个业务迅速稳定增长、不断投资研究开发新技术和新产品的公司，同时也是能为客户提供长期优质服务的公司。这个合作伙伴的技术和产品应该代表未来技术的发展方向，只有这样，投资才能得到可靠的保证。

依据前面系统需求分析及设计原则的要求，在本次网络建设中建议使用 Cisco 的产品来构建网络平台。作为在技术和市场上领先的厂商，Cisco 能提供最全面的产品线和各种领先的技术，帮助用户方便灵活地建设各种类型的网络；同时，由于拥有丰富的在各种环境下部署网络系统的实施经验，Cisco 能够提供多种多样的解决方案和解决实际问题的能力，可基于开放性和标准性的体系结构，提供最大的兼容性。Cisco 历来坚持协议的标准化、技术的先进性和产品的互连性，能保证其产品体系适合于各种实际的应用环境，并不会在与用户现有体系融合或在进行扩展时遇到不可逾越的难题。

4.5.4　网络系统设计

在 A 区政府的政务网络升级改造中，我们采用分层、分区域方式进行设计。

1．网络核心层设计

核心交换机作为整个网络系统的核心，是所有业务转发的中心，必须保证数据包的快速、安全转发。因此，可靠性、安全性和高性能是首先要考虑的因素。

A 区政府的政务网络原有两台 Cisco Catalyst 6506 交换机，但只有一台能够正常运行，因此必须增加一台核心交换机，与原有的核心交换机组成双核心，保证足够的可靠性。由于新增加的核心交换机性能更强，因此正常情况下将这台交换机设置为主用的交换机，当出现故障时，能够快速切换到备用交换机上，保证系统的可用性。考虑到原有的损坏的核心交换机上配置有多个板块，因此必须充分考虑用户投资，保证新增交换机可以兼容原有的模块，即 WS-X6224-100FX-MT，WS-X6408-GBIC，WS-X6248-RJ-45 和 WS-X6148-RJ-45。

在本次网络升级改造中，新增一台 Cisco Catalyst 6509-E 核心交换机。新增核心交换机配置 1 块 Cisco Supervisor Engine 720 引擎，配置 2 块 3000W 电源模块，配置 48 口光纤线卡模块（配置多模模块 48 块），配置 1 块 48 口 10/100/1000Mbit/s 电线卡模块。

既有的核心交换机需增加一块 48 口光纤线卡模块（配置多模模块 48 块）、增加 1 块 48 口 10/100/1000Mbit/s 电线卡模块。

两台核心交换机之间采用 2 条千兆电链路作链路捆绑，增加系统的可靠性，提高带宽。

2. 网络汇聚层设计

A 区政府的政务网络原设置有 3 台 Cisco Catalyst 4003 交换机，这些交换机均作为汇聚层交换机，用来汇聚来自本区域接入层交换机的数据流量后转发给核心交换机。这部分已经建设好，但必须保证汇聚层交换机有两条链路上联核心交换机，以保证系统的可靠性。

3. 网络接入层设计

根据实际情况，接入层设计有如下两种方案可供选择。

方案一：考虑到原有的 Cisco Catalyst 2924 交换机性能较差（采用的是十兆到桌面，百兆到核心），速率较低，且在安全、QoS 方面无法满足未来提出的挑战，如 QoS 方面无法对二层、三层和四层的数据报信息进行有效分析，而安全方面缺乏相应的 DHCP 监听等特性，故在接入层，建议采用 Cisco Catalyst 2960 交换机，该款交换机不但在安全性、QoS、可靠性方面具备出色的性能，而且更容易管理，管理界面更直观化，适应 A 区政府对网络系统提出的要求。

由于目前部署在 A 区政府的政务网络系统的接入层交换机 Cisco Catalyst 2924 和 Cisco Catalyst 2948 共有 40 多台，因此方案一需要新购置楼层接入层交换机共计 40 多台，接入层交换机通过千兆光纤链路连接两台核心交换机，以保证充分的可靠性。

方案二：最大限度地保护 A 区政府原有的投资，即在接入层保留使用原来的 Cisco Catalyst 2924 交换机。新增核心交换机后，方案二仍采用百兆链路连接核心交换机，速率较低，不能满足 A 区政府对网络系统提出的要求。

具体选择哪种方案需要根据实际情况进行分析，还需考虑成本等关键因素。

4. 服务器群网络设计

A 区政府政务网络系统共部署有 30～40 台应用服务器，放置在防火墙后的隔离区（Demilitarized Zone，DMZ）。网络系统的可靠性从一定程度上来说就是保证应用服务器的可靠性，必须确保应用服务器随时都可以访问。同时，由于应用服务器的访问量又是非常大的，因此必须有专门的一台交换机用于连接服务器，这样既结构清晰，又方便管理。应用服务器所在区域无疑是网络流量最大的区域，因此，要求该区域的交换机必须有足够的背板带宽和充分的可扩张性，如目前的主流是千兆，但随着信息爆炸性的增长，网络所需传输的数据越来越多，万兆技术正在得到越来越广泛的应用，因此服务器群交换机除了足够带宽外，还必须支持万兆以太网的扩展。同时，由于服务器群区也是病毒、网络攻击最多的区域，所配置的交换机必须具备一定的安全性能。

基于上述考虑，建议在服务器群区增加一台 Cisco Catalyst 6500 交换机。

配备了 StackWise Plus 的 Cisco Catalyst 6500 系列交换机是一个企业级独立式可堆叠配线间交换机系列，支持安全融合应用的部署，并能根据网络和应用需求的发展，最大限度地保护投资。通过将 10/100/1000Mbit/s 网卡模块和以太网供电（PoE）配置与万兆以太网上行链路相结合，Cisco Catalyst 6500 能够支持 IP 语音、无线和视频等应用，提高员工生产率。

5. 网络安全设计

了解、防范和消除网络面临的各种威胁，实现真正的网络安全，已经成了网络发展中最重要的事情。网络安全系统作为对网络建设的必需部分，将进一步提高整个 A 区政府的政务网络的信息化安全水平，保证网络系统的可靠性。传统的安全解决方案都是一种分立式的解决方案，而病毒的来源是多方面多层次的，分立式的解决方案无法对病毒的入侵和扩散进行有效的预防，尽管已经购置了防火墙、防病毒软件等安全设备，但都无法有效阻止病毒的肆虐。造成这种状况的原因就在于这些设备无法组成一个自防御的网络，无法根据不同的病毒产生不同的“抗体”，从而进行有效的防御。

网络安全始终是网络规划设计中全程需要考虑的因素，主要包含贯穿始终的安全策略、安全评估和安全管理；而在技术层面上需要考虑实体的物理安全，包括网络的基础结构、网络层的安全，操作系统平台的安全，应用平台的安全以及在此基础之上的应用数据的安全。

在网络安全设计中用到的最关键思想之一是划分安全区域，不同的区域有不同的安全需求。根据这些安全区域的需求，制订不同的安全策略，应用不同安全设备，确保各区域的安全性。在划分安全区时，考虑到一些设备所担负的任务更容易受到网络攻击，如面向 Internet 服务的 Web 服务器，所以用安全性较低的区域将这些设备与包含更敏感和不易受攻击设备的区隔离开来。

基于以上考虑，本次网络升级改造中，在 Internet 出口边界或者市信息中心仍采用天融信的防火墙，主要对进出 Internet 的数据流量通信进行过滤，开放所需要的服务通过，而应用服务器统一挂接在防火墙的隔离区（DMZ），以保证接入因特网的安全。A 区政府的政务网络除了与市信息中心、Internet 连接外，还必须将区政府下辖各个下属单位、居委会、街道办事处、外管网络连接起来。这些区域网络也应该做一个划分，方便在产生病毒和攻击时定位源头，从而保证做到快速响应，增强整个网络系统的安全。如利用新增的 Cisco ISR 3845 路由器实现 IOS 防火墙和 IPS 功能，能随时监测到从其他下属单位传输来的非法流量和蠕虫病毒，保证分 A 区政府大院网络的安全；而且将来如果需要，还可以利用 Cisco ISR 路由器实现 VPN 功能。Cisco 的 VPN 可以支持语音、视频、数据和绝大多数应用，在 VPN 上保证 QoS；外出员工访问内部网络，可以通过 Remote VPN 实现，Cisco 路由器可以同时支持 LAN to LAN VPN 和 Remote VPN。从网络运营维护的角度和对安全的响应速度来说，过去的网络设备只会产生各种各样的安全事件记录，对于这些海量数据需要有专业的人员去分析、整理，而且各个网络设备之间发生的事件缺乏关联，因此需要一套监控、分析系统，对整体网络安全状况和发生的事件进行汇总、统一和分析，以减轻维护的工作量和在发生安全事件时确保以最快的速度找到网络攻击的源头和攻击路径，采取有力的措施缓解攻击，这就需要 Cisco 的一套 MARS 系统。

鉴于上述分析，A 区政府的政务网络系统的安全规划如下：

（1）政府大院网络边界安全防火墙设计

在 A 区政府的政务网络接入 Internet 的安全区域，设置状态防火墙，对进出的流量通信进行实时状态检测，保证边界安全。

由于在前期建设中，A 区政府已经采用天融信的防火墙，这次网络升级改造方案在这里不再赘述。但应该考虑到防火墙的速率、可靠性以及防火墙在深层检测方面的性能，因为现在网络病毒的传播都是通过合法的应用进来的，所以面对新的安全形势，要求防火墙应该具备深层监测能力，能够检测到应用层里面的非法应用。另外，从可靠性上考虑，应增加一台防火墙，组成双机冗余备份，以提高系统可靠性。防火墙与路由器、核心交换机之间应该全部采用至少千兆链路连接。

由于防火墙保证了网络通信的安全，但为了有效防止蠕虫病毒、间谍软件、恶意代码等网络攻击行为，还必须配备 IPS，以实时对网络入侵和攻击行为进行识别、拒绝，保证网络安全。

在接入 Internet 区域，我们在新增的 Cisco ISR 3845 路由器上，利用其强大的安全性能，集成入侵防御系统功能。

（2）街道办事处、居委会等接入安全设计

街道办事处、居委会、外管中心网络通过帧中继或者 ADSL 方式接入到 A 区政府大院网络。这些区域网络可能存在着安全隐患，必须加以防范。因此，在这个区域安全解决办法是在新增的 Cisco ISR 路由器上部署集成式 IPS 和 IOS FW。通过 IOS FW 和 IPS 监控各个接入区域进出的流量，及时发现网络中的行为，防止非法应用。通过集中式的分析监控响应系统（MARS）建立起一套自适应的自防御系统体系，IPS 在检测到攻击时不仅可以联动路由器等设备，而且通过 MARS 可以自适应的启动其他安全区域的安全设备的签名文件，从而有效防御新发现的病毒和攻击。

整个安全解决方案的一个关键部分是网络防火墙，负责监视穿过网络周边的通信及根据安全策略加以限制。周边路由器可见于任何网络边界，例如专用网络、内部网、外部网或 Internet 之间。

（3）VPN 设计

大院网络与街道办事处、居委会之间的部分节点，如果采用 ADSL 连接，由于其需通过 Internet 连接到 A 区政府的政务网络，这必然会带来安全上的较大隐患。这种情况下，VPN 是一种很好的解决方案。VPN 涉及两个层面：一个是大院网络与街道办事处、居委会之间（用 ADSL 上网的部分节点）点对点的 VPN 连接；另一个是对外出员工访问内部网络的远程 VPN 连接。Cisco ISR 路由器可同时支持这两种连接。

VPN 业务采用业界最成熟的 IPSec VPN，采用的方式可以是点对点的，也可以是动态的 VPN。随着 A 区政府分支机构的增多，为了减少管理的工作量，建议采用动态 VPN，这样可使扩展性更好。外出员工访问内部网络则采用 Remote VPN。而且 Cisco ISR 路由器也同时支持基于 Web 的 VPN，更方便客户的使用。

（4）网络安全监控、分析、响应设计

网络系统包括各种各样的网络设备，而这些设备每时每刻都有可能产生各种各样的安全事件记录，因此，在本网络设计中配置一套 CS-MARS-20-K9。

Cisco 安全监控、分析和响应系统（Cisco 安全 MARS）是一款基于设备的全功能解决方案，是 Cisco 安全管理生命周期的一个关键组件，可帮助用户的安全和网络机构识别、管理和抵御安全威胁。它可充分利用现有的网络和安全投资，来识别、隔离被攻击的组件和建议对其精确删除的方式。

6．下属单位互连和 Internet 宽带接入设计

A 区政府管辖有多个下属单位和机构，包括居委会、街道办事处等，其政务办公网络也涵盖了这些区域，必须实现互连互通，另外，与机关大院外单位网络、外管中心也必须连通。目前，网络接入技术有各种各样的方式，有专线、ADSL、以太网、MPLS VPN 等。采用何种接入方式必须从速率、安全、运营费用和应用等方面进行全方位的衡量。

A 区政府的政务网络中下属单位互联的接入方式主要有帧中继、ADSL 和 MPLS VPN 等。居委会、街道办事处、外管单位采用 ADSL 的接入方式，在本次网络升级改造中不作改动，但增加上述所说的安全设置。

区政府大院与机关大院外单位网络采用 MPLS VPN 方式接入，直接连接 Cisco Catalyst 6506 交换机。建议在本次网络升级改造中，将这种接入方式割接到 Cisco ISR 3845 路由器上来，其他不作改动。

原有的 Internet 宽带接入采用一台 Cisco 3640 路由器，但该款路由器在处理能力、速率、安全性能、内存等方面都不能满足 A 区政府的要求，应该购买一台性能更强的路由器，而 Cisco ISR 3845 路由器无疑是最适合不过的。但在前期网络建设中，A 区政府已经购置了 Cisco 3640 路由器的很多板卡，因此新购置的 Cisco ISR 3845 路由器必须能最大限度地兼容以前的板卡，最大限度地保护用户投资，并配置双电源，以提高系统可靠性。

同样，在本次网络升级改造，各属下单位的互连设备改用 Cisco ISR 3845 路由器替代 Cisco 3662 路由器，并配置双电源，以提高可靠性。

7. 网络整体规划

从管理上来说，可以通过对 VLAN 和 IP 地址做一个统一的规划，从而可以从 IP 地址、VLAN 等信息了解各台路由器的归属情况，方便管理。

（1）IP 地址分配原则

IP 地址是 TCP/IP 协议族中的网络层逻辑地址，它被用来唯一地标识网络中的一个节点。通常用于 IP 地址分配的技术包括可变长子网掩码技术（Variable Length Subnet Mask，VLSM）和路径叠合技术（Route Summarization，RS）。

网络系统 IP 地址的分配应遵循以下几个原则：

1）可管理性。为便于网络设备的统一管理，分配一段独立的 IP 地址段做网络互连地址和管理地址。

2）层次性。IP 地址划分的层次性应体现出网络结构的层次性。

3）灵活性。充分利用无类别域间路由（CIDR）技术和变长子网掩码（VLSM）技术，合理高效地使用 IP 地址。

4）唯一性。一个 IP 网络中不能有两个主机采用相同的 IP 地址。

5）简单性。地址分配应简单易于管理，降低网络扩展的复杂性，简化路由表。

6）可扩展性。地址分配在每一层次上都要留有余量，在网络规模扩展时能保证地址叠合所需的连续性。

另外，为了灵活地在不同规模的子网中分配不同数量的 IP 地址，可采用 VLSM 技术，它可根据需要在任意位划分子网边界，对一个主网络号，可分出最小只有两个主机号的子网，亦可划分出一个较大的子网，因此它很灵活。特别是在广域网中，只需两个主机号地址时，VLSM 非常有用，既能大大节约地址空间，又保证了网络设计的灵活性。

采用 VLSM 时应注意以下 3 点：

1）事先要有规划，使子网以可叠合的块进行分配。

2）可能会造成对已有网络地址的重新设置。

3）新的网络必须仔细规划地址分配。

（2）VLAN 规划原则

网络的 VLAN 设置和 VLAN 间的三层交换都在核心交换机 Cisco Catalyst 6509-E 上进行。

Cisco 是通过 VTP 来管理 VLAN 信息的，网络可划分一个 VTP 域，其主要优点如下：

1）配线间交换机的 VLAN 信息从相应的核心交换机或中心交换机获得，不需要分别对每台配线间交换机单独划分 VLAN，在核心交换机和中心交换机上既可设置所有 VLAN，方便管理和维护。

2）VTP 具有 VLAN 修剪功能，用以提高网络传输效率，可减少不必要的广播包的传输。尤其是当网络中 VLAN 数量巨大时，此项功能非常重要。

3）VLAN 划分原则上按部门划分，即每个部门划分一个 VLAN，同时对特殊需求部门、特殊应用和特殊服务器单独划分 VALN。

8．网络拓扑

图 4-5 所示为方案一的拓扑图。

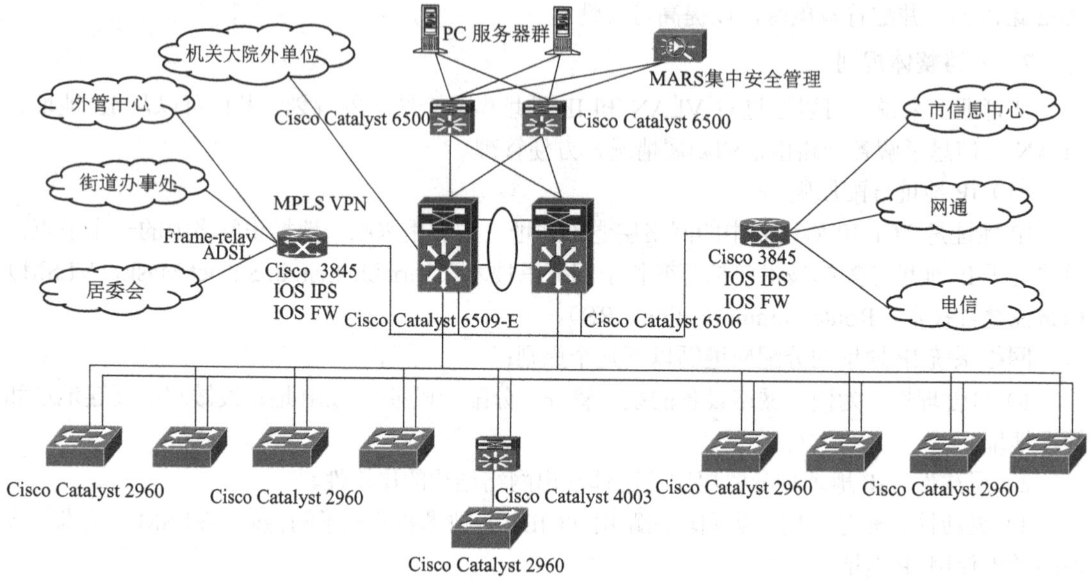

图 4-5　方案一的拓扑图

图 4-6 所示为方案二的拓扑图。

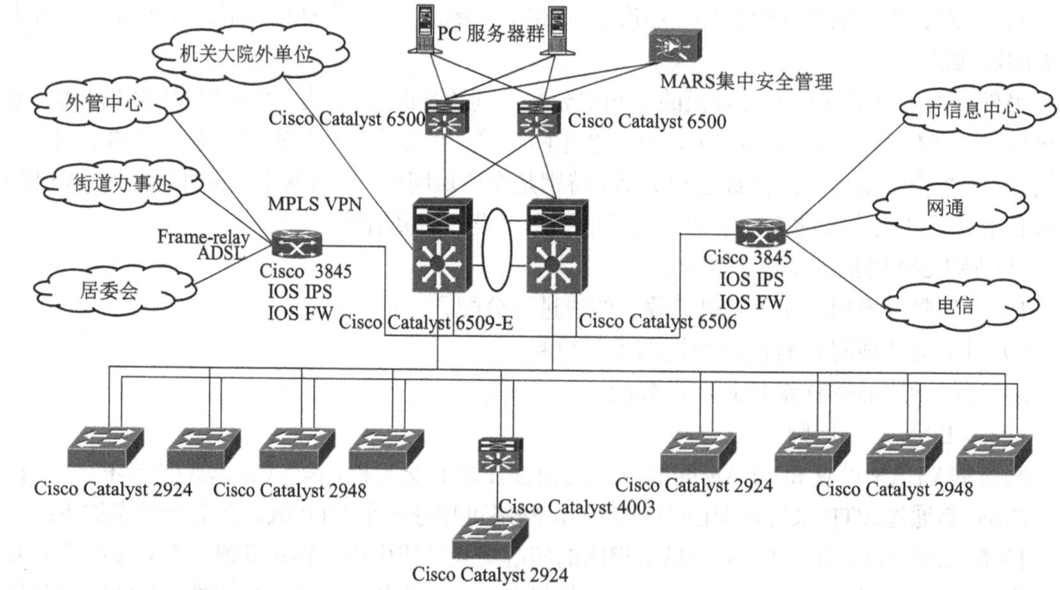

图 4-6　方案二的拓扑图

4.5.5　网络系统 QoS 的实现

未来业务的快速增长预期以及多服务、多用户类型的出现对当今的网络提出了新的要求。随着服务供应商和企业都将业务和应用整合到基于交换的基础设施，人们越来越无法接受传统的“尽力而为”流量处理方式。一个可以确保用户体验的网络必须能够在流量经过网络传输的过程中，通过评定每个用户组及其各种应用的相对重要性，采用不同的方式处理流量。随后，网络必须使用评定的等级对相应的业务流排定优先级。最关键的应用被划分为价值最高的用户流量，并被赋予“保证体验”的优先级。中层应用流量可以优先处理，但是优先级较低——“增强传送”。最低优先级的应用流量按“尽力而为”处理。

因此，我们需要一种方法，以保证当网络传输发生或即将发生拥塞时，可以根据不同的应用数据，对其进行不同优先级别的传输处理，也即保证关键业务流量的优先传递，这就是 QoS（服务质量保证）的由来。

不同类型的应用数据，对网络传输有着不同的要求。IP 网络中的 QoS 赋予网络传输设备一种智能，使它们能够在网络带宽紧张时，依据策略优先处理某些数据，即 QoS 可以让网络管理者们控制网络带宽、延迟、抖动和数据包的丢弃。QoS 不只是网络设备上的功能，也不仅是数据链接层的功能，而是一个端到端的系统体系。一个功能强大的 QoS 解决方案包括广泛的技术，并要求在整个网络范围提供良好的扩展性以及不依赖于任何介质的服务，并且具有系统监测和配置能力。

由于 QoS 需要大量的处理计算，因此我们把这些工作分配到网络边缘与核心设备，可能是交换机或路由器，其中边缘设备进行数据流的识别和基于用户策略的数据包的分类、提供带宽管理，核心设备加速 QoS 数据包的转发。

4.5.6　网络运维安全设计与实现

伴随着网络的发展，企业资源、个人数据机密变得非常容易被获取，黑客门越来越频繁地通过各种不同方式，如身份伪装、数据窃听、数据篡改、拒绝服务及散布计算机病毒等对网络入侵和威胁，这都是我们在组建一个健康的网络时需要小心防范的。如何才能确保我们的网络能够正常的运作，关键是要制订一整套完善的安全策略，其中包括身份鉴别，以及数据完整性、数据保密性和实时网络健康状况核查。为此，提出了以下几方面的网络安全措施。

1．用户安全管理

（1）端口与 MAC 地址的绑定

交换机的端口连接到用户的网卡，每一个网卡都有一个全球唯一的 48 位 MAC 地址。任何用户申请开通上网业务时会登记 MAC 地址，网络管理员注入系统数据库，并起用端口的安全特性，使每个端口可静态设置多个 MAC 地址。如果有非法 MAC 地址入侵，交换机会通过 TRAP 警告网络管理员。这种方式安全性高，但管理复杂。

（2）限定端口的同时连接 MAC 数

此种方法无须做 MAC 地址和端口的静态绑定，只限制每端口同时连接的 MAC 地址数量。当连接数超过限定数值时交换机可以自动关闭此端口或向系统管理员 TRAP 告警。

（3）流量限制技术

通过对用户接入端口进行速率限制，保证用户不可以超越某个速率上限。一旦发觉某一端口流量异常，则可以认为有太多突发流量通过此端口进入业务网络，网络管理人员可以马上关闭此端口，并通知客户。端口级速率限制比通过 IP 地址限速的好处是简单，即不需要识别每个用户的 IP 地址，然后设定大量地针对每个 IP 地址的速率控制内容。当然，这样做的缺点是一个用户必须占用一个物理端口。而根据 IP 地址的限速就可以允许用户复用一个物理端口。

（4）广播抑制技术

限定用户端口广播包的转发速率，以防某些用户的恶意或异常事件对网络带宽的浪费或影响其他用户，此项技术同样适用于 Trunk 端口。

（5）专用 VLAN 技术

专用 VLAN（Private VLAN，PVLAN）是第 2 层的机制，在同一个 2 层域中有两类不同安全级别的访问端口。与服务器连接的端口称为专用端口（Private Port），一个专用端口限定在第 2 层，它只能发送流量到混杂端口，也只能检测从混杂端口来的流量。混杂端口（Promiscuous Port）没有专用端口的限定，它与路由器或第 3 层交换机接口相连。简单地说，在一个专用 VLAN 内，专用端口收到的流量只能发往混杂端口，混杂端口收到的流量则可以发往所有端口（混杂端口和专用端口）。图 4-7 给出了同一专用 VLAN 中两类端口的关系。

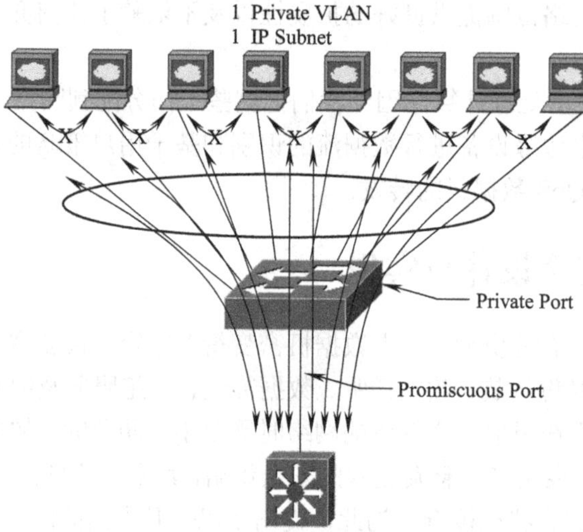

图 4-7　同一专用 VLAN 中两类端口的关系

专用 VLAN 的应用对于保证接入网络的数据通信的安全性是非常有效的。用户只需与自己的默认网关连接，一个专用 VLAN 不需要多个 VLAN 和 IP 子网就提供了具备第 2 层数据通信安全性的连接，所有用户都接入专用 VLAN，从而实现了所有用户与默认网关的连接，而与专用 VLAN 内的其他用户没有任何访问。专用 VLAN 技术可以保证同一个 VLAN 中的各个端口相互之间不能通信，但可以穿过 Trunk 端口。这样即使同一 VLAN 中的用户，相互之间也不会受到广播的影响。

2．设备级安全

网络的安全性很大程度体现在网络的主干设备上。如果网络设备容易遭受攻击，整个网络的安全性就无从谈起。为了保护计算机网络系统的设备不被未授权的非法访问和操作，可采用下述的安全设计：

1）设备交互式访问的安全管理。

2）分级特权登记。

3）Cisco 的网络管理协议版本 3 支持网络管理主机的 IP 地址指定和口令指定，除 community 参数外更增加了额外的安全性。

4）Cisco 的路由器产品支持基于 Cisco 特快交换（Cisco Express Forwarding，CEF）的反向路径验证，可以有效防止地址欺骗。

5）通过访问控制列表的设定，可以防范拒绝服务攻击。

6）Cisco 的交换机产品可以设定某一种数据风暴的上限，以此抵御广播风暴或拒绝服务攻击。

7）对全网设备的 NTP 时间进行同步，对所有重要事件进行 Logging。

8）将某些不必要的端口设置为 Passive，以防路由泄露。

3．应用程序级安全

可以建立高速骨干网络上的虚拟专网，并且采用网络级的加密手段，从而保证了网络本身的安全性。但是为了确保数据传送的安全性，还需要在数据传送之前采用一定的加密程序对数据加密，以确保应用程序级的安全，保证数据传送不被破译。

4．网络互连时的安全性

本系统是一个互连的网络系统，在将来还可能会涉及其他系统，因此需要确保系统内部网络与其他网络互连的安全，保证进入内部网络的访问都应该是已授权并受限的访问。可以采用以下两种方式来实现：

1）使用防火墙对访问者进行授权。

2）使用软件检测网络安全漏洞。

5．路由协议安全管理

路由协议安全管理可以根据路由协议的不同而设计。路由协议的加密可以防止路由协议更新包的欺骗和伪造，从而保证全网路由的可靠性。OSPF 可以根据每个 AREA 进行 MD5 加密，BGP 可以通过 MD5 进行加密。

6．网络安全的具体实现

（1）网络内容的安全性

在网络中，许多应用有着业务敏感性，需要对其传输的数据进行隔离。但由于这些应用是垂直管理的，二级单位的系统位于自己单位内部，为了隔离本单位，但又不修改自己的网络地址（同一二级单位都位于同一网络），可以采用 IPSec 技术，但需要额外配置 IPSec 设备，而且性能不高。采用 MPLS VPN 技术又要求额外的技术功能和知识。

在不增加设备和改变用户操作模式的前提下，在 Cisco Catalyst 6509-E 交换机、Cisco Catalyst 2960 交换机内配置 Private VLAN 功能可使位于同一二级单位的相同网络的用户互相不通。

也可以配置 VLAN Access List，即在同一 VLAN 内配置基于 IP 地址的过滤表。

上述两种办法均为线速实现，不影响网络速度。

（2）网络故障的诊断

诊断网络故障的最佳手段就是采用网络协议分析仪（如 Sniffer）将网络数据包采集下来，

对数据进行分析。为实现此功能需在交换机中实现端口复制功能，但一般端口复制仅限制于一台交换机。Cisco Catalyst 6509-E 交换机可将远端的 Cisco Catalyst 6506 交换机的端口复制给本地网络管理员，大大方便了远端管理。

（3）网络病毒的诊断

目前，网络病毒十分猖獗，严重地影响了网络系统。常规的解决办法是采用网络故障诊断手段，配置端口复制功能，用 Sniffer 去发现病毒源，但这一办法效率不高。通常找到病毒源后，用杀病毒软件将病毒杀除。可以在网络内部，在 Cisco Catalyst 6509-E 交换机内配置数据流统计功能，以实时发现病毒源。

（4）协议及服务的安全性

在网络中运行着很多协议，包括路由协议和各种为上层应用服务的广域网、局域网协议等。路由器上也存在着很多服务，有些服务是网络运行所必需的，必须打开它，而有些服务是对网络运行无关紧要或无用的，可以关闭。正是这些网络协议或服务，确保了网络系统的正常运行，因此，首先应确保这些网络协议或服务的安全性。

对这些路由协议和各种上层应用服务的协议，我们应区别对待。首先，对于网络运行所必需的协议，如路由协议等，我们不但应正常运行，而且必须加以保护，以防非法路由器加入或伪造的路由信息。那么，系统如要鉴别出哪些路由信息可靠，就必须采用一些加密技术或邻机校验方法，以完成认证。对于与网络运行无关紧要或无用的协议，应严格限制或关闭，而对于对网络运行有危害或本身有安全缺陷的协议，则应关闭，例如 finger 等。

对于本网络的具体网络环境，建议采用以下命令关闭一些应用或服务：

```
no service finger                /* disable finger,   no use
no service pad                   /* disable X.25 PAD
no service udp-small-servers
no service tcp-small-servers
no ip bootp server
```

在具体网络接口下，可关闭以下一些服务：

```
no ip source routing
no ip redirects
no ip directed-broadcast
no ip proxy-arp
```

同时，为增强安全性，应打开以下一些标记时间和密码加密，设置系统 LOG 功能等服务：

```
service timestamps debug datetime msec        /* logging with date & time
service timestamps log datetime msec          /* logging with date & time
service password-encryption
logging buffered 16384 debugging              /* logging to router buffer
logging trap debugging              /* define syslog   level
logging source-interface Loopback0            /* define source sent to syslog
logging 10.1.1.10
```

在路由协议安全性方面，可以采用路由器邻居相互校验，校验方式可以是明码方式或 MD5 加密方式，对于 OSPF 可采用 MD5 校验方式，也可以采用明码方式。

通过明码或 MD5 加密方式校验，可以确保只有有效的路由器才能加入网络，从而能够避免非法的路由器或伪造的路由信息加入到网络中，使路由出错，导致网络瘫痪。

7. SNMP 的安全性

SNMP（Simple Network Management Protocol，简单网络管理协议）是一种访问网络设备的方式。使用 SNMP，用户可以收集网络设备的状态，配置网络设备。Get-Request、Get-Next-Request 消息用来收集状态信息，Set-Request 消息用来配置网络设备。在每台路由器都要配置 Community String，每一个 SNMP 消息都有一个 Community String 来进行校验，每个网络设备的 SNMP 代理上可以进行配置不同的 Community String 来进行读模式和写模式的访问。SNMPv1 的 Community String 是采用明文方式传输的，SNMPv2 的 Community String 采用 MD5 来进行加密，同时 SNMP 可以和访问列表结合起来，使指定的 IP 地址或端口才可以访问到网管信息。

8. 设备的安全性

对网络设备的访问与配置，主要有以下两种方式：控制口（Console）的控制和远程登录（Telnet）的控制。

（1）控制口的控制

控制口是完成网络设备最初是配置的，它一般用来直接接一个终端，另外，AUX 口作为辅助。通常，采用密码校验来控制用户访问 Console 口，默认设置是不需要密码就可以访问。我们可以通过以下方法来控制 Console 口的安全：

1）用户模式密码（只能用一些查看设备状态的命令）。

2）特权模式密码（能使用所有命令查看设备状态和配置设备）。

3）会话超时（Console 口没有使用一段时间后自动断开）。

4）密码加密（将密码以加密的格式保存）。

同时，可以和访问列表结合，以保证只有合法的地址才能访问设备。对于城域网的具体网络环境，我们建议采用以下一些命令来加强安全性（其中 exec-timeout 命令用来设置会话超时，access-class 用来设置合法的 IP 地址访问列表，login authentication 用来和 TACACS 或 RADIUS 结合实现集中认证）：

```
line con 0
line con 0
  exec-timeout 5 0
access-class 3 in
  login authentication String
line aux 0
  exec-timeout 5 0
  access-class 3 in
  login authentication String
!
access-list 3 permit 192.168.1.0 0.0.0.255     /* ACL limit vty access
access-list 3 deny     any
```

（2）远程登录的控制

通过远程登录到网络设备上，我们可以进入用户模式和特权模式，完成查看和配置设备的全部功能，一般的网络设备同时可以有几个虚拟终端口用来远程登录。我们用上面提到的控制 Console 口的方法来控制 Telnet 的安全，还可以用访问列表来限制远程登录的主机，或者可以通过设置 TCP 端口来控制远程登录的权限。以上方法都只有密码验证，没有用户名验证。此外，还可以用终端访问控制器访问控制系统（TACACS）来进行用户管理 Telnet 的访问权限。与 Console 口控制类似，可以采用下面一些命令来加强 Telnet 的管理（其中 exec-timeout 命令用来设置会话超时，access-class 用来设置合法的 IP 地址，login authentication 用来和 TACACS 或 RADIUS 结合实现集中认证）：

```
line vty 0 4
 access-class 3 in
 exec-timeout 5 0
 login authentication String
 transport preferred none
!
access-list 3 permit 192.168.1.0 0.0.0.255     /* ACL limit vty access
access-list 3 deny   any
```

9．用户的分级管理

在网络管理中，一般有许多不同角色的管理者，如网管操作员、一般网络管理员和高级网络管理员；同时，根据网络的区域划分，也可分为区域级网络管理人员和中心级网络管理人员。这些网络管理人员根据其职责的不同和所管理的网络范围、功能的不同，应该具有不同的权限。因此，对网络上的用户进行分级管理是十分必要的。

默认情况下，Cisco IOS 软件有两种模式：用户模式和特权模式。每种模式又可以设置 16 种不同层次的优先级别，用户可以对这 16 种不同层次的优先级别进行设置，从而使不同的用户具有不同的权限，可以执行自己权限范围内的命令，以完成不同的网络管理目的。同时，用户也可以对某个特殊命令进行编辑和组合，使它可以加入不同的优先级别，从而达到不同的管理目的。

根据本方案的网络规模、功能及区域，建议分为两类用户：区域网络管理和中心全网管理。每类又可分为以下 3 种不同的用户分级。

（1）区域网络管理分级

对于区域网络管理，网管人员只能对指定的部分网络设备进行管理和监控，其权限划定在一定的范围之内。

区域网络管理分为以下 3 种不同的用户分级：

1）区域网管操作员。区域网管操作员负责本区域内部的网络设备的监视，只能执行一些 show 类的用于监视的命令，如 show interfaces、ping 等，一般属于 Cisco IOS 软件的用户模式。

2）区域一般网络管理员。区域一般网络管理员负责本区域内部的网络设备的管理和维护，能够执行一些对主要配置影响不大的命令，如 show config 等。

3）区域高级网络管理员。区域高级网络管理员负责本区域内部的网络设备的管理和配置，同时与中心网络管理员协调处理区域之间的网络问题。能执行全部的命令，如升级 IOS 软件、参数配置、DEBUG 测试等，同时可以建立一些低级的用户账号。

（2）全网管理中心分级

作为一个大规模网络，网络系统设有一个总的全网管理中心，全网管理中心负责城域网全网的运行管理和维护。网管中心也应设置不同的用户级别，以完成不同的管理功能。同区域网络管理类似，建议分为以下不同级别：

1）中心网管操作员。中心网管操作员负责整个网络的监控，只有监控的权限，没有修改配置的权限，也只能执行一些对主要配置影响不大的命令，如 show config、ping 等。

2）中心一般网络管理员。中心一般网络管理员负责整个网络的管理和维护，能执行 Cisco IOS 软件用户模式全部的命令和特权模式部分的命令，如升级 IOS 软件、参数配置、DEBUG 测试等。

3）中心高级网络管理员

中心高级网络管理员负责整个网络的运行和管理，他同各区域高级网络管理员协调处理整个网络出现的问题，具有最高的权限，能执行全部的 IOS 命令，同时还负责整个安全策略的产生和执行、管理所有用户账号、分配不同的用户权限等。

以上这些用户分级应根据网络的具体情况及要求分别细化其功能，使其分别对应 Cisco IOS 软件的权限 16 种不同层次的优先级别，同时用户可以用 privilege exec level 等命令对某一层次优先级所执行的命令进行管理，从而达到灵活管理。

4.5.7 应用情况

针对 A 区政府的政务网络存在的各种问题，对现有网络进行了升级改造。通过本次网络升级改造，为 A 区政府的政务网络提供一个高速、可靠、安全、易管理、有服务保障的网络系统平台，实现数据信息的安全、快速交换和传输。

经升级改造后，A 区政府的政务网络的数据处理能力大大提高，办公效率也得到了很大提升。同时，网络的安全性、可靠性也进一步增强。整体来看，目前 A 区政府的政务网络属于较先进的政府办公网络。在本次改造过程中，除了解决已经存在的问题以外，还考虑到了将来的发展问题，在网络的可扩展性上也提供了有力的保证。

习题

1. 什么是网络瓶颈？网络瓶颈出现的原因有哪些？
2. 针对网络瓶颈产生的各种可能性，提出合理的解决方案。
3. 网络管理主要包括哪些方面的功能？
4. 网络管理方式主要有哪些？
5. 实践设计题

按着上级政府要求，C 镇政府在多年前已经组建了政务网络。随着业务的增加，与上下级的数据信息传输量也在急速增加，为此镇领导决定升级网络。

C 镇政府共有两幢办公楼。原来主干网采用百兆交换以太网，十兆到桌面，部分设备是共享的十兆集线器。中心机房位于 1 号楼的 4 楼，开设了 Web、FTP、E-mail 等服务，具有网络管理功能。

现在你作为网络工程师，要求分析镇政府网络现状，设计网络管理区域，制订网络升级方案。

项目 5　规划与设计银行网络

5.1　教学目标

1）掌握网络安全的基础知识。

2）了解影响网络安全的因素。

3）掌握网络安全软件的选择方法，并具备选择网络安全软件的能力。

4）具备选择高层次网络互连设备、服务器设备的能力。

5.2　工作任务

某城市商业银行由银行总部和 10 个营业网点构成，总部下设行政、运营等 10 余个部门，营业网点遍布全市各区域。为保证银行业务的正常进行，须在全市范围内建设一个城市商业银行专用通信网，实现银行总部与各营业网点安全、可靠的互连互通。

作为一名网络规划工程师，你需要分析银行系统的具体应用情况，选择合适的网络设备，为该银行系统设计合适的网络搭建与安全方案。

5.3　相关实践知识

银行、证券等金融行业的特殊性决定了其网络规划与设计必然会有特殊的要求。交易网络化、系统化、快速化和货币数字经是当前金融业的特点，这对金融信息系统的安全保密性提出了严格的要求。金融信息系统必须保证金融交易的机密性、完整性、抗抵赖性和可靠性，特别是在信息的访问控制、鉴别、审计、追踪等方面，有很高的要求。

具体在设计过程中，可从以下几个方面考虑：

1）所有安全和服务由硬件设备完成。软件系统在运行、存储中是不能保障安全的，因为很多重要信息都会在某个时间清晰地出现于计算机的存储器中，容易被不法分子窃取并利用，所以需要采用硬件设备才能保障安全。

2）实用可靠。要充分满足综合业务系统的实际需要，运行要可靠、稳定。

3）进行一体化系统设计。要保证综合业务系统的安全性、保密性，不是仅仅靠独立的安全保密设备就能实现的，必须从系统的角度进行考虑，进行一体化设计。

4）使用方便、操作简单、维护方便。金融行业的业务特点决定了其网络特性必须易于操作，同时在维护过程中应尽量体现简单、高效的特点。

5.4 相关理论知识

5.4.1 网络安全概述

1. 网络安全的概念

网络安全是指基于网络的互连互通和正常运行所涉及的物理线路和连接的安全、网络系统的安全、操作系统的安全、应用服务的安全和人员管理的安全等。总的说来，计算机网络的安全性是由数据的安全性、通信的安全性和管理人员的安全意识三部分组成。

2. 网络不安全的危害

Internet 的飞速发展给广大用户带来巨大便利，但也带来了巨大的威胁。根据官方的调查，美国每年因为网络安全造成的经济损失超过 170 亿美元，其中 75%的公司报告财政损失是由于计算机系统的安全问题造成的；超过 50%的安全威胁来自内部；只有 17%的公司愿意报告黑客入侵，其他的由于担心负面影响而未声张。

企业网络时刻受到各种各样的攻击，其后果是破坏信息的有效性和完整性，截获、窃取、破译重要机密信息。对于一个公司来说，网络攻击可能造成网站被远程控制，其中的文件可能被修改、删除，给公司造成负面的影响，而公司可能需要 1～2 周的时间来恢复网站；公司的客户资料被盗，其竞争对手就有可乘之机，因此不但同行间容易产生恶性竞争，甚至给公司的商业利益造成不可估量的侵害；公司的核心文件、客户合同、商业计划书如遭到窃取，会给公司造成毁灭性的打击。

3. 影响网络安全的因素

影响网络安全的因素有很多，任何小纰漏都可能导致严重的后果。

（1）网络安全技术的发展滞后

网络技术的发展可谓日新月异，新技术、新产品层出不穷，世界各国及一些大的跨国公司都在这方面投入了不少精力，可对很多产品本身的安全性来说，技术进展并不大，有的甚至还在沿用已淘汰产品的安全技术。

（2）操作系统本身的安全性低

目前流行的许多操作系统均存在网络安全漏洞。黑客往往就是利用这些操作系统本身所存在的安全漏洞侵入系统。

（3）物理电磁辐射引起的信息泄漏

计算机附属电子设备在工作时会经过地线、电源线、信号线将电磁信号或谐波等辐射出去，产生电磁辐射。电磁辐射物能够干扰甚至破坏网络中传输的数据，而这些电磁信号有可能被他人接收并经过提取处理重新恢复出用户信息，造成信息泄漏。

（4）计算机网络软、硬件技术的不完善

计算机专家在设计硬件和软件的过程中，不可能面面俱到，难免会留下种种技术缺陷，由此造成信息安全隐患。例如，Internet 作为全球使用范围最广的信息网，自身协议的开放性虽极大地方便了各种计算机接入，拓宽了共享资源，但作为其最基本协议的 TCP/IP 在开始制定时没有考虑通信路径的安全性，缺乏通信协议的基本安全机制，没有加密、身份认证等功能，在发送信息时常包含源地址、目标地址和端口号等信息。由此导致了网络上的远程用户在读写系统文件、执行根和非根拥有的文件时，在通过网络进行传送时产生了安全漏洞。

（5）计算机病毒的影响

计算机病毒利用网络作为自己繁殖和传播的载体及工具，造成的危害越来越大。Internet带来的安全威胁来自文件下载及电子邮件，其中邮件病毒因为其危害性强、变形种类繁多、传播速度快、可跨平台发作、影响范围广等特点，已成为目前病毒防治的重中之重。

（6）计算机网络存在着系统内部的安全威胁

计算机网络系统内部的安全威胁包括以下几个方面：

1）计算机系统及通信线路的脆弱性（自然和人为破坏）。

2）系统软硬件设计、配置及使用不当。

3）人为因素造成的安全泄漏，如网络机房的管理人员不慎将操作口令泄漏，有意或无意地泄密、更改网络配置和记录信息，磁盘上的机密文件被人利用，临时文件未及时删除而被窃取等。

（7）缺少严格的网络安全管理制度

网络内部的安全需要用完备的安全制度来保障，管理的失败是网络系统安全体系失败的重要原因。网络管理员配置不当或者网络应用升级不及时造成安全漏洞，使用脆弱的用户口令，随意使用普通网络站点下载的软件，在防火墙内部架设拨号服务器却没有对账号认证等严格限制，用户安全意识不强、将自己的账号随意转借他人或与别人共享等，都会使网络处于危险之中。

（8）非法入侵

非法入侵是指不法分子通过技术渗透侵入网络，非法使用、破坏或获取数据和系统资源。目前的网络系统大都采用口令验证机制来防止非法访问，一旦口令被窃取，网络系统就毫无安全可言。

5.4.2　网络安全技术

网络安全是对付威胁、克服脆弱性、保护网络资源的所有措施的总和，涉及政策、法律、管理、教育和技术等多方面的内容。网络安全是一项系统工程，针对来自不同方面的安全威胁，需要采取不同的安全对策，切实加强计算机网络的安全管理。

1．防火墙技术

防火墙技术是一种用来加强网络之间访问控制，防止外部网络用户以非法手段进入内部网络并访问资源，保护内部网络操作环境的特殊网络互连设备。它对两个或多个网络之间传输的数据包，如链接方式，按照一定的安全策略来实施检查，以决定网络之间的通信是否被允许，并监视网络运行状态。

目前的防火墙产品主要有堡垒主机、包过滤路由器、应用层网关（代理服务器）以及电路层网关、屏蔽主机防火墙、双宿主机等类型。

防火墙处于5层网络安全体系中的最底层，属于网络层安全技术范畴。防火墙负责网络间的安全认证与传输，但随着网络安全技术的整体发展和网络应用的不断变化，现代防火墙技术已经逐步走向网络层之外的其他安全层次，不仅要完成传统防火墙的过滤任务，同时还能为各种网络应用提供相应的安全服务。另外，还有多种防火墙产品正朝着数据安全与用户认证、防止病毒与黑客侵入等方向发展。

根据防火墙所采用的技术不同，我们可以将它分为 4 种基本类型：包过滤型、网络地址转换（Network Address Translation，NAT）型、代理型和监测型。

（1）包过滤型

包过滤型产品是防火墙的初级产品，其技术依据是网络中的分包传输技术。网络上的数据都是以“包”为单位进行传输的，数据被分割成为一定大小的数据包，每一个数据包中都会包含一些特定信息，如数据的源地址、目标地址、TCP/UDP 源端口和目标端口等。防火墙通过读取数据包中的地址信息来判断这些“包”是否来自可信任的安全站点，一旦发现来自危险站点的数据包，防火墙便会将这些数据“拒之门外”。系统管理员也可以根据实际情况灵活制订判断规则。

包过滤技术的优点是简单实用，实现成本较低，在应用环境比较简单的情况下，能够以较小的代价在一定程度上保证系统的安全。但包过滤技术的缺陷也是明显的。它是一种完全基于网络层的安全技术，只能根据数据包的来源、目标和端口等网络信息进行判断，无法识别基于应用层的恶意侵入，如恶意的 Java 小程序以及电子邮件中附带的病毒。有经验的黑客很容易伪造 IP 地址，骗过包过滤型防火墙。

（2）网络地址转换（NAT）型

网络地址转换是一种用于把 IP 地址转换成临时的、外部的、注册的 IP 地址标准。它允许具有私有 IP 地址的内部网络访问 Internet。这也意味着用户不需要为其网络中每一台机器取得注册的 IP 地址。

NAT 的工作过程是：在内部网络通过安全网卡访问外部网络时，将产生一个映射记录。系统将外出的源地址和源端口映射为一个伪装的地址和端口，让这个伪装的地址和端口通过非安全网卡与外部网络连接，这样对外就隐藏了真实的内部网络地址。在外部网络通过非安全网卡访问内部网络时，它并不知道内部网络的连接情况，而只是通过一个开放的 IP 地址和端口来请求访问。OLM 防火墙根据预先定义好的映射规则来判断这个访问是否安全。当符合规则时，防火墙认为访问是安全的，可以接受访问请求，也可以将连接请求映射到不同的内部计算机中。当不符合规则时，防火墙认为该访问是不安全的，不能被接受，防火墙将屏蔽外部的连接请求。网络地址转换的过程对于用户来说是透明的，用户不需要进行设置，只要进行常规操作即可。

（3）代理型

代理型防火墙也可以称为代理服务器，它的安全性要高于包过滤型产品，并已经开始向应用层发展。代理服务器位于客户机与服务器之间，完全阻挡了二者间的数据交流。从客户机来看，代理服务器相当于一台真正的服务器；而从服务器来看，代理服务器又是一台真正的客户机。当客户机需要使用服务器上的数据时，首先将数据请求发给代理服务器，代理服务器再根据这一请求向服务器索取数据，然后再由代理服务器将数据传输给客户机。由于外部系统与内部服务器之间没有直接的数据通道，外部的恶意侵害也就很难伤害到企业内部网络系统。

代理型防火墙的优点是安全性较高，可以针对应用层进行监测和扫描，对付基于应用层的侵入和病毒都十分有效。其缺点是对系统的整体性能有较大的影响，而且代理服务器必须针对客户机可能产生的所有应用类型逐一进行设置，大大增加了系统管理的复杂性。

（4）监测型

监测型防火墙是新一代的产品，这一技术实际已经超越了最初的防火墙定义。监测型防火墙能够对各层的数据进行主动、实时的监测，在对这些数据加以分析的基础上，监测型防火墙能够有效地判断出各层中的非法侵入。同时，这种监测型防火墙产品一般还带有分布式探测器，这些探测器安置在各种应用服务器和其他网络的节点之中，不仅能够检测来自网络外部的攻击，同时对来自内部的恶意破坏也有极强的防范作用。据权威机构统计，在针对网络系统的攻击中，有相当比例的攻击来自网络内部。因此，监测型防火墙不仅超越了传统防火墙的定义，而且在安全性上也超越了前两代产品。

虽然监测型防火墙在安全性上已超越了包过滤型和代理型防火墙，但由于其技术的实现成本较高，也不易管理，所以目前在实用中的防火墙产品仍然以代理型产品为主，但在某些方面也已经开始使用监测型防火墙。基于对系统成本与安全技术成本的综合考虑，用户可以选择性地使用某些监测型技术，这样既能够保证网络系统的安全性需求，同时也能有效地控制安全系统的总拥有成本。

虽然防火墙是目前保护网络免遭黑客袭击的有效手段，但也有明显不足：无法防范通过防火墙以外的其他途径的攻击，不能防止来自内部“变节者”和“不经心”的用户们带来的威胁，也不能完全防止传送已感染病毒的软件或文件，以及无法防范数据驱动型的攻击。

2. 加密技术

信息交换加密技术分为两类，即对称加密和非对称加密。

（1）对称加密技术

在对称加密技术中，对信息的加密和解密都使用相同的钥匙，也就是说，一把钥匙开一把锁。这种加密方法可简化加密处理过程，信息交换双方都不必彼此研究和交换专用的加密算法。如果在交换阶段私有密钥未曾泄露，那么机密性和报文完整性就可以得以保证。对称加密技术也存在一些不足，如果交换一方有N个交换对象，那么他就要维护N个私有密钥。对称加密存在的另一个问题是双方共享一把私有密钥，交换双方的任何信息都是通过这把密钥加密后传送给对方的。

（2）非对称加密技术

在非对称加密体系中，密钥被分解为一对（即公开密钥和私有密钥）。这对密钥中任何一把都可以作为公开密钥（加密密钥）通过非保密方式向他人公开，而另一把则作为私有密钥（解密密钥）加以保存。公开密钥用于加密，私有密钥用于解密。私有密钥只能由生成密钥的交换方掌握，而公开密钥可广泛公布，但它只对应于生成密钥的交换方。非对称加密方式可以使通信双方无须事先交换密钥就可以建立安全通信，广泛应用于身份认证、数字签名等信息交换领域。非对称加密体系一般是建立在某些已知的数学难题之上，是计算机复杂性理论发展的必然结果。最具有代表性是RSA公钥密码加密机制。

利用目前已经掌握的知识和理论，分解2048bit的大整数已经超过了64位计算机的运算能力，因此在目前和可预见的将来，它是足够安全的。

3．入侵检测技术

入侵检测（Intrusion Detection System，IDS）是对计算机或网络系统中发生的事件进行监视和分析，检查其中是否包含入侵的迹象。具体来说，就是识别针对网络基础设施以及其中的主机，或者更广泛意义上的信息系统的非法攻击行为，包括检测外界非法入侵者的恶意攻击或者试探，以及内部合法用户的超越使用权限的非法行动。入侵检测是防火墙的合理补充，帮助系统对付网络攻击，扩展了系统管理员的安全管理能力（包括安全审计、监视、进攻识别和响应），提高了信息安全基础结构的完整性。它从计算机网络系统中的若干关键点收集并分析相关信息，查看网络中是否有违反安全策略的行为和遭到袭击的迹象。

入侵检测技术的任务有：

1）监视、分析用户及系统活动。

2）系统构造和弱点的审计。

3）识别反映已知进攻的活动模式并向相关人士报警。

4）异常行为模式的统计分析。

5）评估重要系统和数据文件的完整性。

6）操作系统的审计跟踪管理，识别用户违反安全策略的行为。

对一个成功的入侵检测系统来讲，不但可使系统管理员时刻了解网络系统（包括程序、文件和硬件设备等）的任何变更，还能给网络安全策略的制定提供指南。而且，入侵检测的规模和策略还可以根据网络威胁、系统构造和安全需求的改变而动态修正。入侵检测系统在发现入侵后，会及时作出响应，包括切断网络连接、记录事件和报警等。

4．网络防病毒技术

针对目前日益增多的计算机病毒，根据这些病毒的特点和未来的发展趋势，国家计算机病毒应急处理中心与计算机病毒防治产品检验中心制订了以下的病毒防治策略，供用户参考：

1）建立病毒防治的规章制度，严格管理。

2）建立病毒防治与应急体系。

3）进行计算机安全教育，提高安全防范意识。

4）对系统进行风险评估。

5）正确配置、使用病毒防治产品。

6）正确配置系统，减少病毒侵害事件。

7）选择经过公安部认证的病毒防治产品。

8）定期检查敏感文件。

9）适时进行安全评估，调整各种病毒防治策略。

10）建立病毒事故分析制度。

11）确保恢复，减少损失。

此外，针对普通用户来说，使用防病毒软件是一种最简单、最实用的技术。下面针对目前市场上常用的杀毒软件做简单介绍。

（1）360 杀毒软件

360 杀毒是 360 安全中心推出的一款免费的云安全杀毒软件。它整合了包括国际知名的

BitDefender 病毒查杀引擎、小红伞病毒查杀引擎以及360云查杀引擎、360主动防御引擎、360第二代QVM人工智能引擎，为用户带来安全、专业、有效的病毒查杀与防护体验。目前360杀毒的月度用户量已突破3.7亿，在杀毒软件市场领域中占有较大份额。

（2）百度杀毒软件

百度杀毒是百度公司推出的专业杀毒软件，集合了百度强大的云端计算、海量数据学习能力与百度自主研发的反病毒引擎，一改以往杀毒软件经常会出现的抢占CPU资源、病毒库臃肿等情况，为用户提供轻巧、易用的产品体验。

（3）金山毒霸网络版

金山毒霸网络版是一套专为企业级网络所设计的全网病毒防护解决方案，采用了业界主流的B/S开发模式，由管理中心、控制台、系统中心、升级服务器、客户端、服务器端、特殊防毒节点等7个模块组成了防病毒体系。

（4）卡巴斯基杀毒软件

卡巴斯基是国际著名的信息安全领导厂商，其反病毒软件被众多计算机专业媒体及反病毒专业评测机构誉为病毒防护的最佳产品。卡巴斯基反病毒服务器版可提供两层保护：用扫描器检查保存数据的地方，扫描器既可以根据需要随时运行，也可以按照计划任务执行，病毒监视器实时对所有被使用中的文件（打开，关闭）进行监控。

（5）诺顿杀毒软件

诺顿杀毒软件是世界上最优秀的杀毒软件之一，它占用系统资源很少，性能更可靠，为企业范围内的工作站和网络服务器提供全面的病毒防护。

除了以上这些软件外，市场上还有很多类似的杀毒软件可供用户自由选择。就当前的市场发展形势来看，杀毒软件朝着网络化、免费化的趋势发展。市场上的防/杀病毒软件很多，如何选择是用户需要重点考虑的问题，可以从以下几个方面进行考虑：

1）病毒查杀能力。可查杀病毒的数量固然是多多益善，但也要关注它对实际流行病毒的查杀能力。

2）对新病毒的反应能力。包括软件供应商的病毒信息搜集网络、病毒代码的更新周期和供应商对用户发现的新病毒的反应周期。

3）病毒实时监测能力。据统计，目前的病毒中最常见的是通过邮件系统来传播，另外还有一些病毒通过网页传播。这些传播途径都有一定的实时性，用户无法人为地了解可能感染的时间。因此，防病毒软件的实时监测能力显得相当重要。

4）快速、方便地升级。企业级防病毒软件对更新的及时性需求尤其突出。

5）智能安装、远程识别。在安装时如果能够自动区分服务器与客户机，并安装相应的软件，对管理员来说将是一件十分方便的事。

6）管理方便，易于操作。系统的可管理性是系统管理员尤其需要注意的。管理员需要随时随地了解各台计算机病毒感染的情况，并借此制订或调整防病毒策略。

7）对现有资源的占用情况。防病毒程序进行实时监控都或多或少地要占用部分系统资源，不可避免地要带来系统性能的降低；另外升级信息的交换、下载和分发都将或多或少地占用网络带宽。

8）系统兼容性。系统兼容性并不是仅仅在选购防病毒软件时需要考虑的事，而是买绝大多数软件时都必须考虑的因素。

9）软件的价格。就价格来说，企业级防病毒软件大多是按照网络规模来确定初次购买和后继的升级费用的。初次购买后，软件商一般会提供一定时期的免费升级，而此后的升级及服务如何收费也要做到心中有数。

10）软件商的企业实力。

5．虚拟专用网技术

虚拟专用网（Virtual Private Network，VPN）是近年来随着 Internet 的发展而迅速发展起来的一种技术。现代企业越来越多地利用 Internet 资源来进行促销、销售、售后服务，乃至培训、合作等活动。许多企业趋向于利用 Internet 来替代它们私有的数据网络。这种利用 Internet 来传输私有信息而形成的逻辑网络就称为虚拟专用网。

虚拟专用网实际上就是将 Internet 看作一种公有数据网，这种公有网和 PSTN（Public Switch Telephone Network，公共交换电话网）在数据传输上没有本质的区别，从用户观点来看，数据都被正确传送到了目的地。相对地，企业在这种公有数据网上建立的用以传输企业内部信息的网络被称为私有网。

目前 VPN 主要采用 4 项技术来保证安全，分别是隧道技术（Tunneling）、加解密技术（Encryption & Decryption）、密钥管理技术（Key Management）和使用者与设备身份认证技术（Authentication）。

VPN 整合了范围广泛的用户，从家庭的拨号上网用户到办公室联网的工作站，直到 ISP 的 Web 服务器。用户类型、传输方法的多样性以及由 VPN 使用的服务的混合性，增加了 VPN 设计的复杂性，同时也增加了网络安全的复杂性。如果能有效地采用 VPN 技术，是可以防止欺诈、增强访问控制和系统控制、加强保密和认证的。选择一个合适的 VPN 解决方案可以有效地防范网络黑客的恶意攻击。

6．安全隔离技术

网络的安全威胁和风险主要存在于 3 个方面：物理层、协议层和应用层。网络线路被恶意切断或过高电压导致通信中断，属于物理层的威胁；网络地址伪装、Teardrop 碎片攻击、SYNFlood 等则属于协议层的威胁；非法 URL 提交、网页恶意代码、邮件病毒等均属于应用层的攻击。从安全风险来看，基于物理层的攻击较少，基于网络层的攻击较多，而基于应用层的攻击最多，并且复杂多样、难以防范。

面对新型网络攻击手段的不断出现和高安全网络的特殊需求，全新安全防护理念——安全隔离技术应运而生。它的目标是，在确保把有害攻击隔离在可信网络之外，并保证可信网络内部信息不外泄的前提下，完成网间信息的安全交换。

隔离概念的出现，是为了保护高安全度网络环境。隔离产品发展至今共经历了五代。

第一代隔离技术——完全的隔离：采用完全独立的设备、存储和线路来访问不同的网络，做到了完全的物理隔离，但需要多套网络和系统，建设和维护成本较高。

第二代隔离技术——硬件卡隔离：通过硬件卡控制独立存储和分时共享设备与线路来实现对不同网络的访问，它仍然存在使用不便、可用性差等问题，有的设计上还存在较大的安全隐患。

第三代隔离技术——数据转播隔离：利用转播系统分时复制文件的途径来实现隔离，切换时间较长，甚至需要手工完成，不仅大大降低了访问速度，更不支持常见的网络应用，只能完成特定的基于文件的数据交换。

第四代隔离技术——空气开关隔离：通过使用单刀双掷开关，控制内外部网络分时访问临时缓存器来完成数据交换，但存在支持网络应用少、传输速度慢和硬件故障率高等问题，往往成为网络的瓶颈。

第五代隔离技术——安全通道隔离：通过专用通信硬件和专有交换协议等安全机制，实现网络间的隔离和数据交换，不仅解决了以往隔离技术存在的问题，并且在网络隔离的同时实现高效的内外网数据的安全交换，它透明地支持多种网络应用，成为当前隔离技术的发展方向。

7．物理安全技术

在信息安全体系中，物理安全就是要保证信息系统有一个安全的物理环境，对接触信息系统的人员有一套完善的技术控制手段，且充分考虑到自然事件对系统可能造成的威胁并加以规避。简单来说，物理安全就是保护信息系统的软硬件设备、设施以及其他媒体免遭地震、水灾、火灾、雷击等自然灾害，人为破坏或操作失误，以及各种计算机犯罪行为导致破坏的技术和方法。在信息系统安全中，物理安全是基础。如果物理安全得不到保证，如计算机设备遭到破坏或被人非法接触，那么其他一切安全措施就都只是空谈。

物理安全一般分为3类：环境安全、设备安全和介质安全。

1）环境安全主要包括机房与设施安全、环境与人员安全、防止其他自然灾害等。

2）设备安全主要包括计算机设备的防盗、防毁、防电磁泄漏发射、抗电磁干扰及电源保护等方面。

3）介质安全主要包括媒体本身的安全及媒体数据的安全。对媒体本身的安全保护指防盗、防毁、防霉等，对媒体数据的安全保护是指防止记录的信息不被非法窃取、篡改、破坏或使用。

8．访问控制策略

访问控制是网络安全防范和保护的主要策略，它的主要任务是保证网络资源不被非法使用和非常访问。

1）入网访问控制。它为网络访问提供了第一层访问控制，即控制哪些用户能够登录到服务器并获取网络资源、准许用户入网的时间以及在哪台工作站入网。

2）网络的权限控制。它是针对网络非法操作所提出的一种安全保护措施。用户和用户组被赋予一定的权限，网络控制用户和用户组可以访问哪些目录、子目录、文件和其他资源，可以指定用户对这些文件、目录、设备能够执行哪些操作。

3）网络服务器安全控制。包括可以设置口令锁定服务器控制台，以防非法用户修改、删除重要信息或破坏数据；可以设定服务器登录时间限制、非法访问者检测和关闭的时间间隔。

4）属性安全控制。它能控制以下几个方面的权限：向某个文件写数据、复制一个文件、删除目录或文件、查看目录和文件、执行文件、隐含文件、共享、系统属性等。网络的属性可以保护重要的目录和文件，防止用户对目录和文件的误删除、执行修改、显示等。

9．数字签名技术

数字签名技术是将摘要用发送者的私钥加密，与原文一起传送给接收者，接收者只有用发送者的公钥才能解密被加密的摘要。数字签名技术提供了一种鉴别方法，以解决伪造、抵赖、冒充和篡改等安全问题。数字签名技术采用一种数据交换协议，使得收发数据的双方能够满足两个条件：接收方能够鉴别发送方所宣称的身份；发送方以后不能否认他发送过数据这一事实。数字签名技术一般采用不对称加密技术，发送方对整个明文进行加密变换，得到一个值，将其作为签名。接收者使用发送者的公开密钥对签名进行解密运算，如其结果为明文，则签名有效，证明对方身份是真实的。应用广泛的数字签名方法主要有 3 种，即 RSA 签名、DSS 签名和 HASH 签名。这 3 种方法可单独使用，也可以综合在一起使用。

10．鉴别技术

鉴别技术主要是在信息交流过程中防止信息被非法伪造、篡改和假冒的一种技术。如果黑客进入了计算机系统，发布虚假信息或更改真实的信息，通过鉴别技术即可做出判断。鉴别技术主要有：

1）报文鉴别。是指在两个通信者之间建立通信联系之后，每个通信者对收到的信息进行验证，以保证所收到的信息是真实的过程。

2）身份鉴别。主要指在网络系统对用户身份真实性的鉴别。

3）数字鉴别。是信息接收和发送双方在收到和发出信息时的身份验证技术。可使信息发收双方不能根据各自利益互相修改签名后的文档和推卸责任，当发生争执时可由第三方仲裁。

11．加强网络安全管理，逐步完善网络系统安全管理规章制度

针对网络安全的脆弱性，除了在网络设计上增加安全服务功能、完善系统的安全保密措施外，建立和实施严密的网络机房安全管理制度与策略是真正实现网络安全的基础。因为诸多不安全因素恰恰反映在组织管理等方面，所以良好的系统管理有助于增强系统的安全性。建立完备的网络机房安全管理制度，妥善保管备份磁盘和文档资料，防止非法人员进入机房进行偷窃和破坏活动。只有把安全管理制度与安全管理技术手段结合起来，整个网络的安全性才有保障。

12．系统补丁

企业计算机绝对有必要隔三岔五地进行“缝缝补补”，打上各种漏洞的最新补丁，才不会被恶意用户的极端程序所控制。微软在操作系统安全方面算是行家里手，但在漏洞这方面也只是后知后觉，不过专业性的网站通常还是要比企业先了解信息，所以经常上相应的网站多看看，也是必不可少的。

5.4.3 常见攻击方法

随着计算机网络的发展，网络的安全问题变得日益严重。网络攻击越来越频繁，越来越高明，令用户防不胜防。

1．攻击方法简介

（1）网络嗅探

网络嗅探其实最开始是应用于网络管理的，就像远程控制软件一样，但后来这些强大的功能逐渐被黑客们利用。最普遍的安全威胁来自内部，同时这些威胁通常都是致命的，其破坏性也远大于外部威胁。对于安全防护一般的网络，使用网络嗅探这种方法操作简单，同时威胁巨大。很多黑客也使用嗅探器进行网络入侵的渗透。网络嗅探器对信息安全的威胁来自其被动性和非干扰性，使得网络嗅探具有很强的隐蔽性，往往让网络信息泄密变得不容易被发现。

（2）拒绝服务攻击

拒绝服务（Denial of Service，DoS）攻击是目前最常见的一种攻击类型。从网络攻击的各种方法和所产生的破坏情况来看，DoS 算是一种很简单、但又很有效的进攻方式。它的目的就是拒绝服务访问，破坏组织的正常运行，最终使网络连接堵塞，或者服务器因疲于处理攻击者发送的数据包而导致系统的相关服务崩溃或资源耗尽。

DoS 的攻击方式有很多种，常见的包括同步洪流（SYNFlood）、死亡之 Ping（Ping of Death）、Finger 炸弹、Land 攻击、Ping 洪流、Rwhod 和 Smurf 等。DoS 攻击的基本过程如下：首先攻击者向服务器发送众多的带有虚假地址的请求，服务器发送回复信息后等待回传信息。由于地址是伪造的，因此服务器一直等不到回传的消息，然而服务器中分配给这次请求的资源始终没有被释放。当服务器等待一定的时间后，连接会因超时而被切断，攻击者会再度传送新的一批请求，在这种反复发送伪地址请求的情况下，服务器资源最终会被耗尽。

和其他大部分攻击不同的是，这类攻击不是以获得网络上信息的访问权为目的，而是要使受攻击方耗尽网络带宽、操作系统或应用程序的有限资源而崩溃，从而不能为其他正常用户提供服务。这就是这类攻击被称为“拒绝服务攻击”的真正原因。

DDoS（Distributed Denial of Service，分布式拒绝服务）是一种基于 DoS 的分布式、协作式的大规模拒绝服务攻击。也就是说，不再是单一的服务攻击，而是同时实施几个甚至十几个不同服务的拒绝攻击。由此可见，它的攻击力度更大，危害性当然也更大了。它主要瞄准比较大的网站，像商业公司、搜索引擎和政府部门的 Web 站点。

从根本上讲，没有特别有效的方法来完全避免拒绝服务式攻击，只能通过管理员在日常工作中尽量细心和谨慎。

总之，要彻底杜绝拒绝服务攻击，只有追根溯源去找到正在进行攻击的机器和攻击者。要追踪攻击者不是一件很容易的事情，一旦其停止了攻击行为，将很难被发现。唯一可行的方法就是在其进行攻击时，根据路由器的信息和攻击数据包的特征，采用一级一级回溯的方法来查找其攻击源头，而这需要各级部门的协同配合才能很好地完成。

（3）源 IP 地址欺骗

许多应用程序认为如果数据包能够使其自身沿着路由到达目的地，而且应答包也可以回到源地，那么源 IP 地址一定是有效的，而这正是使源 IP 地址欺骗攻击成为可能的前提。

假设同一网段内有两台主机 A 和 B，另一网段内有主机 C。B 授予 A 某些特权，而 C 为获得与 A 相同的特权，所做欺骗攻击如下：首先，C 冒充 A，向 B 发送一个带有随机序列号的 SYN 包。B 响应，回送一个应答包给 A，该应答号等于原序列号加 1。然而，此时 A 已被 C 利用拒绝服务攻击“淹没”了，导致 A 的服务失效。结果，A 将 B 发来的包丢弃。为了完成 3 次握手，C 还需要向 B 回送一个应答包，其应答包等于 B 向 A 发送数据包的序列号加 1。此时 C 并不能检测到 B 的数据包（因为不在同一网段），只有利用 TCP 顺序号估算法来预测应答包的顺序号并将其发送给 B。如果猜测正确，B 则认为收到的 ACK（确认标志）是来自内部主机 A。此时，C 即获得了 A 在 B 上所享有的特权，并开始对这些服务实施攻击。

要防止源 IP 地址欺骗攻击行为，可以采取以下措施来尽可能地保护系统免受这类攻击：

1）抛弃基于地址的信任策略。阻止这类攻击的一种非常容易的办法就是放弃以地址为基础的验证，不允许 r 类远程调用命令删除.rhosts 文件，清空/etc/hosts 下的.equiv 文件，这将迫使所有用户使用其他远程通信手段，如 Telnet、SSH 和 SKEY 等。

2）使用加密方法。在数据包发送到网络上之前，可以对它进行加密。虽然加密过程要求适当改变目前的网络环境，但它将保证数据的完整性和真实性。

3）进行包过滤。可以配置路由器使其能够拒绝网络外部与本网内具有相同 IP 地址的连接请求。而且，当包的 IP 地址不在本网内时，路由器不应该把本网主机的包发送出去。有一点要注意，路由器虽然可以封锁试图到达内部网络的特定类型的包，但它们也是通过分析测试源地址来实现操作的。因此，它们仅能对声称是来自于内部网络的外来包进行过滤，若用户的网络存在外部可信任主机，那么路由器将无法防止别人冒充这些主机进行源 IP 地址欺骗攻击。

（4）源路由欺骗攻击

在通常情况下，信息包从起点到终点走过的路径是由位于此两点间的路由器决定的，数据包本身只知道去往何处，但不知道该如何去。源路由可使信息包的发送者将此数据包要经过的路径写在数据包里，使数据包循着一个对方不可预料的路径到达目的主机。下面仍以上述源 IP 地址欺骗攻击中的例子给出这种攻击的形式。

主机 A 享有主机 B 的某些特权，主机 C 想冒充 A 从 B（假设 IP 为 aaa.bbb.ccc.ddd）获得某些服务。首先，攻击者修改距离 B 最近的路由器，使得到达此路由器且包含目的地址 aaa.bbb.ccc.ddd 的数据包以 B 所在的网络为目的地；然后，C 利用 IP 欺骗向 B 发送源路由（指定最近的路由器）数据包。当 B 回送数据包时，就传送到被更改过的路由器。这就使一个入侵者可以假冒一个主机的名义，通过一个特殊的路径来获得某些被保护数据。

为了防范源路由欺骗攻击，一般采用下面两种措施：

1）对付这种攻击最好的办法是配置好路由器，使它抛弃那些由外部网进来的却声称是内部主机的报文。

2）用命令 no ip source-roue 在路由器上关闭源路由。

（5）缓冲区溢出

通过向程序的缓冲区写入超出其长度的内容，造成缓冲区的溢出，从而破坏程序的堆栈，使程序转而执行其他的指令。如果这些指令是放在有 Root 权限的内存中，那么一旦这些指令得到了运行，黑客就以 Root 权限控制了系统，达到入侵的目的；缓冲区攻击的目的在于扰乱某些以特权身份运行的程序的功能，使攻击者获得程序的控制权。

缓冲区溢出的一般攻击步骤为：在程序的地址空间里安排适当的代码——通过适当的地址初始化寄存器和存储器，让程序跳到黑客安排的地址空间中执行。

缓冲区溢出对系统带来了巨大的危害，要有效地防止这种攻击，应该做到以下几点：

1）必须及时发现缓冲区溢出这类漏洞。比如在 UNIX 操作系统中，这类漏洞是非常多的，系统管理员应经常和系统供应商联系，及时对系统升级以堵塞缓冲区溢出漏洞。

2）程序指针完整性检查。即在程序指针被引用之前检测它是否改变。即便一个攻击者成功地改变了程序的指针，由于系统事先检测到了指针的改变，因此这个指针将不会被使用。

3）堆栈保护。这是一种提供程序指针完整性检查的编译器技术，通过检查函数活动纪录中的返回地址来实现。在堆栈中函数返回地址后面加了一些附加的字节，而在函数返回时，首先检查这个附加的字节是否被改动过。如果发生过缓冲区溢出的攻击，那么这种攻击很容易在函数返回前被检测到。但是，如果攻击者预见到这些附加字节的存在，并且能在溢出过程中同样地制造它们，那么它就能成功地跳过堆栈保护的检测。

4）数组边界检查。所有对数组的读写操作都应当被检查以确保对数组的操作在正确的范围内。最直接的方法是检查所有数组操作，通常可以采用一些优化的技术来减少检查的次数。目前主要有以下的几种检查方法：Compaq C 编译器、Purify 存储器存取检查等。

（6）密码攻击

密码攻击通过多种不同方法实现，包括蛮力攻击（Brute Force Attack）、特洛伊木马程序、IP 欺骗和报文嗅探。尽管报文嗅探和 IP 欺骗可以捕获用户账号和密码，但密码攻击通常指的是反复地试探、验证用户账号或密码。这种反复试探被称为蛮力攻击。

通常蛮力攻击使用运行于网络上的程序来执行并企图注册到共享资源中，如服务器。一旦攻击者成功地获得了资源的访问权，他就拥有了与那些账户的用户相同的权利。如果这些账户有足够的特权，攻击者可以为将来的访问创建一个后门，这样就不用担心被危及用户账号的任何身份和密码的改变。

（7）应用层攻击

应用层攻击能够使用多种不同的方法来实现，最常见的方法是使用服务器上通常可找到的应用软件（如 SQL Server、Sendmail、PostScript 和 FTP）缺陷，通过使用这些缺陷，攻击者能够获得计算机的访问权，以及在该计算机上运行相应应用程序所需账户的许可权。

应用层攻击的一种最新形式是使用许多公开化的新技术，如 HTML 规范、Web 浏览器的操作性和 HTTP 等。这些攻击通过网络传送有害的程序，包括 Java applet 和 ActiveX 控件等，并通过用户的浏览器调用它们，很容易达到入侵、攻击的目的。虽然微软公司前段时间提供的代码验证技术可以使用户的 ActiveX 控件因安全检查错误而暂停这类攻击，但攻击者已经发现怎样利用适当标记和有大量漏洞的 ActiveX 控件使之作为特洛伊木马实施新的攻击。这一技术可使用 VBScript 脚本程序直接控制、执行隐蔽任务，如覆盖文件，执行其他文件等，预防、查杀的难度更大。

在应用层攻击中，容易遭受攻击的目标包括路由器、数据库、Web 和 FTP 服务器及与协议相关的服务，如 DNS、WINS 和 SMB。

2．攻击方式发展趋势

随着计算机技术不断发展，攻击方式也在发生变化，而且向智能化方向发展。

（1）攻击工具的功能不断增强，攻击过程实现自动化

攻击工具的自动化程度在不断提高，主要表现在以下 3 个方面：

1）扫描工具的扫描能力大为增强。目前，扫描工具利用更先进的扫描技术，扫描功能非常强大，不再局限于 IP 地址，MAC 地址、通信端口已成为新型的扫描对象，并且速度提高了许多。

2）系统漏洞扫描工具不断涌现。

3）攻击自动化。

（2）攻击工具越来越智能化

攻击工具的编写者采用了比以前更加先进、更加智能的技术。攻击工具的特征码越来越难以通过分析来发现，也越来越难以通过基于特征码的检测系统发现，而且现在的攻击工具也具备了相当的反检测智能分析能力，主要表现在以下 3 个方面：

1）反检测技术。攻击者采用了能够隐藏攻击工具的技术，这使得安全专家通过各种分析方法来判断新的攻击的过程变得更加困难和耗时。

2）动态行为。现在的自动攻击工具能够按照不同的方法更改它们的特征，如随机选择预定的决策路径，或者通过入侵者直接控制。

3）攻击工具的模块化。新的攻击工具通过升级或者对部分模块的替换完成快速更改，并且攻击工具能够在越来越多的平台上运行。

（3）攻击门槛越来越低

由于现在攻击工具的功能已非常强大，而且大多数又是免费下载的，因此要获取这方面的工具软件是毫不费力的。再加上现在各种各样的漏洞扫描工具不仅品种繁多，而且功能相当强大，各系统的安全漏洞已公开化，只要稍有一些网络知识的人都可以轻松实现远程扫描，甚至达到攻击的目的。

（4）受攻击面更广

随着各种宽带接入（如 ADSL、Cable Modem 和小区光纤等）技术的普及，现在许多单位和个人都采取永久在线的上网方式，即使不是专线接入，在线的时间也远比以前电话拨号的方式长。这样就为黑客们提供了宽松的攻击环境，使他们可以有足够的时间来实施对目标的攻击。所以，现在遭受攻击的用户面比以前广了许多，几乎所有上网的个人和单位都可能遭受黑客的攻击。

（5）变种病毒数量不断翻番，防不胜防

由于很多病毒源代码被病毒作者公开并可以下载，甚至对于有些代码还提供完整的说明文档、相应工具和示例，这样其他人基本不需要特别的技能，仅仅通过修改配置文件和部分源代码就可以编译生成一个新的病毒变种程序。

（6）漏洞发现得更快

根据统计，每一年报告给 CERT/CC（美国计算机紧急事件响应小组协调中心）的漏洞数量都成倍增长。可以想象，对于管理员来说想要跟上发布补丁的步伐，为软件一一打上补丁是很困难的。而且，入侵者往往能够在软件厂商修补这些漏洞之前首先发现这些漏洞。随着发现漏洞的工具日趋自动化，留给用户打补丁的时间越来越短。一旦漏洞的技术细节被公布，就可能被病毒利用进行大规模的传播。

（7）防火墙也开始变得“无奈”

我们通常认为防火墙是最安全的，常常依赖防火墙提供安全的边界保护。但是现在这种情况正在悄悄地改变，已经存在一些绕过典型防火墙配置的技术，如 IPP（the Internet Printing Protocol）和 WebDAV（Web-based Distributed Authoring and Versioning），也有一些协议实际上能够绕过典型防火墙的配置，使防火墙本身也变得非常无奈。

另外，随着 Internet 网络上计算机的不断增长，所有计算机之间存在很强的依存性。一旦某些计算机遭到了入侵，它就有可能成为入侵者的“栖息地”和“跳板”，成为进一步攻击的工具。对于网络基础架构，如 DNS 系统、路由器的攻击也越来越成为严重的安全威胁。

（8）木马、后门程序成为主流

木马、后门程序已成为网络安全的主要威胁之一。根据报告，现在每年新增网络木马程序和后门程序达到数万个甚至更多。在网络上从制造木马到攻击目标主机到获取利益，形成一套完整的产业链，每年涉及数百亿的交易金额。越来越多的木马开始以窃取真实财产为目的。

（9）“网络钓鱼”形式的诈骗活动增多

“网络钓鱼”（Phishing）是指攻击者利用欺骗性的电子邮件和伪造的 Web 站点来进行诈骗活动。受骗者往往会泄露自己的个人信息和财务数据，包括个人的真实信息、联系方式、E-mail 地址，以及银行卡号、账户和密码等。

“网络钓鱼”比较典型的做法是通过发送垃圾邮件，采用欺骗方式诱使用户访问一个伪造的钓鱼网站，这种网站通常会被做得与电子银行或者电子商务等网站一模一样，某些粗心的用户往往就会不辨真假，下载木马程序或者填写个人的登录账号和密码，从而导致个人财产失窃。

（10）黑客攻击“合法化”“组织化”

经常在网上见到的某某黑客联盟、红客联盟，打着保护国家、民族利益的旗号公然发出向其他国家或民族发动网络攻击的号召。通常这些组织利用一些突发性事件，打着一些所谓正义的“旗号”开展黑客活动，似乎表明黑客攻击已“合法化”“组织化”。其实这是一种错觉，这样的攻击不可能合法化，一旦形成事实，还是要付出代价的。

5.4.4　常用网络安全软件简介

1．国外常用网络安全软件

1）Local Port Scanner：本地端口扫描器，通过该软件能够监测本地计算机被打开的端口。该软件能够监测大多数黑客入侵或木马占用的端口，有 5 种不同的扫描方式并能够获得有关端口的周详扫描信息。

2）A-spy：系统进程查看器，能够监测 Windows 系统启动过程中调用的任何程式、执行的进程，并将结果保存在日志文档中。这个软件的用途是检查系统是否被安置了木马程式，同时软件还能够对系统启动需要调用的程式进行增加、删除和编辑等操作，改变调用程式之间的先后顺序，软件支持多种 Windows 平台，具备 17 种方式清除木马程序。

3）Netmon：图像化的 Netstat 命令，运行在 Windows 系统中，能够查看系统的 TCP、UDP 连接状态，同时提供了一份完整的木马、蠕虫占用端口清单，能够使用户快速了解系统是否存在安全问题。

4）LANguard Network Scanner：局域网资料收集器，允许使用者扫描局域网内部的搜索计算机，搜集其 NetBIOS 信息、打开端口、共享情况和其他相关资料，这些资料容易被黑客利用进行攻击，也能够被管理员利用进行安全维护。通过该软件能够强行关闭指定端口和共享目录。

5）Leechsoft's NetMonitor：TCP/IP 状态分析程序，主要用于系统安全管理员、网络程序研发员一般的维护。此工具能够显示计算机在上网状态下存在的 TCP/IP 连接，同时还能分析是否有其他人正在监控上网者计算机中的某个端口，同时此工具内部更有一个功能强大的端口扫描程式。

6）Win Trinoo Server Sniper：清除 Win.Trinoo Server 程序。该程序类似 DOS 攻击的木马程式，被植入的计算机将变成一台 Win.Trinoo Server，黑客通过这个 Server 能够“借刀杀人”攻击其他计算机系统。Win Trinoo Server Sniper 能够快速地监测计算机是否存在此问题。

7）SubSeven Server Sniper：清除 SubSeven Server 程序（SubSeven 也是个木马程序）。该软件不但能够清除 SubSeven，而且还能搜集攻击者在计算机中留下的“蛛丝马迹”，找到攻击者的 QQ 号码、E-mail 地址等内容，从而为反跟踪提供了详尽的信息。

8）Attacker：TCP/UDP 端口监听程序，能够常驻系统并在危险端口打开时发出警告信息，确保个人上网隐私的安全性。

9）ICEWatch：BlackICE 插件，能够完善 BlackICE 的结果列表，让列表更加详尽，同时该插件还提供了更好的结果分类查询功能，并且能够对结果进行复制、编辑等操作。另外此插件为 BlackICE 提供了声音效果，能够配置软件使用过程中的提醒、警告的音效。

10）Isecure IP Scanner：NetBIOS 共享扫描器。利用 NetBIOS 的共享能够进入存在问题的计算机并对硬盘进行操作，同时还能够获得入侵计算机上的隐私资料。这个扫描器就是专门为防止此类事件发生研发的，运行软件会自动扫描目标并报告有关资料。

11）AnalogX Port Blocker：端口屏蔽程序。当使用者的计算机上开放某个端口时，任何人都能够通过其开放端口访问相应资源，而 AnalogX Port Blocker 能够屏蔽某个端口，或配置特别 IP 地址禁止对指定端口的请求，这从一定程度上方便了程序调试人员为在本地系统上从事软件的测试工作。

12）Tambu Dummy Server：端口屏蔽程序，同上面一个程序的功能是相同的，不同之处是基于控制台模式，更加适合于专业人员。

13）Tambu Registry Edit：注册表修改程式，能够让使用者手动修改系统注册表中的各项键值，从而改变系统的性能。同时软件中保存了网络上常见的具备破坏性程式的资料，能够迅速确定系统注册表中是否有可疑程式，并提供了清除和备份等功能。

2．国产经典网络安全软件

1）安全狗：提供专业的云安全服务，解决在混合云、私有云、公有云及传统环境下可能遇到的各种安全与管理问题。对接各大云计算平台，目前已经跟阿里云、腾讯云、华为云、天翼云等云计算平台建立合作伙伴关系。

2）D 盾：专为 IIS 设计的一个主动防御的保护软件，以内外保护的方式防止网站和服务器被入侵。在正常运行各类网站的情况下，尽量精简软件功能，降低服务器负担，提高系统的安全性和可靠性。

3）天网：中国第一套通过公安部认证的软件和硬件集成防火墙，能有效防止黑客入侵，抵御来自外部网络的攻击，确保内部系统的资料不被盗取。天网根据系统管理者设定的安全规则把守企业网络，提供强大的访问控制、身份认证、应用选通、网络地址转换、信息过滤、虚拟专网、流量控制、虚拟网桥等功能。

4）护卫神：一款从黑客入侵的每个环节进行拦截，从而提升服务器安全的软件。采用 C++编写，以分离权限为基础，通过一系列独特技术手段，保障网站不被入侵，适用于各类采用 ASP 和 PHP 编写的网页程序。

5.5 银行网络系统方案

5.5.1 银行网络系统规划背景与设计需求

某城市商业银行由银行总部和 10 个营业网点构成，营业网点遍布全市各区域。银行总部设办公室、人力资源部、计划财务部、市场营销部、客户服务中心、资金运营中心、会计结算部、资产评估部、资产管理中心、信息网络中心、党群工作部、安全保卫部、物业管理部等10多个部门，每个部门计算机用户情况见表5-1：

表 5-1　银行各部门信息点统计

部　门	计划财务部	市场营销部	客户服务中心	资金运营中心	会计结算部	资产评估部	信息网络中心
信息点数量	30	60	40	40	38	35	20

其他部门用户信息点数量为15个左右。

各营业网点的计算机用户（包括自动柜员机）不超过 20 台，银行数据中心设于银行总部信息网络中心。

为保证银行业务的正常进行，须在全市范围内建设一个城市商业银行专用通信网，实现银行总部与各营业网点安全、可靠的互连互通。

5.5.2 网络建设目标

本项目的建设目标有如下内容：

1）在全市范围内建设一个该城市商业银行的专用通信子网。

2）通信子网上具有规模可扩充性和网络可升级性。

3）网管系统应具有对整个通信子网进行监控管理的能力，网管应用应当是统一的。

4）实现银行总部与各营业网点信息安全，防止恶意攻击与破坏。

5）具有数据的冗余备份，在发生灾害时能确保数据的有效恢复。

5.5.3 网络方案设计

1. 方案设计目标

在全市范围内建设一个商业银行专用通信子网，即一个多协议的数据网络，并在所有通信子网接入节点上支持TCP/IP。

具备接入所有业务系统的能力，支持各业务系统所要求的计算机网络协议，而且具有多种常用网络协议的支持，保证在有新的业务应用时，可以提供有力的支持。

在城区网上能够将业务、办公自动化集成在同一个网络中，以充分利用信道带宽。在保证目前应用的情况下，使网络具有一定的先进性，保护用户的投资。

具有相对完善的网管系统，能对计算机网络进行有效的监控管理，优化网络流量，提高网络运行的安全性，通过日志文件等多种手段保证网络的高效运行。

通过以上几个目标的努力，使商业银行的计算机网络具有更好的先进性、可靠性、安全性和可扩展性。

2．方案设计原则

1）先进性：网络技术应为当前国际同业中较先进的，并能支持未来网络技术的高性能需求，并且在业界表现出较高的网络性能。

2）安全性：能有效防止网络的非法访问，保护关键的数据不被非法窃取、篡改或泄漏，使数据具有极高的安全性。

3）可靠性：整个网络系统应具有很高的安全可靠性，必须满足 7×24×365 连续运行的要求。在通信故障发生时，网络设备可以自动快速地切换到备份链路或设备上。

4）实用性：整个网络系统要按照实用、好用的原则，使网络具有较高的实用性。

5）时效性：网络要保证各类业务数据流的及时传输，网络时效性要强，网络延时要小，确证业务交易可以实时高效完成。

6）完整性：网络系统应实现端到端的，能整合数据、语音和图像的多业务应用，需要在全网范围统一的实施安全策略、QoS 策略、流量管理策略和系统管理策略的完整的一体化网络。

7）成熟性：本网络系统需要整合包括 TCP/IP、语音和图像等多种网络技术，只有成熟的平台和解决方案并在国内的银行用户成功使用，才可以保证关键业务系统有一个可靠的运行，以有利于业务发展。

8）可伸缩性：网络要具有面向未来的良好的伸缩性能，既能满足当前的需求，又能支持未来业务网点、业务量、业务种类的扩展和与其他机构或部门的连接等对网络的扩充性要求。

9）效益性：网络的投资应随着网络的伸缩持续发挥作用，保护网络的投资，充分发挥网络投资的最大效益。

10）可管理性：要应用统一的网络管理平台实现对整个网络系统、设备、安全性、数据流量、性能等的监控和管理，并可方便直观地进行远程管理和故障诊断。

11）可实施性：整个网络解决方案的实施要便于实际的实施，并在实施过程中要保证现有网络和切换的完整性和一致性，确保实施工作的正常、顺利。

3．方案说明

（1）广域网信息流量计算

据统计，一个清算网点日平均处理同城票据为 150 笔，交易包的大小平均为 512Byte，每笔交易平均需要 6 次网络存取，并集中于一日的 4 个小时内发生。

单个网点的通信量：

用户数据量=交易笔数×交易包字节数×交易包往返次数

=150×512×6

=460 800 Byte

每个网点通信流量的平均值=用户数据量÷时间

=460 800×8÷（4×3600）

=256bit/s

考虑到远程网络通信协议的开销和其他开销（如网管等），每个网点通信流量的平均值为 256×2=512bit/s。

城市商业银行营业网点的计算机用户（包括自动柜员机）不超过20台，按20台计算。

营业网点与总行通信流量为：

网点数×每个网点的流量=20×512bit/s=10.24kbit/s，考虑将来应用系统的增加等，可选用32kbit/s的DDN数据专线。

同时，考虑到数据备份的需要，可申请ISDN专线用于银行营业网点与银行总部的备份。

（2）银行总部网络设计说明

银行总部核心部位用两台Quidway S6503高端多业务交换机，命名为S6503A和S6503B，两台交换机用2根光纤（1000Base-T）进行链路聚合，实现数据的快速交换和设备的冗余。

接入广域网部分用两台Quidway R3680E-RPS模块化中心路由器，命名为R3680EA和R3680EB；核心交换机S6503A和S6503B通过用R3680EA作为与营业网点的DDN接入，用R3680EB作ISDN备份链路接入路由。

用一台Quidway SecPath 500F防火墙与S6503A相连，通过申请10M bit/s的ADSL接入Internet，实现访问Internet与网上银行等业务的接入。用一台Quidway SecPath 10F防火墙与R3680EB相连，通过申请2M bit/s的ADSL接入Internet，实现访问Internet与网上银行等业务的接入备份。

数据中心的汇聚层采用两台Quidway S3526C千兆三层交换机与核心交换机S6503A和S6503B相连，分别命名为S3526CA和S3526CB。

各部门网点的汇聚层采用两台Quidway S3526C千兆三层交换机与核心交换机S6503A和S6503B，分别命名为S3526CC和S3526CD。

网络管理平台通过一台Quidway S1208千兆以太网交换机接入S6503B。

在核心层的核心交换机S6503A上连接Quidway SecEngine D200入侵检测系统。

（3）银行总部部门局域网设计说明

在部门汇聚层上采用两点S3526C交换机；S3526CC作为部门1至部门7的主交换机，部门8至部门13的从交换机（备用交换机）；S3526CD作为部门8至部门13的主交换机，部门1至部门7的从交换机（备用交换机）。

在S3526C上划分VLAN同时启动GVRP和STP，各个部门划分到不同的VLAN里，提高网络的性能。

在S3526C上做访问控制，提高部门间的信息安全。

各部门接入层交换机均与两台汇聚层交换机S3526CC和S3526CD相连，链路采用Trunk封装。

将部门接入层交换机的端口划分到相应的VLAN。

（4）营业网点方案设计说明

各营业网点的接入广域网部分用一台Quidway AR 28-09B模块化中心路由器作为与营业网点的DDN接入与ISDN备份链路接入路由。

营业网点的计算机用户（包括自动柜员机）信息节点通过一台S2026C-SI交换机与AR 28-09B路由器由双绞线（100Base-T）相连。

营业网点局域网可根据需求划分VLAN。

4．拓扑图

网络拓扑图如图5-1所示：

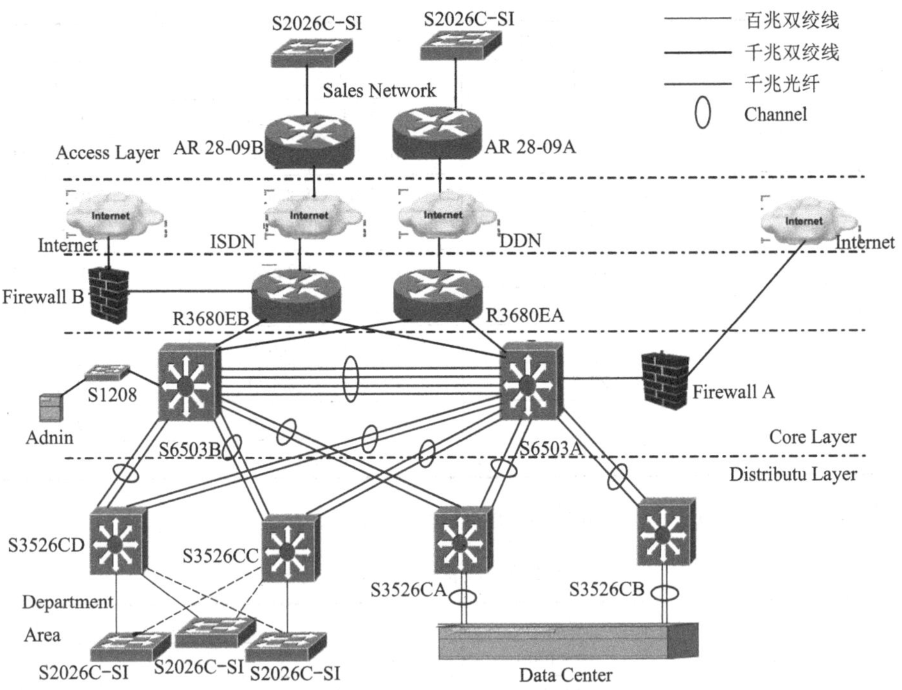

图 5-1　城市商业银行拓扑图

5. IP 划分与 VLAN 划分

全网 IP 划分见表 5-2。

表 5-2　全网 IP 划分

总部 IP 划分（掩码均为 24）				
部　　门	信 息 数 量	IP 范围	VLAN	网　　关
银行总部办公室	15	10.1.1.1～10.1.1.15	2	10.1.1.254
人力资源部	15	10.1.2.1～10.1.2.15	3	10.1.2.254
计划财务部	30	10.1.3.1～10.1.3.30	4	10.1.3.254
市场营销部	60	10.1.4.1～10.1.4.60	5	10.1.4.254
客户服务中心	40	10.1.5.1～10.1.5.40	6	10.1.5.254
资金运营中心	40	10.1.6.1～10.1.6.40	7	10.1.6.254
会计结算部	38	10.1.7.1～10.1.7.38	8	10.1.7.254
资产评估部	35	10.1.8.1～10.1.8.35	9	10.1.8.254
资产管理中心	15	10.1.9.1～10.1.9.15	10	10.1.9.254
信息网络中心	20	10.1.10.1～10.1.10.20	11	10.1.10.254
党群工作部	15	10.1.11.1～10.1.11.15	12	10.1.11.254
安全保卫部	15	10.1.12.1～10.1.12.15	13	10.1.12.254
物业管理部	15	10.1.13.1～10.1.13.15	14	10.1.13.254
网管中心 IP 划分（掩码均为 24）				
网管中心	15	10.1.14.1～10.1.14.15	15	10.1.14.254
数据中心	15	10.1.15.1～10.1.15.15	15	10.1.15.254

（续）

营业点IP划分（掩码均为24）			
营业点	信息数量	IP范围	网关
营业点1	20	10.2.1.1～10.2.1.20	10.2.1.254
营业点2	20	10.2.2.1～10.2.2.20	10.2.2.254
营业点3	20	10.2.3.1～10.2.3.20	10.2.3.254
营业点4	20	10.2.4.1～10.2.4.20	10.2.4.254
营业点5	20	10.2.5.1～10.2.5.20	10.2.5.254
营业点6	20	10.2.6.1～10.2.6.20	10.2.6.254
营业点7	20	10.2.7.1～10.2.7.20	10.2.7.254
营业点8	20	10.2.8.1～10.2.8.20	10.2.8.254
营业点9	20	10.2.9.1～10.2.9.20	10.2.9.254
营业点10	20	10.2.10.1～10.2.10.20	10.2.10.254

设备IP划分（掩码均为30，int表示interface）见表5-3。

表5-3 设备IP划分

设 备	接口/逻辑端口	IP地址	设 备	接口/逻辑端口	IP地址
S6503A	int vlan 100	10.1.100.1	S3526CA	int vlan 101	10.1.100.2
S6503A	int vlan 101	10.1.100.5	S3526CB	int vlan 101	10.1.100.6
S6503A	int vlan 102	10.1.100.9	S3526CC	int vlan 101	10.1.100.10
S6503A	int vlan 103	10.1.100.13	S3526CD	int vlan 101	10.1.100.14
S6503A	int vlan 104	10.1.100.17	防火墙1	LAN口	10.1.100.18
S6503A	int vlan 105	10.1.100.21	IDS		10.1.100.22
S6503A	int vlan 106	10.1.100.25	R3680EA	int G0/1	10.1.100.26
S6503A	int vlan 107	10.1.100.29	R3680EB	int G0/1	10.1.100.30
S6503A	int Virtual-Template 1	10.1.100.33	S6503B	int Virtual-Template 1	10.1.100.34
S6503B	int vlan 100	10.1.101.1	S3526CA	int vlan 102	10.1.101.2
S6503B	int vlan 101	10.1.101.5	S3526CB	int vlan 102	10.1.101.6
S6503B	int vlan 102	10.1.101.9	S3526CC	int vlan 102	10.1.101.10
S6503B	int vlan 103	10.1.101.13	S3526CD	int vlan 102	10.1.101.14
S6503B	int vlan 104	10.1.101.17	R3680EA	int G0/2	10.1.101.18
S6503B	int vlan 105	10.1.101.21	R3680EB	int G0/2	10.1.101.22

6. 关键技术实现

1）核心层的两台S6503交换机实现端口汇聚，增加S6503A与S6503B的互边链路的带宽，并且能够实现链路备份。

2）在核心层的两台S6503交换机创建VLAN，启用GVRP。

3）银行总部各部门汇聚层交换机S3526C划分各部门VLAN，同时启用GVRP。在部门交换机上启用GVRP，并把端口划分到相应的VLAN。

4）银行营业网点与银行总部网络通过DDN专线连接。

5）在DDN接入路由器R3680EA上做策略路由。正常情况下当数据来自营业网点1至营业网点 5 时，把数据向 S6503A 发送；当数据来自营业网点 6 至营业网点 10 时，把数据向 S6503B 发送。当一台核心交换机发生故障时，所有数据转向另一台正常的交换机。

6）对银行营业网点与银行总部网络用 ISDN 做备份链路。

7）在 ISDN 接入路由器 R3680EB 上做策略路由。正常情况下当数据来自营业网点 1 至营业网点 5 时，把数据向 S6503A 发送；当数据来自营业网点 6 至营业网点 10 时，把数据向 S6503B 发送。当一台核心交换机发生故障时，所有数据转向另一台正常的交换机。

8）在核心层的两台 S3526C 交换机上启用 VRRP。VLAN2 至 VLAN7 的数据在正常情况下网关指向 S3526CC，当 S3526CC 出现异常时 VLAN2 至 VLAN7 的网关自动指向 S3526CD；VLAN8 至 VLAN14 的数据在正常情况下网关指向 S3526CD，当 S3526CD 出现异常 VLAN8 至 VLAN14 的网关自动指向 S3526CC。实现核心的负载均衡和避免单点故障。

5.5.4　方案特点

（1）业务接入一体化

Quidway R3680E 系列路由器网点解决方案可以综合实现 IP、IPX、SNA 等多协议接入，一体化接入 ATM 终端、哑终端、智能终端、OA 以及 IP 语音等。

（2）网络安全一体化

通过 Quidway R3680E 设备直接提供的多种二层、三层的 VPN 技术，如 PPTP、L2TP、GRE、IPSEC、IKE 等，数据加密方面提供 MD5、SHA、DES、3DES 以及硬件序列加密卡等的支持，使得所有加密和 VPN 功能可以集成到一台路由设备上完成，不再需要添置加密机等设备，网点成本更低，同时安全性、可管理性更强，同时对应 VPN 以及加密需求。

（3）链路备份一体化

华为公司 VRP 网络操作系统专有的 BACKUP CENTERTM（备份中心）技术，可以实现广泛的备份功能支持，可以实现物理链路之间、逻辑链路之间、物理链路与逻辑链路之间、以及设备间备份，保障网络的高可靠性。华为 Qudiway 综合网点解决方案提供拨号备份功能的同时，支持配置 CALL BACK 功能，从而使得解决方案整体安全性更上一层楼。

5.5.5　应用情况

某城市商业银行网络投入运行以后，经过一段时间进行评估，发现网络运行情况良好。在全市范围内建设一个商业银行专用通信子网，网络平台具备接入所有业务系统的能力。网络具有良好的安全性，并且有实用的管理系统，保证网络运行的高效率和稳定性。

总之，商业银行的计算机网络具有良好的先进性、可靠性、安全性和可扩展性。

习题

1. 常见的网络安全威胁有哪些？
2. 针对网络上存在的各种安全问题，有哪些方法可以解决？

3. 请分析防火墙和IDS（入侵防御系统）二者的关系。

4. 概述题：请叙述一下，在设计网络的过程中主要有哪些措施可以保证网络安全性？（说明各项措施的应用范围和应用条件）

5. 实践设计题

某镇银行系统在镇中共有两处营业点：一营业点与镇分理处相距1500m；另一营业点与分理同在一处办公，各司其职。

工程师要分析银行系统地理分布、具体应用情况、建筑楼内布局，并选择一款合适的网络安全管理软件，为该银行系统设计合适的网络方案。

项目 6　规划与设计中型企业网络

6.1　教学目标

1）掌握企业实际情况，能够针对企业网络的应用系统进行分析。
2）了解企业网络安全性保密性要求。
3）根据企业实际情况，将远程访问系统应用于网络环境中。

6.2　工作任务

某企业需要构建企业内部园区网络。该企业有两栋办公楼，若干部门。每个部门内的员工需通过网络实现部门内的信息交流和资源共享，除主管经理外不同部门间不准许相互通信。另外，要实现全企业内资源共享以及员工可在家办公。

6.3　相关实践知识

一个中型企业网络除了需要内部主机可以互相通信之外，还应有更高的技术要求，即网内用户可能处于出差需异地办公或在家办公的情况。鉴于此类用户需求，企业中就要考虑远程访问式的连接方式。远程授权访问是内部网络中预先设置好了用户及相应权限，当用户在物理位置处于网络外部时可以通过互联网提供的连接链路访问到内部网络资源。但由于当今互联网的不安全性，网络内部管理人员必须考虑到开放式访问会给内部网络带来的威胁。VPN 属于远程访问技术，简单地说，就是利用公网链路架设私有网络，例如公司员工出差到外地，想访问企业内网的服务器资源，这种访问就属于远程访问。VPN 的解决方法是在内网中架设一台 VPN 服务器，VPN 服务器有两块网卡，一块连接内网，一块连接公网。外地员工在当地连上互联网后，通过互联网找到 VPN 服务器，然后利用 VPN 服务器作为跳板进入企业内网。

为了保证数据安全，VPN 服务器和客户机之间的通信数据都进行了加密处理。有了数据加密，就可以认为数据是在一条专用的数据链路上进行安全传输，就如同专门架设了一个专用网络一样。但实际上 VPN 使用的是互联网上的公用链路，因此只能称为虚拟专用网，即 VPN 实质上就是利用加密技术在公网上封装出一个数据通信隧道。有了 VPN 技术，用户无论是在外地出差还是在家中办公，只要能上互联网就能利用 VPN 非常方便地访问内网资源，这就是 VPN 在企业中应用得如此广泛的原因。

在传统的企业网络配置中，要进行异地局域网之间的互连，常用的方法是租用 DSN（数字数据网）专线或帧中继。这样的通信方案必然导致高昂的网络通信/维护费用。对于移动用户（移动办公人员）与远端个人用户而言，一般通过拨号线路（Internet）进入企业的局域网，而这样必然带来安全上的隐患。

6.4 相关理论知识

6.4.1 目前流行的远程访问技术

远程访问是指通过远程登录，如 Mstsc 或者 Telnet、Pcanywhere 登录到远程的服务器，即客户端利用 WAN 通信链路，应用某种远程连接方式（如 Modem+电话线）登录到本地网络中。远程访问的建立与局域网不同，局域网是由企业或学校独立完成传输网络的建设，因此传输网络的传输速率可以很高。而构建于广域网的远程访问由于受各种条件的限制，需借助公共传输网络，而且传输速率和价格紧密相关。至于“远程”也未必在千里之外，可能就在隔壁。显然，远程访问服务（Remote Access Service，RAS）就是允许计算机通过某种远程连接来访问本地的网络资源，为那些没有条件与本地网络直接相连的用户提供接入服务。

微软在 Windows Server 系统各个版本内均提供的远程网络服务，远程访问服务可以和 Windows Active Directory 集成在一起，作为 Windows 域的一部分。其次，提供更可靠的安全控制（如 MS-CHAP V2、可扩展的身份验证协议、RADIUS 客户、账户锁定等），更方便的管理手段（如路由和远程访问管理、带宽分配协议、远程访问策略），更多种的远程服务协议（如支持第二层隧道协议、支持 AppleTalk Macintosh 客户机远程访问、转发 IP 多播通信）。Windows 采用的远程访问方式是远程客户方式（与之对应的是远程控制方式），在此方式下需要在服务器上安装远程服务软件，或者专门设立一个远程访问服务器。远程客户机与本地客户机的操作相比，只是接入方式不同而已，客户使用标准工具（如 Windows 资源管理器）访问资源。Windows 的远程访问服务器，是作为“路由和远程访问”服务的一部分，可以提供两种不同的远程访问连接方式。

1．拨号网络连接

常见的通过电话线的 ADSL 方式就是一种拨号网络连接方式。在此方式下，远程客户机使用非永久的物理连接到远程访问服务器的物理端口上。一旦建立连接后，客户机和拨号网络服务器之间就有了直接的物理连接。

2．虚拟专用网络连接

虚拟专用网络（VPN）是远程客户机使用基于 TCP/IP 的专门的隧道协议（如 PPTP、L2TP），通过虚拟专用网络服务器的虚拟端口，穿越其他网络（如 Internet），实现一种逻辑上的直接连接。常见的虚拟连接的例子是，异地员工通过拨号网络连接到当地的 ISP，经由 Internet 连入公司的远程访问服务器，此服务器应答客户机的虚拟呼叫，在客户机和公司内部的局域网之间传递数据，就像在 Internet 上打了个隧道，其结构如图 6-1 所示。

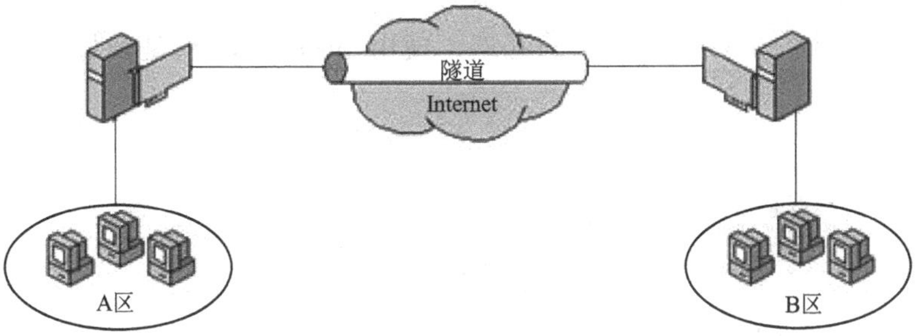

图 6-1　虚拟专用网络

VPN 有 3 种解决方案：远程访问虚拟网（AccessVPN）、企业内部虚拟网（IntranetVPN）和企业扩展虚拟网（ExtranetVPN），用户可以根据自己的情况进行选择。这 3 种类型的 VPN 分别与传统的远程访问网络、企业内部的 Intranet 以及企业网和相关合作伙伴的企业网所构成的 Extranet 相对应。

（1）AccessVPN

如果企业的内部人员移动或有远程办公需要，或者商家要提供 B2C 的安全访问服务，就可以考虑使用 AccessVPN，其结构如图 6-2 所示。

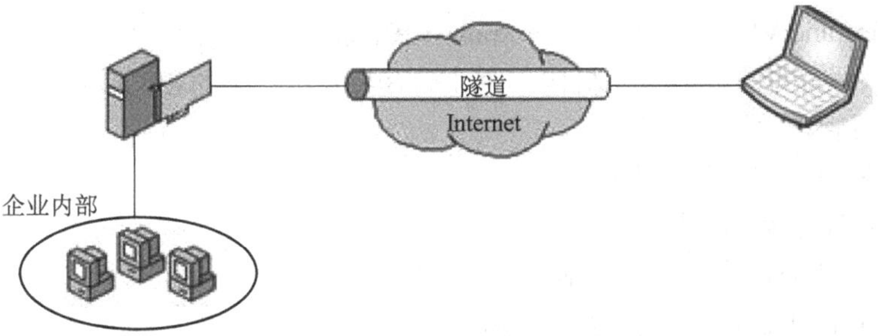

图 6-2　AccessVPN

AccessVPN 通过一个拥有与专用网络相同策略的共享基础设施，提供对企业内部网或外部网的远程访问。AccessVPN 能使用户随时、随地以其所需的方式访问企业资源。AccessVPN 包括模拟、拨号、ISDN、数字用户线路（xDSL）、移动 IP 和电缆技术，能够安全地连接移动用户、远程工作者或分支机构。

AccessVPN 最适用于公司内部经常有流动人员远程办公的情况。出差员工利用当地 ISP 提供的 VPN 服务，就可以和公司的 VPN 网关建立私有的隧道连接。远程认证拨号用户服务（RADIUS）服务器可对员工进行验证和授权，保证连接的安全，同时负担的电话费用大大降低。AccessVPN 对用户的吸引力在于：

1）减少用于相关的调制解调器和终端服务设备的资金及费用，简化网络。

2）实现本地拨号接入的功能来取代远距离接入或 800 电话接入，这样能显著降低远距离通信的费用。

3）极大的可扩展性，简便地对加入网络的新用户进行调度。

4）RADIUS 是基于标准、基于策略功能的安全服务。

5）将工作重心从管理和保留运作拨号网络的工作人员转到公司的核心业务上来。

（2）IntranetVPN

如果要进行企业内部各分支机构的互连，使用 IntranetVPN 是很好的方式，如图 6-3 所示。

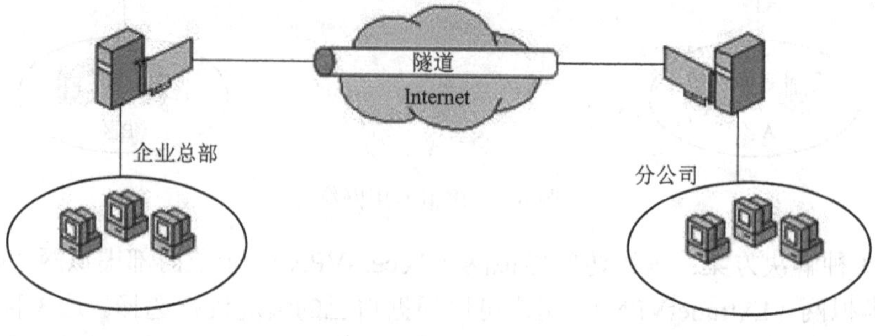

图 6-3 IntranetVPN

越来越多的企业需要在全国乃至世界范围内建立各种办事机构、分公司、研究所等，各个分公司之间传统的网络连接方式一般是租用专线。显然，在分公司增多、业务开展越来越广泛时，网络结构趋于复杂，费用昂贵。利用 VPN 特性可以在 Internet 上组建世界范围内的 IntranetVPN。利用 Internet 的线路保证网络的互连性，而利用隧道、加密等 VPN 特性可以保证信息在整个 IntranetVPN 上安全传输。IntranetVPN 通过一个使用专用连接的共享基础设施，连接企业总部、远程办事处和分支机构。企业拥有与专用网络的相同政策，包括安全、服务质量（QoS）、可管理性和可靠性。

IntranetVPN 对用户的吸引力在于：

1）减少 WAN 带宽的费用。

2）能使用灵活的拓扑结构，包括全网络连接。

3）新的站点能更快、更容易地被连接。

4）通过设备供应商 WAN 的连接冗余，可以延长网络的可用时间。

（3）ExtranetVPN

如果是提供 B2B 之间的安全访问服务，则可以考虑 ExtranetVPN，如图 6-4 所示。

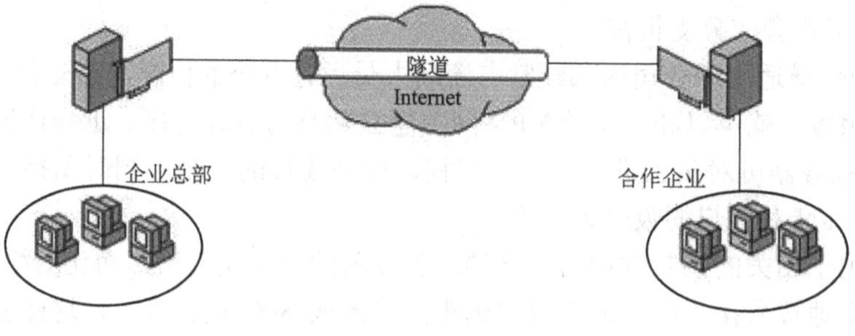

图 6-4 ExtranetVPN

随着信息时代的到来，各企业越来越重视各种信息的处理，希望可以提供给客户最快捷方便的信息服务，通过各种方式了解客户的需要，同时各个企业之间的合作关系也越来越多，信息交换日益频繁。Internet 为这样的一种发展趋势提供了良好的基础，而如何利用 Internet 进行有效的信息管理，是企业发展中不可避免的一个关键问题。利用 VPN 技术可以组建安全的 Extranet，既可以向客户、合作伙伴提供有效的信息服务，又可以保证自身的内部网络的安全。

ExtranetVPN 通过一个使用专用连接的共享基础设施，将客户、供应商、合作伙伴或兴趣群体连接到企业内部网。企业拥有与专用网络的相同政策，包括安全、服务质量（QoS）、可管理性和可靠性。

ExtranetVPN 对用户的吸引力在于：能容易地对外部网进行部署和管理，外部网的连接可以使用与部署内部网和远端访问 VPN 相同的架构和协议进行部署。主要的不同是接入许可，外部网的用户被许可只有一次机会连接到其合作人的网络。

6.4.2　远程访问技术的特点

Internet 服务提供商（ISP）和企业将是 VPN 的直接受益者。ISP 将 VPN 作为一项增值业务推向企业，并从企业得到回报。因此，VPN 的最终目的是服务于企业，为企业带来可观的经济效益，为现代化企业的信息共享提供安全可靠的途径。

1．ISP 受益

对于 ISP 来说，VPN 提供了巨大商机。通过向企业提供 VPN 增值服务，ISP 可以与企业建立更加紧密的长期合作关系，同时充分利用现有网络资源，提高业务量。事实上，VPN 用户的数据流量较普通用户要大得多，而且时间上也是相互错开的。VPN 用户通常是上班时间形成流量的高峰，而普通用户的流量高峰期则在工作时间之外。ISP 对外提供两种服务，资源利用率和业务量都会大大增加。同时，VPN 使 ISP 能够经济地维持开发客户群、增加利润、提供增强服务，如视频会议、电子商务、IP 电话、远程教学、多媒体商务应用等。

2．用户受益

有 4 类用户比较适合采用 VPN：

1）位置众多，特别是单个用户和远程办公室站点多，如企业用户、远程教育用户。

2）用户/站点分布范围广，彼此之间的距离远，需通过长途电话甚至国际长途联系的用户。

3）带宽和时延要求相对适中的用户。

4）对线路保密性和可用性有一定要求的用户。

相对而言，有 4 种情况可能并不适于采用 VPN：

1）非常重视传输数据的安全性。

2）不管价格多少，性能都被放在第一位的情况。

3）采用不常见的协议，不能在 IP 隧道中传送应用的情况。

4）大多数通信是实时通信的应用，如语音和视频。但这种情况可以使用公共交换电话网（PSTN）解决方案与 VPN 配合使用。

对于企业来说，VPN 提供了安全、可靠的 Internet 访问通道，为企业进一步发展提供了可靠的技术保障。而且 VPN 能提供专用线路类型服务，是方便快捷的企业私有网络。企业甚至可以不必建立自己的广域网维护系统，而将这一繁重的任务交由专业的 ISP 来完成。由于 VPN 的出现，用户可以从以下几方面获益：

1）实现网络安全。具有高度的安全性，对于现在的网络是极其重要的。新的服务如在线银行、在线交易都需要绝对的安全，而 VPN 以多种方式增强了网络的智能和安全性。首先，它在隧道的起点，即现有的企业认证服务器上，提供对分布用户的认证。另外，VPN 支持安全和加密协议，如 SecureIP（IPsec）和 Microsoft 点对点加密（MPPE）。

2）简化网络设计。网络管理者可以使用 VPN 替代租用线路来实现分支机构的连接，这样就可以将对远程链路进行安装、配置和管理的任务减少到最小。仅此一点就可以极大地简化企业广域网的设计。另外，VPN 通过拨号访问来自于 ISP 或 NSP 的外部服务，减少了调制解调器池，简化了所需的接口，同时简化了与远程用户认证、授权等相关的设备和处理。

3）降低成本。VPN 可以立即且显著地降低成本。当使用 Internet 时，实际上只需付短途电话费，却收到了长途通信的效果。因此，借助 ISP 来建立 VPN，就可以节省大量的通信费用。此外，VPN 还使企业不必投入大量的人力和物力去安装和维护 WAN 设备和远程访问设备，这些工作都可以交给 ISP。

VPN 使用户可以降低如下的成本：

① VPN 可以通过减少长途费或 800 费用来节省移动用户的花费。

② VPN 可以以每条连接的 40%～60%的成本对租用线路进行控制和管理。对于国际用户来说，这种节约是极为显著的。对于话音数据，节约金额会进一步增加。

③ VPN 通过支持拨号访问外部资源，使企业可以减少不断增长的调制解调器费用。另外，它还允许一个单一的 WAN 接口服务多种目的，从分支网络互连、商业伙伴的外连网终端、本地提供高带宽的线路连接到拨号访问服务提供者，因此，只需要极少的 WAN 接口和设备。由于 VPN 可以完全管理，并且能够从中央网站进行基于策略的控制，因此可以大幅度地减少在安装配置远端网络接口所需设备上的开销。另外，由于 VPN 独立于初始协议，这就使得远端的接入用户可以继续使用传统设备，保护了用户在现有硬件和软件系统上的投资。

4）容易扩展。如果企业想扩大 VPN 的容量和覆盖范围，所需做的事情很少，而且能及时实现：企业只需与新的 IPS 签约，建立账户；或者与原有的 ISP 重签合约，扩大服务范围。在远程办公室增加 VPN 能力也很简单：几条命令就可以使 Extranet 路由器拥有 Internet 和 VPN 能力，路由器还能对工作站自动进行配置。

5）可随意与合作伙伴联网。在过去，企业如果想与合作伙伴联网，双方的信息技术部门就必须协商如何在双方之间建立租用线路或帧中继线路。有了 VPN 之后，这种协商则毫无必要，真正达到了“要连就连，要断就断”。

6）完全控制主动权。借助 VPN，企业可以利用 ISP 的设施和服务，同时又完全掌握着自己网络的控制权。比方说，企业可以把拨号访问交给 ISP 去做，由自己负责用户的查验、访问权、网络地址、安全性和网络变化管理等重要工作。

7）支持新兴应用。许多专用网对许多新兴应用准备不足，如那些要求高带宽的多媒体和协作交互式应用。VPN 则可以支持各种高级的应用，如 IP 语音、IP 传真，还有各种协议，如 RSIP、IPv6、MPLS、SNMPv3 等。

正由于 VPN 能给用户带来诸多的好处，其在全球发展得异常红火，在北美和欧洲，已经是一项相当普遍的业务；在亚太地区，该项服务也迅速开展起来。

在中国，制约 VPN 发展、普及的因素大致可分为客观因素和主观因素两方面：

1）客观因素包括 Internet 带宽和服务质量 QoS 问题。在过去无论 Internet 的远程接入还是专线接入，以及骨干传输的带宽都很小，QoS 更是无法保障，造成企业用户宁愿花费大量的金钱去投资自己的专线网络或是宁愿花费巨额的长途话费来提供远程接入。现在随着 ADSL、DWDM、MPLS 等技术的大规模应用和推广，上述问题将得到根本改善和解决。譬如，过去专线接入速率最高才 2Mbit/s，而现在中国的企业用户可以享受到 10Mbit/s，乃至 100Mbit/s 的 Internet 专线接入，而骨干网现在最高已达到 40Gbit/s，并且今后几年内将发展到上百乃至上千个 Gbit/s，这已不是技术问题而是时间问题。随着互联网技术的发展，VPN 在未来几年内将会得到迅猛发展。

2）主观因素之一是用户总害怕自己内部的数据在 Internet 上传输不安全。其实前面介绍的 VPN 技术已经能够提供足够安全的保障，可以使用户数据不被查看、修改。主观因素之二，也是 VPN 应用最大的障碍，是客户自身的应用跟不上，只有企业将自己的业务完全和网络联系上，VPN 才会有了真正的用武之地。

可以想象，当消除了所有这些障碍因素后，VPN 将会成为我们网络生活的主要组成部分。在不远的将来，VPN 技术将成为广域网建设的最佳解决方案，它不仅会大大节省广域网的建设和运行维护费用，而且会增强网络的可靠性和安全性。同时，VPN 会加快企业网的建设步伐，使得集团公司不仅仅只是建设内部局域网，而且能够很快地把全国各地分公司的局域网连起来，从而真正发挥整个网络的作用。VPN 将对推动整个电子商务、电子贸易将起到不可低估的作用。

6.4.3 远程访问技术及设备选择

VPN 既是一种组网技术，又是一种网络安全技术。VPN 涉及的技术和概念比较多，应用的形式也很丰富，其分类方式也很多，令人眼花缭乱。

1. VPN 的分类

（1）按应用范围划分

这是最常用的分类方法，可以划分为 Accesss VPN、IntranetVPN 和 ExtranetVPN 3 种应用模式，前面已经介绍过，这里不再赘述。

（2）按 VPN 网络结构划分

1）基于 VPN 的远程访问，即单机连接到网络，又称点到站点、桌面到网络，用于提供远程移动用户对公司内部网的安全访问。

2）基于 VPN 的网络互连，即网络连接到网络，又称站点到站点、网关（路由器）到网关（路由器），用于企业总部网络和分支机构网络的内部主机之间的安全通信，还可用于企业的内部网与企业合作伙伴网络之间的信息交流，并提供一定程度的安全保护，防止对内部信息的非法访问。

3）基于 VPN 的点对点通信，即单机到单机，又称端对端，用于企业内部网的两台主机之间的安全通信。

（3）按接入方式划分

在 Internet 上组建 VPN，用户计算机或网络需要建立到 ISP 的连接。与用户上网接入方式相似，根据连接方式，可分为以下两种类型：

1）专线 VPN。通过固定的线路连接到 ISP，如 DDN、帧中继等都是专线连接。

2）拨号接入 VPN。简称 VPDN，使用拨号连接（如模拟电话、ISDN 和 ADSL 等）连接到 ISP，是典型的按需连接方式。这是一种非固定线路的 VPN。

（4）按隧道协议划分

按隧道协议的网络分层，VPN 可划分为第二层隧道协议和第三层隧道协议。PPTP、L2P 和 L2TP 都属于第二层隧道协议，IPSec 属于第三层隧道协议，MPLS 跨越第二层和第三层。VPN 的实现往往将第二层和第三层协议配合使用，如 L2TP/IPSec。当然，还可根据具体的协议来进一步划分 VPN 类型，如 PPTP VPN、L2TP VPN、IPSec VPN 和 MPLS VPN 等。

第二层和第三层隧道协议的区别主要在于用户数据在网络协议栈的第几层被封装。第二层隧道协议可以支持多种路由协议，如 IP、IPX 和 AppleTalk，也可以支持多种广域网技术，如帧中继、ATM、X.25 或 SDH/SONET，还可以支持任意局域网技术，如以太网、令牌环网和 FDDI 网等。另外，还有第四层隧道协议，如 SSL VPN。

（5）按隧道建立方式划分

根据 VPN 隧道建立方式，可分为以下两种类型：

1）自愿隧道（Voluntary Tunnel）。指客户计算机或路由器可以通过发送 VPN 请求配置和创建的隧道。这种方式也称为基于用户设备的 VPN。VPN 的技术实现集中在 VPN 用户端，VPN 隧道的起始点和终止点都位于 VPN 用户端，隧道的建立、管理和维护都由用户负责。ISP 只提供通信线路，不承担建立隧道的业务。这种方式技术实现容易，不过对用户的要求较高。不管怎样，这仍然是目前最普遍使用的 VPN 组网类型。

2）强制隧道（Compulsory Tunnel）。指由 VPN 服务提供商配置和创建的隧道，也称为基于网络的 VPN。VPN 的技术实现集中在 ISP，VPN 隧道的起始点和终止点都位于 ISP，隧道的建立、管理和维护都由 ISP 负责。VPN 用户不承担隧道业务，客户端无须安装 VPN 软件。这种方式便于用户使用，增加了灵活性和扩展性，不过技术实现比较复杂，一般由电信运营商提供，或由用户委托电信运营商实现。

（6）按路由管理方式划分

按路由管理方式划分，VPN 分为以下两种模式：

1）叠加模式（Overlay Model）。也译为“覆盖模式”。目前大多数 VPN 技术，如 IPSec、GRE 都基于叠加模式。采用叠加模式，各站点都有一个路由器通过点到点连接（IPSec、GRE 等）到其他站点的路由器上，不妨将这个由点到点的连接以及相关的路由器组成的网络称为“虚拟骨干网”。叠加模式难以支持大规模的 VPN，可扩展性差。如果一个 VPN 用户有许多站点，而且站点间需要全交叉网状连接，则一个站点上的骨干路由器必须与其他所有站点建立点对点的路由关系。站点数的增加受到单个路由器处理能力的限制。另外，增加新站点时，网络配置变化也会很大，网状连接上的每一个站点都必须对路由器重新配置。

2）对等模式（Peer Model）。对等模式是针对叠加模式固有的缺点推出的，它通过限制路由信息的传播来实现 VPN。这种模式能够支持大规模的 VPN 业务，如一个 VPN 服务提供商可支持成百上千个 VPN。采用这种模式，相关的路由设备很复杂，但实际配置却非常简单；容易实现 QoS 服务；扩展更加方便，因为新增一个站点，不需与其他站点建立连接，这对于网状结构的大型复杂网络非常有用。MPLS 技术是当前主流的对等模式 VPN 技术。

2．VPN 设备选择

如果单位自建 VPN，需要选购相关的产品。一套完整的 VPN 产品一般包括 3 个部分：

1）VPN 网关。用于实现 LAN 到 LAN。

2）VPN 客户端。与 VPN 网关一起可实现客户到 LAN 的 VPN 方案。

3）VPN 管理中心。对 VPN 网关和 VPN 客户端的安全策略进行配置和远程管理，实现 VPN 功能。

在选择 VPN 产品时，可从以下几个方面来考虑：

1）产品定位。像其他网络产品一样，不同的 VPN 产品有不同的定位，按从高端到低端的顺序，依次为电信级、企业级、中小企业、办公室或 SOHO。当然，中小企业只能选择中小企业及以下级别的产品。

2）支持的应用类型。VPN 有 3 种应用类型：LAN 到 LAN、客户到 LAN、客户到客户。这里的客户指的是 VPN 网络中的移动用户和远程办公用户。目前多数 VPN 产品都支持 LAN 到 LAN 和客户到 LAN，而支持客户到客户的产品不多。这一点在有些应用场合很重要，例如企业的远程办公用户之间需要交流保密信息，客户到客户的 VPN 方案是一种很好的解决手段。

3）支持的协议。自建 VPN 应根据需要选择隧道协议，目前 PPTP、L2TP 和 IPSec 是比较常用的协议。一般远程访问 VPN（即客户到 LAN）多选择 L2TP，为安全起见，还需选择 IPSec 来提供加密。网络互连（LAN 到 LAN）和端到端连接多选择 IPSec。

PPTP 由于简单易用，而且支持 NAT 路由，因此在有些场合下也使用。总之，IPSec 是最安全的隧道协议，多数 VPN 产品都支持该协议。当然越来越多的 VPN 产品开始支持 PPTP 和 L2TP。

除隧道协议之外，还要考察 VPN 可承载协议、NAT（网络地址转换）以及路由协议的支持情况。许多 VPN 产品的可承载协议除 IP 之外，还支持 IPX、NetBIOS 等网络协议。对 NAT 的支持对于一些网络共享的应用非常重要，IPSec 本身并不支持 NAT，但可在 VPN 产品中加进这一功能。与 IPSec 产生直接冲突的是网络地址端口转换（NAPT）和网络地址转换（NAT）。

NAT 和 NAPT 在宽带网络中应用很广，许多网络服务供应商都使用这种技术。IPSec VPN 方案如果不支持 NAPT，在这些场合就没有意义了。

4）是否集成防火墙功能。VPN 将 IP 数据包加密封装，往往会影响防火墙的性能，甚至影响安全策略的定义。一般来说，独立的 VPN 产品与防火墙难以协同工作，特别是来自不同厂家的产品。最好选择集成防火墙功能的 VPN 产品。

5）产品的基本配置。VPN 的基本配置参数如下：

① 可支持的最大连接数，即可以同时支持拨叫用户连接的数量。

② VPN 实现机制，有纯软件、纯硬件、软硬结合以及专用设备等方式。

③ 可提供的网络接口。常见的是以太网口，还有 E1、T1 等接口。

④ 操作系统平台，指 VPN 产品本身所采用的操作系统，许多产品都采用专有的操作系统。

6）VPN 的管理性。提供专用的 VPN 管理软件或平台对于一个复杂的 VPN 网络很重要，可简化管理，减轻系统管理员的负担。

7）VPN 的开放性和扩展性。VPN 产品应提供与第三方安全产品协同工作的能力，能适应多种平台。便于扩展，以适应 VPN 网络的扩展和升级。

8）产品的其他功能。其他功能包括硬件加速功能（纯硬件处理、加密卡、加速卡）、流量均衡、安全策略（安全网关、防火墙、集中管理、日志、加密）、安全机制（包过滤、加密、认证、日志、审核等）、认证机制（RADIUS、数字证书）和密钥管理等。另外，在选择 VPN 方案和产品的时候，不要单纯从组网和安全的技术角度考虑，还要考虑 VPN 的具体用途和所需成本。对于中小型 VPN 网络来说，经济实用才是最重要的。

6.5　中小型企业网络方案

随着技术应用的逐步深化，中小型企业局域网络已经摒弃了那种“单猫”路由+几个信息节点的简单模式。企业越来越重视其内部信息化建设，所以根据 6.2 节提出的需求，制定了本节所述方案。

6.5.1　项目基本情况与实现目标

某企业需要构建企业内部园区网络。该企业有两栋办公楼，1#办公楼的一层为接待室、会议室，二层为市场部、销售部；2#办公楼的一层为技术部，二层为研发部，三层为财务部与人力资源部，四层为设备间，五层为信息中心，如图 6-5 所示。每个部门内的员工需通过网络实现部门内的信息交流和资源共享，除主管经理外不同部门间不准许相互通信；企业内的所有部门都可以访问分布在 2#办公楼四层设备间内的服务器，实现全企业内资源共享，从而实现快速、便捷、安全的网上办公。为了方便员工在家里也可以办公，企业在网络中增加了远程访问技术。

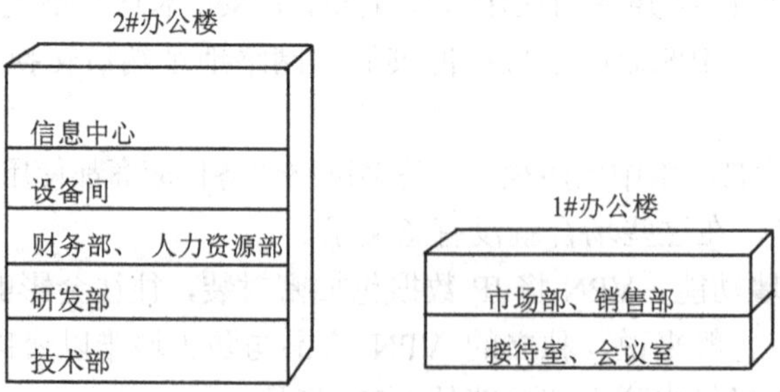

图 6-5　某企业建筑与部门分布图

6.5.2 中小企业网络组建原则

一般来说，在工程设计前对主要设计原则进行选择和平衡，并排在其他设计方案中的优先级，对网络工程的设计和规划具有指导意义。网络建设原则要体现对用户网络技术和服务上的全面支持。这些原则应该以用户为中心，包括下面几个方面：

1）可靠性原则。具有容错功能，管理、维护方便。对网络的设计、选型、安装和调试等各个环节进行统一的规划和分析，确保系统运行可靠，需从设备本身和网络拓扑两方面考虑。

2）可扩展性原则。为了保证用户的已有投资以及用户不断增长的业务需求，网络和布线系统必须具有灵活的结构，并留有合理的扩充余地，既能满足用户数量的扩展，又能满足因技术发展需要而实现低成本的扩展和升级的需求。需从设备性能、可升级的能力和 IP 地址、路由协议规划等方面考虑。

3）可运营性原则。仅仅提供 IP 级别的连通是远远不够的，网络还应能够提供丰富的业务、足够健壮的安全级别以及对关键业务的 QoS 保证。搭建网络的目的是真正能够给用户带来效益。

4）可管理原则。提供灵活的网络管理平台，利用一个平台实现对系统中各种类型的设备进行统一管理；提供网管对设备进行拓扑管理、配置备份、软件升级、实时监控网络中的流量及异常情况。

6.5.3 拓扑设计

按照该企业实际情况与具体要求，设计出如图 6-6 所示的网络拓扑结构。

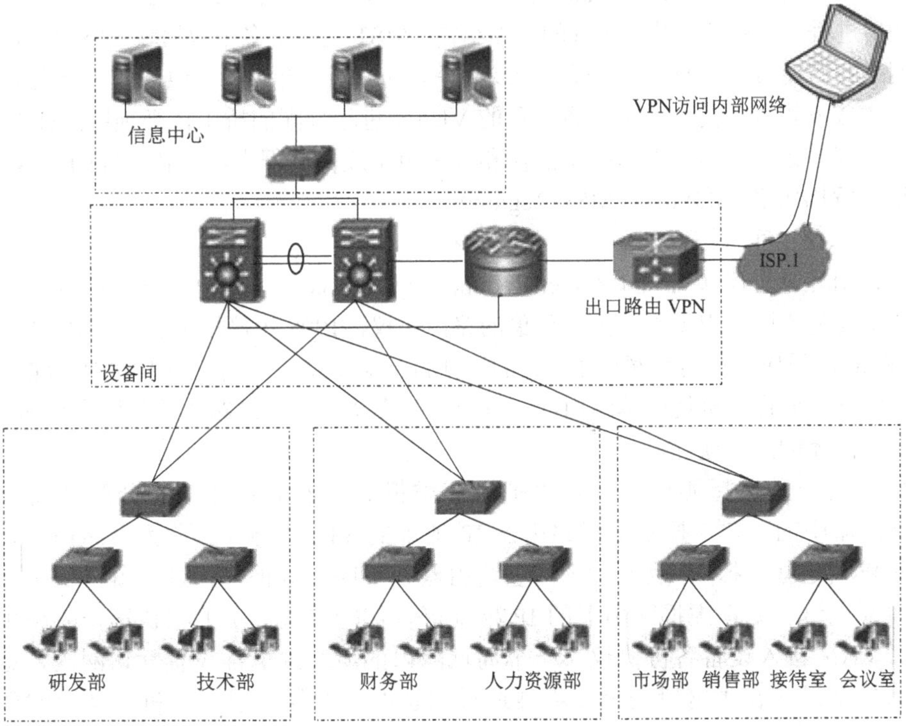

图 6-6 企业网络拓扑设计图

1）双核心交换能够满足企业数据流的畅通，又具备了链路冗余的优点。

2）光纤介质的采用可以解决高带宽支持的需求，也能解决两栋办公楼之间距离的需求。

3）远程访问 VPN 的采用解决了员工处于外地或在家进行内网操作的需求。

4）适应 80/20 原则，在内网的核心-汇聚-接入三层结构中充分考虑到了数据流量的需求与未来 5 年内的扩展。

6.5.4　方案详细设计

本方案中采用了双核心交换式网络结构，并且实现核心设备间高带宽的链路备份，在核心层消除了单点故障。主要技术应用如下：

（1）链路聚合

链路聚合（Link Aggregation）是指将多个物理端口捆绑在一起，成为一个逻辑端口，以实现出/入流量在各成员端口中的负荷分担。交换机根据用户配置的端口负荷分担策略决定报文从哪一个成员端口发送到对端的交换机。当交换机检测到其中一个成员端口的链路发生故障时，就停止在此端口上发送报文，并根据负荷分担策略在剩下链路中重新计算报文发送的端口，故障端口恢复后重新计算报文发送端口。链路聚合在增加链路带宽、实现链路传输弹性和冗余等方面是一项很重要的技术。这里采用的链路聚合技术的主要目的是保证各个汇聚层交换机之间不同 VLAN 数据通信的数据流质量。

（2）多生成树技术

多生成树（MST）是把 IEEE 802.1w 的快速生成树（RST）算法扩展而得到的。

采用 MST，能够通过干道（Trunks）建立多个生成树，关联 VLANs 到相关的生成树进程，每个生成树进程具备单独于其他进程的拓扑结构；MST 提供了多个数据转发路径和负载均衡，提高了网络容错能力，因为一个进程（转发路径）的故障不会影响其他进程（转发路径）。

一个生成树进程只能存在于具备一致的 VLAN 进程分配的桥中，必须用同样的 MST 配置信息来配置一组桥，这使得这些桥能参和到一组生成树进程中，具备同样的 MST 配置信息的互连的桥构成多生成树区（MST Region）。

（3）虚拟路由冗余协议

虚拟路由冗余协议（Virtual Router Redundancy Protocol，VRRP）是由 IETF 提出的解决局域网中配置静态网关出现单点失效现象的路由协议，1998 年已推出正式的 RFC 2338 协议标准。VRRP 广泛应用在边缘网络中，它的设计目标是支持特定情况下 IP 数据流量失败转移不会引起混乱，允许主机使用单路由器，以及及时在实际第一跳路由器使用失败的情形下仍能够维护路由器间的连通性。

VRRP 是一种选择协议，它可以把一个虚拟路由器的责任动态分配到局域网上的 VRRP 路由器中的一台。控制虚拟路由器 IP 地址的 VRRP 路由器称为主路由器，它负责转发数据包到这些虚拟 IP 地址。一旦主路由器不可用，这种选择过程就提供了动态的故障转移机制，这就允许虚拟路由器的 IP 地址可以作为终端主机的默认第一跳路由器，因此是一种 LAN 接入设备备份协议。一个局域网内的所有主机都设置默认网关，这样主机发出的目的地址不在本网段的报文将被通过默认网关发往三层交换机，从而实现了主机和外部网络的通信。

VRRP 也是一种路由容错协议，因此也可以叫作备份路由协议。一个局域网络内的所有主机都设置默认路由，当网内主机发出的目的地址不在本网段时，报文将被通过默认路由发往外部路由器，从而实现了主机与外部网络的通信。当默认路由器关闭（即端口关闭）之后，内部主机将无法与外部通信，如果路由器设置了 VRRP 时，那么这时，虚拟路由将启用备份路由器，从而实现全网通信。

（4）路由器 VPN 技术

在路由器上支持 VPN 技术，以达到企业内部用户在外网访问内网资源。路由器上支持 VPN 技术，一方面可以解决用户拨叫至网络内部，起到认证服务的功能；另一方面，又可以为拨叫用户分配内网 IP，以使用户在互联网中访问内网时如同在局域网中进行相同权限的操作。

6.5.5　项目实施计划表

项目实施计划见表 6-1。

表 6-1　项目实施计划表

	第一周	第二周	第三周	第四周	第五周
合同签订					
备货					
交货					
布线施工					
硬件安装					
软件安装					
培训					
调试					
试运行					
正式实施					

习题

1. 什么是 VPN 技术？
2. VPN 分为几种？
3. VPN 常用的几种隧道协议？
4. 实践设计题

一个企业有 3 座办公楼：主楼、销售与产品展示中心、技术研发中心。人力资源部 5 人、财务部 5 人，此两个部门位于主楼；销售部 20 人、电商中心 10 人，位于销售与产品展示中心；技术研发部 20 人，位于技术研发中心；主设备间与信息中心位于主楼中。要求企业内各部门员工通过网络实现部门内信息交流；所有部门都可以访问企业主服务器，实现资源共享；销售部、电商中心以及技术研发部可实现远程办公。根据以上需求，请写出符合企业要求的网络方案。

项目 7　规划与设计无线网络

7.1　教学目标

1）了解无线局域网中常用的网络设备。
2）掌握无线网络的设计规范。
3）掌握无线网络的设计流程。
4）掌握常用无线网络设备的设置方法。
5）掌握无线网络的接入方法。
6）了解无线网络的安全设置方法。

7.2　工作任务

某企业现有 5 个分厂，均位于某镇，距离不远。各分厂虽然都建有相应的计算机网络，但相互之间并没有联网，因此信息交流、材料传递仍需要通过 Internet 电子邮件或人工方式，资源无法共享且安全性低，很大程度上影响了企业办公质量与效率的提高。着眼于未来发展，企业的计算机网络亟待改进，要求各分厂之间进行网络互连，并且能够有较高的连接带宽，同时资金投入不能太大。

作为一名网络规划工程师，你需要根据用户的要求和具体情况，为该企业提供无线网络规划与设计方案。

7.3　相关实践知识

无线网络规划是一个复杂的系统工程，由网络规模预测、传输系统规划设计、核心网络规划设计、电源配套规划设计和无线系统规划设计等几大部分组成。

无线网络的建设包括新建网络和对原有网络进行升级改造。对于新建网络来说，其规划与设计只需要考虑无线传播环境和覆盖范围以及通信容量的需求即可，规划相对来说较为容易；但对于升级原有网络，其规划可以看作是网络优化的一种手段，即可以改善现有网络的性能，因此设计方案需要首先解决现有网络存在的问题，提出详细的改进方案。无线网络方案的设计过程是一个循环的过程，只有通过“规划—建设—优化—再规划再建设”这种周期性的、反复的过程才能使建设的网络更好地符合用户的需求。

7.4　相关理论知识

7.4.1　无线局域网技术

1．无线局域网概述

（1）无线局域网的概念

无线局域网是计算机网络与无线通信技术相结合的产物。通俗点说，无线局域网（Wireless Local Area Network，WLAN）就是在不采用传统线缆的同时，提供传统有线局域网的所有功能，即网络所需的基础设施不需要再埋在地下或隐藏在墙里，而网络却能够随着实际需要移动或变化。之所以还称其为局域网，主要因为传输范围受无线连接设备与计算机之间距离远近的影响，所以必须要在区域范围之内才可以连上网路。

通常计算机组网的传输介质主要是铜缆或光缆，但有线网络在某些场合要受到布线的限制：布线、改线工程量大；线路容易损坏；网中的各节点经常移动。特别是当要把相距较远的节点连接起来时，敷设专用通信线路的布线施工难度大、费用高、耗时长，这对正在迅速扩大的联网需求形成了严重的瓶颈阻塞。无线局域网是对有线联网方式的一种补充的扩展，它的数据传输速率高达 54Mbit/s，传输距离可远至 20km 以上。随着开放办公的流行和手持设备的普及，人们对移动性访问和存储信息的需求越来越多，因而 WLAN 在办公、生产和家庭等领域获得了更广泛地应用。

由于无线局域网可以在不受地理条件限制、通信不便或移动通信的情况下组建计算机网络，因此具有有线网络不可取代的优势。1997 年 6 月，第一个无线局域网标准 IEEE 802.11 正式颁布实施，为无线局域网的物理层和 MAC（Media Access Control，介质访问控制）层提供了统一的标准，有力地推动了该市场的快速发展。

（2）无线局域网的应用领域

与有线网络相比，无线局域网具有许多优点，它可广泛应用于以下几方面：有线网络间的连接、难以布线的环境、频繁变化的环境、使用便携式计算机等可移动设备接入固定网络、远距离信息的传输、连接较远分支机构、特殊项目或行业专用网以及科学技术监控。

2．无线局域网标准

近年来无线数据传输技术不断获得突破，标准化进展也极为迅速，这使得局域网环境下的数据传输完全可以摆脱线缆的束缚。

无线局域网的技术规范主要是指在无线网络中使用的通信协议标准，目前常用的主要有美国 IEEE（电机电子工程师协会）制定的 802.11 标准（包括 802.11a、802.11b、802.11g、802.11h 及 802.11i 等标准）、蓝牙标准、Home RF（家庭网络）标准以及由 ETSI（欧洲电信标准组织）提出的 HiperLAN 和 HiperLAN2 等。

（1）IEEE 802.11 标准

1）IEEE 802.11：1997 年由大量的局域网和计算机专家审定通过的标准，也是在无线局域网领域内的第一个在国际上被认可的协议。该标准中传输速率最高达到 2Mbit/s，工作在 2.4GHz 开放频段，主要用于数据的存取。

2）IEEE 802.11b：工作在2.4Ghz频段，物理层支持5.5Mbit/s和11Mbit/s两个新速率，采用直接序列扩频技术和补偿编码键控调制方式。其传输速率可因环境干扰或传输距离而变化，在11Mbit/s、5.5Mbit/s、2Mbit/s、1Mbit/s之间自动切换，而且在2Mbit/s、1Mbit/s速率时与IEEE 802.11兼容。该标准从根本上改变无线局域网的设计和应用现状，扩大了无线局域网的应用领域。现在大多数厂商生产的无线局域网产品都基于IEEE 802.11b标准。

3）IEEE 802.11a：工作在5GHz U-NII频段，从而避开了拥挤的2.4GHz频段，所以相对802.11b来说几乎是没有干扰。物理层速率可达54Mbit/s，传输层可达25Mbit/s。采用正交频分复用（OFDM）的独特扩频技术；可提供25Mbit/s的无线ATM接口、10Mbit/s以太网无线帧结构接口和TDD/TDMA的空中接口；支持语音、数据、图像业务；一个扇区可接入多个用户，每个用户可带多个用户终端。但该标准与IEEE 802.11b不兼容，空中接力不好，点对点连接很不经济，不适合小型设备，市场销售情况一直不理想。

4）IEEE 802.11g：2003年6月12日正式推出。该标准拥有IEEE802.11a的传输速率，安全性较IEEE 802.11b好，采用两种调制方式，即IEEE802.11a中采用的OFDM与IEEE 802.11b中采用的CCK，做到了与二者兼容。该标准的兼容性和高数据速率弥补了IEEE802.11a和IEEE802.11b各自的缺陷，一方面使得IEEE802.11b产品可以平稳地向高数据速率升级，满足日益增加的带宽需求；另一方面使得IEEE802.11a实现与IEEE802.11b的互通，克服了IEEE802.11a一直难以进入市场主流的尴尬局面。因此，该标准一出现就得到众多厂商的支持。

5）IEEE 802.11e/f/h：IEEE 802.11e标准对无线局域网MAC层协议提出改进，以支持多媒体传输及所有无线局域网无线广播接口的服务质量保证（QoS）机制。IEEE 802.11f定义访问节点之间的通信，支持IEEE 802.11的接入点互操作协议（IAPP）。IEEE 802.11h用于IEEE802.11a的频谱管理技术。

6）IEEE 802.11i：该标准是结合IEEE 802.1x中的用户端口身份验证和设备验证，对无线局域网MAC层进行修改与整合，定义了严格的加密格式和鉴权机制，以改善无线局域网的安全性。新修订的标准主要包括两项内容，即“Wi-Fi保护访问”（WPA）技术和“强健安全网络”。Wi-Fi联盟计划采用IEEE802.11i标准作为WPA的第二个版本，并于2004年初开始实行。

7）IEEE 802.11n：该标准是在802.11g之上发展起来的，其最大的特点是速率的大幅度提升，理论速率最高可达600Mbit/s（目前业界主流为300Mbit/s）。802.11n可工作在2.4GHz和5GHz两个频段。它主要是结合物理层和MAC层的优化来充分提高无线局域网的吞吐量，其中主要的物理层技术涉及MIMO（多入多出）、OFDM（正交频分复用）、40MHz、Short GI等，在提升传输速率的同时也提高了无线传输质量。但如果仅仅提高物理层的速率，而没有对空口访问等MAC层的优化，802.11n的物理层优化将无从发挥。这就好比即使建了很宽的马路，但是车流的调度管理如果跟不上，仍然会出现拥堵。所以802.11n对MAC采用了Block确认、帧聚合等技术，大大提高了MAC层的效率。在覆盖范围方面，802.11n采用智能天线技术，通过多组独立天线组成的天线阵列，可以动态调整波束，保证让WLAN用户接收到稳定的信号，并可以减少其他信号的干扰。因此，其覆盖范围可以扩大到几平方公里，这也使无线局域网的移动性极大提高。在兼容性方面，802.11n采用了一种软件无线电技术，这是一个完全可编程的硬件平台，使得不同系统的基站和终端都可以通过这一平台的不同软件实现互通和兼容，这使得无线局域网的兼容性得到极大改善。这意味着无线局域网不但能实现 802.11n 向前后兼容，而且可以实现无线局域网与无线广域网络的结合，比如 3G。

8）IEEE 802.11ac：该标准是 802.11n 的继承者，通过 5GHz 频带进行通信。理论上，它能够提供最少 1Gbit/s 带宽进行多站式无线局域网通信，或是最少 500Mbit/s 的单一连接传输带宽。802.11ac 采用并扩展了源自 802.11n 的空中接口（Air Interface）概念，包括更宽的 RF 带宽（提升至 160MHz）、更多的 MIMO 空间流（Spatial Streams，增加到 8）、多用户的 MIMO 以及更高阶的调制（Modulation，达到 256QAM）。

（2）蓝牙标准

“蓝牙”这个颇为奇怪的名字来源于 10 世纪丹麦国王哈洛德（Harold）的外号。据说，这位丹麦国王靠出色的沟通和说服能力统一了当时的丹麦和挪威。因为他非常爱吃蓝莓，牙齿经常被染成蓝色，所以得了“蓝牙”这个外号。1998 年 5 月，爱立信、诺基亚、IBM、东芝和英特尔 5 家著名 IT 厂商，在联合开展短程无线通信技术的标准化活动时提出了蓝牙技术，其宗旨是提供一种短距离、低成本的无线传输应用技术。1999 年下半年，著名的业界巨头微软、摩托罗拉、3Com、朗讯与蓝牙特别小组 Bluetooth SIG 这 5 家公司共同发起成立了蓝牙技术推广组织，从那时起，全球便开始掀起了蓝牙热潮。

蓝牙技术是一种用于替代便携或固定电子设备上使用的电缆或连线的短距离无线连接技术。其设备使用全球通行的、无须申请许可的 2.45GHz 频段，可实时进行数据和语音传输，传输速率可达到 10Mbit/s，在支持 3 个话音频道的同时还支持高达 723.2kbit/s 的数据传输速率。也就是说，在办公室、家庭和旅途中，无须在任何电子设备间布设专用线缆和连接器，通过蓝牙遥控装置可以形成一点到多点的连接，即在该装置周围组成一个“微网”，网内任何蓝牙收发器都可与该装置互通信号。而且，这种连接无须复杂的软件支持。蓝牙收发器的一般有效通信范围为 10m，强的可以达到 100m 左右。

由于蓝牙在无线传输距离上的限定，它和个人网络通信用品有着不解之缘。因此，生产蓝牙产品的除了网络集成厂商和传统 PC 厂商以外，还包括很多移动电话厂商。近年来，随着全球无线市场的不断扩大，蓝牙已成为移动电话的标配。实际上，依据目前的无线技术水平，一台支持蓝牙的便携式计算机加上一部蓝牙手机就可以轻松实现无线登录互联网。

（3）Home RF（家庭网络）标准

Home RF 无线标准是由 Home RF 工作组开发的，旨在家庭范围内使计算机与其他电子设备之间实现无线通信的开放性工业标准。Home RF 规格相当简单，它的宗旨是让所有人都能轻松、简易地使用无线网络，因此其系统中不需要集线器，所有的终端都是网卡，最大支持 16 块无线 Home RF 网卡处于同一网段中，每块网卡的连接速率均为 1.6Mbit/s。由于结构简单，这套系统在安装后几乎无须设定就能开始正常工作——唯一需要设置的是一个 8 位的网络 ID 号，以便在同一区域内有多个网络时判断处于哪个网络内。

虽然说 Home RF 使用简单，但它也有不少问题，比较显著的就是 Home RF 格式网络没有密码。也就是说，如果有人知道网络 ID 号，那么他就可以连入网络，窃取网络内的资料，或者占用上网带宽，因此安全性太差。此外，Home RF 使用的 2.4GHz 频段干扰严重，而该协议为了降低成本和使用难度，不得不放弃抗干扰能力的提升，并且传输距离也不长，往往室内只有40m的实际有效范围，至于传输速率则只有1/3的有效带宽，500kbit/s的速度只不过相当于普通宽带Internet接入方式而已。

Home RF格式曾经有Intel公司的支持，比较典型的产品就是Intel的Wireless Network系列，提供40m半径范围内的1.6Mbit/s传输速率，市场占有率一度非常高，此外还有摩托罗拉的SURF board系列，Butterfly、Diamond Proxim、Share Ware等公司也都有产品。不过由于Home RF技术没有公开，目前只有几十家企业支持，在抗干扰等方面相对应其他技术而言尚有欠缺，而且最重要的厂商Intel公司也在随后正式加盟802.11而退出Home RF，因此虽然让它达到11Mbit/s带宽的2.x格式出台，传输速率达到5MHz，但由于Home RF技术本身的原因以及市场营销策略失当、后续研发与技术升级进展迟缓，注定没有广泛的应用前景。

（4）HiperLAN2标准

HiperLAN2是由欧洲电信标准协会（ETSI）针对欧洲市场而制定的无线接入标准。HiperLAN2与802.11a相似，工作在5GHz频段，在物理层采用正交频分复用（OFDM）调制方法，支持高达54Mbit/s的传输速率。不过，在HiperLAN2中，实现了QoS支持、自动进行频率分配、支持鉴权和加密、可以适应多种固定网络类型。相比之下，IEEE 802.11的一系列协议都只能由以太网作为支撑，不如HiperLAN2灵活。

3．无线局域网传输方式

就传输技术而言，无线局域网可以分为3类：正交频分复用技术、红外线辐射传输技术和宽带扩展频谱技术。

（1）正交频分复用技术

正交频分复用技术是一种多载波数字调制技术，其基本思想就是在频域内将所给信道分成许多正交子信道，在每一个子信道上使用一个子载波进行调制，并且各子载波并行传输。所采用的数字信息调制有时间差分移相键控（TDPSK）和频率差分移相键控（FDPSK），以快速傅里叶变换（FFT）算法实施数字信息调制和解调功能。

该技术的优点有：具有对抗多径传播造成的符号间干扰的能力，比较容易实现；可以根据每个子载波的信噪比优化分配每个子载波上传送的信息比特，提高系统传输信息的容量；抗脉冲干扰的能力强。其缺点是对子载波要求较高，必须是正交，否则系统性能严重下降。

（2）红外线辐射传输技术

红外线辐射传输技术的优点在于不受无线电的干扰，邻近区域不受管制机构的政策限制，在视距范围内传输监测和窃听困难，保密性好。不过，由于红外线传输对非透明物体的透过性极差，传输距离受限。此外，它容易受到日光、荧光灯等噪声干扰，并且只能进行半双工通信。所以，相比而言，射频系统的应用范围远远高于红外线系统。

（3）宽带扩展频谱技术

宽带扩展频谱技术是一种传输信息的调制制式，其传输信息的信号带宽远大于信息本身的带宽。信息带宽的扩展是通过编码方法实现的，与所传数据信息无关。在接收端将宽带的扩频信号恢复成窄带的传输信号，同时将干扰信号频谱再次进行扩展，从而提高信息解调信噪比，达到扩频通信目的。扩展频谱技术具有安全性高、抗干扰能力强和无须许可证等优点。目前，在全球范围内应用比较广泛的扩频技术有直接序列（DS）扩频技术和跳频（FH）扩频技术。

就频带利用来说，直接序列扩频技术采用主动占有的方式，跳频扩频技术则是跳换频率去适应。在抗干扰方面，跳频扩频技术通过不同信道的跳跃避免干扰，丢失的数据包在下一跳重传。直接序列扩频技术方式中数据从冗余位中得到保证，移动到相邻信道避免干扰。同直接序列扩频技术方式相比，跳频扩频技术方式速度慢，最多只有 2～3Mbit/s。直接序列扩频技术传输速率可以达到 11Mbit/s，这对多媒体应用来说非常有价值。从覆盖范围来看，由于直接序列扩频技术采用了处理增益技术，因此在相同的速率下比跳频扩频技术覆盖范围更大。不过，跳频扩频技术的优点在于抗多径干扰能力强。此外，它的可扩充性要优于直接序列扩频技术。直接序列扩频技术有 3 个独立、不重叠的信道，接入点限制为 3 个。跳频扩频技术在跳频不影响性能时最多可以有 15 个接入点。

4．无线网络拓扑结构

在园区无线网络的拓扑结构主要有无中心的分布对等方式、有中心的集中控制方式以及这两种方式的混合方式。

（1）无中心拓扑结构

在分布式对等方式下，无线网中的任意两站之间可以直接通信，无须设中心转接站。这时，MAC 控制功能由各站分布管理。这种方式同 IEEE 802.3 局域网类似，网上的站共享一个无线通道，通常使用 CSMA/CA（Carrier Sense Multiple Access with Collision Avoidance，载波侦听多路访问/冲突避免）作为 MAC 协议。这种方式的特点是结构简单、易维护。由于采用分布控制方式，某一站的故障不会影响整个网络的运行。

（2）有中心拓扑结构

在集中控制方式情况下，无线网中设置一个中心控制站，主要完成 MAC 控制及信道的分配等功能。网中各站在该中心的协调下与其他各站通信。由于对信道资源分配、MAC 控制采用集中控制的方式，这样使信道利用率大大提高，网络的吞吐性能优于分布式对等方式。当然，引入中心站也使得无线网的结构复杂，但目前的无线产品都把这些复杂的功能做成透明的，无须用户干预。

（3）混合模式

混合模式是分布式与集中式的混合方式。在这种方式下，网络中的任意两站均可直接通信，而中心控制站完成部分无线信道资源的控制。

无线局域网在室外主要有以下几种结构：

1）点对点型。点对点型常用于固定联网的两个位置之间，是无线联网的常用方式。使用这种联网方式建成的网络，传输距离远，传输速率高，受外界环境影响较小。这种类型结构一般由一对桥接器和一对天线组成。两个有线局域网之间最大距离可以到 50km。点对点型的拓扑结构如图 7-1 所示。

在两个有线局域网间，由于难以布线如跨越河流、有障碍物或距离较远的条件下，通过点对点型连接，使用两台无线网桥将它们连接在一起，实现两局域网之间资源共享和信息交流。

在点对点连接方式中，一个 AP（接入点）设置为 Master，一个 AP 设置为 Slave。在点对点连接方式中，无线天线最好全部采用定向天线。

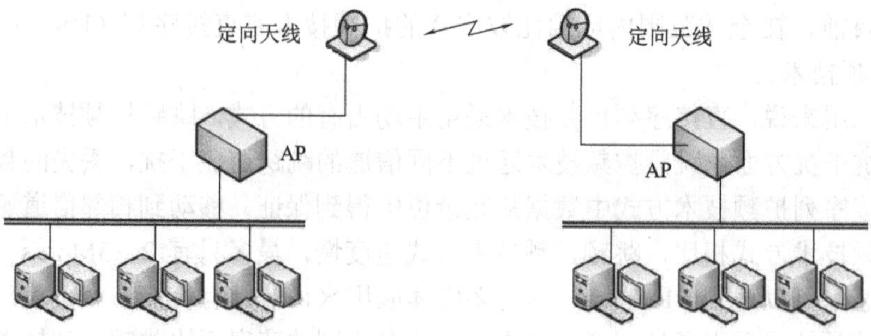

图 7-1　点对点型的拓扑结构

2）点对多点型。点对多点型常用于有一个中心点、多个远端点的情况下。其最大优点是组建网络成本低、维护简单；其次，由于中心使用了全向天线，设备调试相对容易。该网络的缺点也是因为使用了全向天线，波束的全向扩散使得功率有所衰减，网络传输速率不如定向天线效果好，适合近距离的无线通信连接。其拓扑结构如图 7-2 所示。

此外，由于多个远端站共用一台设备，网络延迟增加，导致传输速率降低，且中心设备损坏后，整个网络就会停止工作。其次，所有的远端站和中心站使用的频率相同，在有一个远端站受到干扰的情况下，其他站都要更换相同的频率，如果有多个远端站都受到干扰，频率更换更加麻烦，且不能互相兼顾。

在点对多点连接方式中，一个 AP 设置为 Master，其他 AP 则全部设置为 Slave。在点对多点连接方式中，Master 必须采用全向天线，Slave 则最好采用定向天线。

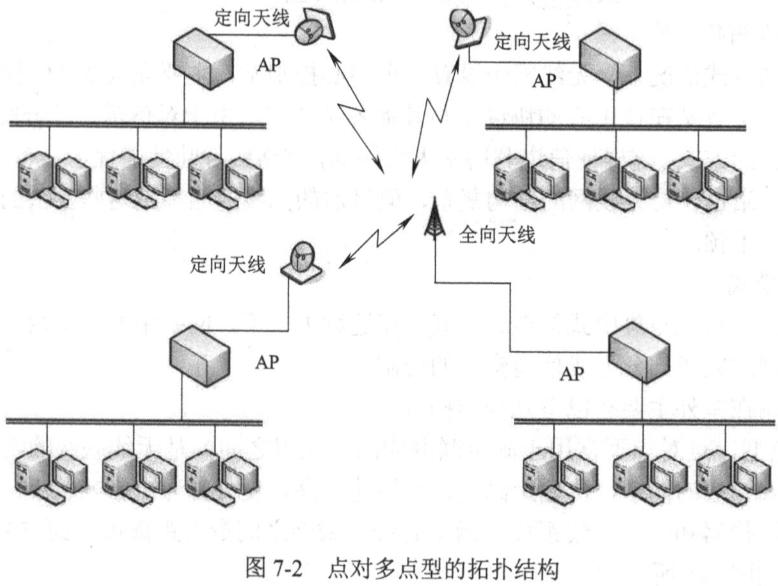

图 7-2　点对多点型的拓扑结构

3）混合型。这种类型适用于所建网络中有远距离的点、近距离的点，还有建筑物或山脉阻挡的点。在组建这种网络时，综合使用上述几种类型的网络方式，对于远距离的点使用点对点方式，近距离的多个点采用点对多点方式，有阻挡的点采用中继方式。

当需要连接的两个局域网之间有障碍物遮挡而不可视时，可以考虑使用无线中继的方法绕开障碍物，来完成两点之间的无线桥接。无线中继点的位置应选择在可以同时看到网络 A 与网络 B 的位置，中继无线网桥连接的两个定向天线分别对准网络 A 与网络 B 的定向天线，无线网桥 A 与无线网桥 B 的通信通过中继无线网桥来完成。构建中继网桥可以有两种方式：单个桥接器作为中继器和两个桥接器背靠背组成中继点。

单个桥接器可以通过分路器连接两个天线。由于双向通信共享带宽的原因，对于对带宽要求不是很敏感的用户来说，此方式是非常简单实用的，如图 7-3 所示。

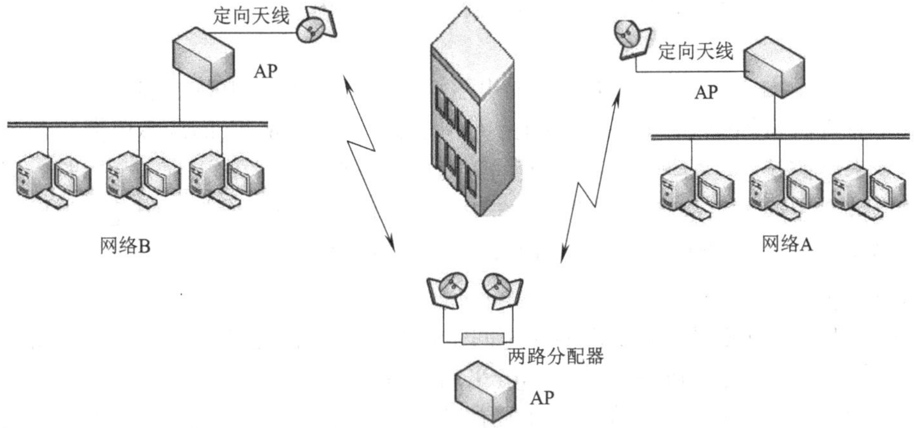

图 7-3　单个桥接器作为中继器

对带宽要求较高的用户，可采用两个处于不同频段的桥接器背靠背工作于无线网桥模式，每个无线网桥分别连接一个天线构成桥接中继，保证高速无线链路通信。两个背靠背的 AP 可以处于不同的频段，且可以同时工作于无线网桥模式，这样其功能就能得到扩大，信号在转发过程中也得到最大的发挥。把带宽及速度提高到最大，以满足高要求的用户，保证其畅通程度，如图 7-4 所示。

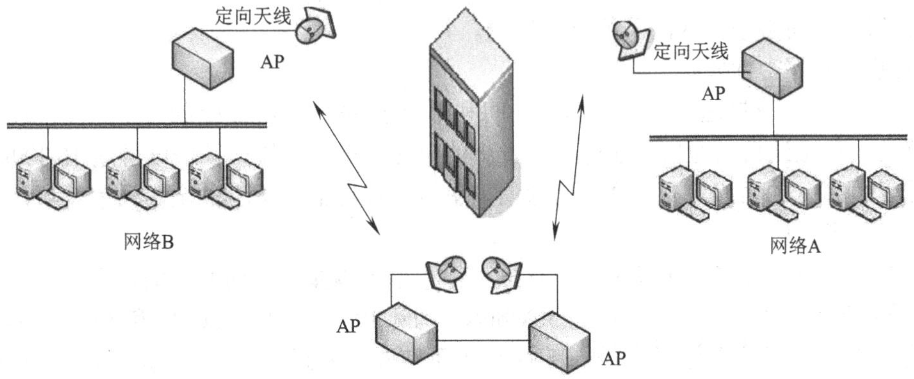

图 7-4　两个桥接器背靠背组成中继

当需要连接的两个有线网距离较远，超过点对点连接所能达到的最大通信距离时，在网间设置一个中继点建立连接，实现传输信号的接力。

5. 无线传输介质

无线传输介质主要有无线电波、微波和红外线 3 种。

（1）无线电波

无线电波是指在自由空间（包括空气和真空）传播的射频频段的电磁波。无线电技术是通过无线电波传播声音或其他信号的技术。网络通信设备间通过天线来发送和接收无线电波实现数据传输，称为射频（Radio Frequency，RF）传输。

无线电技术的原理在于，导体中电流强弱的改变会产生无线电波。利用这一现象，通过调制可将信息加载于无线电波之上。当电波通过空间传播到达收信端，电波引起的电磁场变化又会在导体中产生电流。通过解调将信息从电流变化中提取出来，就达到了信息传递的目的。

（2）微波

微波是指频率为300MHz～300GHz的电磁波，主要使用2～40GHz的频率范围，是无线电波中一个有限频带的简称，即波长在1m（不含1m）到1mm之间的电磁波，是分米波、厘米波、毫米波的统称。微波频率比一般的无线电波频率高，通常也称为超高频电磁波。

由于微波在空间主要是直线传播，且穿透电离层而进入宇宙空间，因此它不像短波那样可以经电离层反射传播到地面上很远的地方。这样，微波通信就有两种主要的力式：地面微波接力通信和卫星通信。

1）地面微波接力通信。由于微波在空间是直线传输，而地球表面是一个曲面，因此其传输距离受到限制，只有50km左右。但若采用100m的天线塔，则距离可增大至100km。为了实现远距离通信，必须在一条无线电通信信道的两个终端之间建立若干个中继站。中继站把前一站送来信号经过放大后再送到下一站，故称为接力。

微波接力通信可传输电话、电报、图像、数据等信息，其主要特点如下：

① 微波波段频率很高，其频段范围也很宽，因此其通信信道的容量很大。

② 因为工业干扰和天电干扰的主要频谱成分比微波频率低得多，对微波通信的干扰比对短波通信小得多，因而微波传输质量较高。

③ 微波接力信道能够通过有线线路难于通过或不易架设的地区（如高山、水面等），故有较大的机动灵活性，抗自然灾害的能力也较强，因而可靠性较高。

④ 相邻站之间必须直视，不能有障碍物。

⑤ 隐蔽性和保密性较差。

2）卫星通信。卫星通信是在地球站之间利用位于36 000km高空的人造同步地球卫星作为中继器的一种微波接力通信。通信卫星发出的电磁波覆盖范围广，跨度可达18 000km，覆盖了地球表面1/3的面积，3个这样的通信卫星就可以覆盖地球上的全部通信区域，各地面站间就可以任意通信。

在卫星上可以安装多个转发装置，它按一种频率范围接收地面发来的信号，用另一频率范围向地面站发出，其数据传输率约为50Mbit/s。国际上常用3.7～4.2GHz和5.925～6.425GHz分别作为远程通信卫星向地面发送（下行）地面站向上发送（上行）的频段，其频宽都是500MHz。由于这个频段已非常拥挤，因此也使用频率更高些的14/12GHz频段。每一路卫星信道的容量约等于10万条话频线路，可以将它看成大容量的电缆，且和发送站与接收站之间的距离无关。由于通信卫星是在太空的无人值守的微波通信中继站，因而其主要特点与地面微波通信类似，但有较大的传播延迟。

（3）红外线

红外线是太阳光的众多不可见光线中的一种，由德国科学家霍胥尔于1800年发现，又称为红外热辐射。霍胥尔将太阳光用三棱镜分解开，在各种不同颜色的色带位置上放置了温度计，试图测量各种颜色的光的加热效应。结果发现，位于红光外侧的那支温度计升温最快。因此得到结论：太阳光谱中，红光的外侧必定存在看不见的光线，这就是红外线。太阳光谱上红外线的波长大于可见光线，波长为0.75～1 000μm。红外线可分为三部分，即近红外线，波长为0.75～1.50μm；中红外线，波长为1.50～6.0μm；远红外线，波长为6.0～1 000μm。

红外线通信有两个最突出的优点：不易被人发现和截获，保密性强；几乎不会受到电磁、射频干扰，即抗干扰性强。

此外，红外线通信仪体积小、重量轻，结构简单，价格低廉。但是它必须在直视距离内通信，且传播受天气的影响。在不能架设有线线路，而使用无线电又怕暴露的情况下，使用红外线通信是比较好的。

6．无线局域网的优势

无线局域网在很多应用领域，与有线网络相比具有以下一些独特的优势：

1）安装便捷。一般在网络建设中，施工周期最长、对周边环境最大的，就是网络布线施工。在施工过程中，往往需要破墙掘地、穿线架管，而无线局域网最大的优势就是免去或减少了网络布线的工作量，一般只要安装一个或多个 AP 设备，就可建立覆盖整个建筑物或地区的局域网。

2）使用灵活。在有线网络中，网络设备的安放位置受网络信息点位置的限制，而一旦无线局域网建成后，在无线网的信号覆盖区域内任何一个位置都可以接入网络。

3）经济节约。由于有线网络缺少灵活性，这就要求网络规划者尽可能考虑未来发展的需要，往往导致预设大量利用率较低的信息点，而一旦网络的发展超出了设计规划，又要花费较多费用进行网络改造。无线局域网可以避免或减少以上情况的发生。

4）易于扩展。无线局域网有多种配置方式，能够根据需要灵活选择。这样，无线局域网就能胜任从只有几个用户的小型局域网到上千用户的大型网络，并且能够提供像“漫游”等有线网络无法提供的特性。

5）安全性较好。无线网络通信以空气为介质，传输的信号可以跨越很宽的频段，而且与自然背景噪声十分的相似，这样一来，就使得窃听者用普通的方式难以窃取到数据。

由于无线局域网具有多方面的优点，所以发展十分迅速。在最近几年里，无线局域网已经在医院、商店、工厂和学校等不适合网络布线的场合得到了广泛应用。

7.4.2　选用无线局域网的因素

无线局域网发展迅速，随着无线产品种类日益多样且价格不断下降，相关网络技术、标准不断完善，越来越多的单位组建了自己的无线局域网络。组建无线局域网时，需要考虑以下几个因素：

1）无线网络标准。目前常用的无线网络标准前面已经介绍过。在选择无线网络标准时，一定要根据用户的实际情况，选择适合用户的标准，同时保证标准不会被淘汰，最好能够平滑升级。

2）单个 AP 的覆盖。网络设计师必须通过研究 AP 的服务范围来决定单个 AP 的覆盖。数据速率是一种距离函数，因此用户距 AP 越远，信息就越弱，数据速率就越低。在某个吞吐量上实现的传输距离对于 802.11a 或 802.11b 无线局域网是不同的。在室内时，802.11b 具有 11Mbit/s 的数据速率和 30m 的半径；802.11a 能够在 23m 的半径上获得 36Mbit/s 的数据速率。

3）数据传输速率。许多 AP 具有自动步进（auto-step）特性，这种特性可以在 RF 信号转弱时自动降低数据传输速率。因此，一台 802.11b AP 的数据传输速率可以从 11Mbit/s 降到 5.5Mbit/s，然后为 2Mbit/s，最后到 1Mbit/s。同样，一台 802.11a AP 可以从 54Mbit/s 逐步降到 36Mbit/s、24Mbit/s、12Mbit/s、最后到 6Mbit/s。在设计时，一定要仔细考虑如何将这种自动步进特性设计到网络架构中。在自动步进特性中限制数据传输速率将改善所有用户的总体使用感受，由此可以更高效率地部署多个覆盖区。

4）信号损耗与干扰。设计有线局域网与无线局域网之间的主要不同，是来自建筑物中的墙体、门窗和其他固定物体的衰减造成的无线电信号损耗。建筑物还会造成一种影响：水泥比塑料能吸收更多的信号，甚至企业办公室中的水箱和四处走动的人员也会吸收一些无线电信号。计算无线电信号损耗并不是一门精确的科学，不过，常识可以在此发挥作用。例如，隔间的布面隔板造成的信号衰减要比水泥墙低。

此外，如果企业要建设 802.11b 无线网络的话，应当避免将接入点放置在距辐射频率也在 2.4GHz 频带设备的几英尺范围内，如餐厅中的微波炉、2.4GHz 无绳电话和蓝牙设备。而 802.11a 是运行在 5GHz 之上，所以其面临的干扰问题要少很多。

7.4.3 无线局域网技术的特点

无线网络的建设与普通网络不同。普通网络一般只要在百兆网线敷设完毕之后，根据需求调节硬件设备，大都能满足实际应用和成本之间的平衡。无线网络由于设备昂贵，不同的无线协议相互间都不兼容，即使是使用相同的协议，若采用了不同的加密模式也会导致不兼容。所以，预先计划好无线网络的使用目的和成本，从而决定应用方案是非常必要的。

一般来说，无线网络协议中 802.11a 由于传输速率高，传输距离长，适合作为中远距离无物理连接网络的主干连接设备，而 802.11b 则由于传输速率接近 10Mbit/s 局域网而更适合企业级别的网络使用。但是，相对来说，802.11 系列的网络设备都较昂贵，而 Home RF 设备则相对廉价很多，主要适合家用。HiperLAN2 标准则是由欧洲制定的无线接入标准。

7.4.4 无线局域网设备选择

1. 无线网卡

无线网卡的作用类似于以太网中的网卡，作为无线局域网的接口，实现与无线局域网的连接。无线网卡根据接口类型的不同，主要分为以下 3 种类型。

1）PCMCIA 无线网卡：仅适用于便携式计算机，支持热插拔，可以非常方便地实现移动无线接入。

2）PCI 无线网卡：适用于普通的台式计算机。其实 PCI 无线网卡只是在 PCI 转接卡上插入一块普通的 PCMCIA 卡。

3）USB 接口无线网卡：适用于便携式计算机和台式计算机，支持热插拔。如果网卡外置有无线天线，那么，USB 接口就是一个比较好的选择。

在选择无线网卡主要考虑以下几个因素。

1）接口类型：可在台式机上使用的无线网卡主要有 PCI 接口和 USB 接口两种，推荐选择 USB 接口的无线网卡。

2）网络标准：选择主流网络标准，也就是众多厂商支持的标准，这样的产品可以自由地选择传输速率，产品种类也较多。

3）传输速率：目前，支持 IEEE 802.11b 标准的无线网卡的最大传输速率可达 11Mbit/s，这样的速率基本上可以满足台式机基本的网络传输。而支持 IEEE 802.11g 标准的无线网卡的最大传输速率可达 54Mbit/s。在选择网卡时，速率要够用。

4）覆盖范围：无线网卡覆盖范围的大小直接影响无线信号的发送和传输，在选择台式机无线网卡的时候要特别注意该指标。目前，适合台式计算机使用的无线网卡的室内覆盖范围一般为 30～120m，室外覆盖范围为 100～350m，部分产品的覆盖范围可能更大，如 Buffalo WLI-PCI-G54 的室外最大覆盖范围为 570m。

5）安全性能：选购台式计算机无线网卡的时候，一定要注意安全性能指标。市场上的无线网卡都支持 64/128 位的 WEP 加密技术，有的产品可以达到 256 位。建议选择 WEP 加密位数较高的产品。

2．无线网络接入点（AP）

市场上的 AP 产品基本上分为两大类：单纯型 AP 和扩展型 AP。目前大多数的无线 AP 都支持多用户（30～70 人）接入、数据加密、多速率发送等功能。一些优秀的产品提供了更完善的无线网络管理功能，在家庭、办公室这样的小范围内，一个无线 AP 可实现所有机器的无线接入。而扩展型 AP 除了基本的 AP 功能之外，还带有以太网交换口、打印服务器等功能。

单纯型 AP 比较适合于有线网络已经比较健全仅仅需要扩展无线功能的用户，选购的时候应该注意以下几点。

1）同时接入的最大用户数以及数据的转发延时：质量较好的 AP 可以做到近似忽略的延时以及 30 个以上并发用户的使用。

2）功率的大小：功率过小，则无线网络的信号覆盖范围和传输稳定性较差；功率过大，则会对人体产生不利的影响。国际标准综合考虑了在对人体无害基础上，将信号最强的功率定为 100mW，AP 的功率越接近这个数值则越好。

3）设备管理的便利性和天线的可拆卸性：对于家庭和 SOHO 用户，AP 使用的方便性十分重要，所以应该选择具有中文图形化管理界面的 AP，这样用户易学易用，还能方便地修改参数。可拆卸的天线便于用户更换增益天线，而且不用的时候可以收起来。

扩展型 AP（也称为无线路由器）比较适合于尚无有线网络的用户，其网络设备可以将多种设备合而为一，集成化的功能可以使用户只用一个设备而满足所有的网络需求。

选购扩展型 AP 应该注意以下几点：

1）要明确自己所使用的网络线路，是 ADSL 宽带还是以太网宽带，根据线路情况选择 WAN 接口不同的网络设备。

2）综合考虑产品的性能，不要为了选择综合性的网关设备而降低了网络的性能。

3）根据需要，决定是否选购有打印服务器功能的 AP。

3．无线网络桥接器

所谓网桥就是连接不同网段的桥梁，因此，无线网桥是两个远距离无线局域网连接的最佳设备。

无线网桥是在链路层实现无线局域网互连的存储转发设备，它能够通过无线（微波）进行远距离数据传输。无线网桥有3种工作方式：点对点、点对多点、中继连接。目前市场上的无线网桥一般工作在2.4GHz或5.8GHz频段，工作在2.4GHz频段的无线网桥的数据传输距离一般都在30km以内，工作在5.8GHz频段的无线网桥要比工作在2.4GHz频段的无线网桥传输距离更远，但相应的价格也更贵。所以，企业或校园在选购无线网桥时一定要根据自己实际的情况来决定。

4．无线天线

当计算机与无线AP或其他计算机相距较远时，随着信号的减弱，或者传输速率明显下降，或者根本无法实现与AP或其他计算机之间通信，此时，就必须借助于无线天线对所接收或发送的信号进行增益（放大）。

无线天线有多种类型，常见的有两种：一种是室内天线，其优点是方便灵活，缺点是增益小，传输距离短；一种是室外天线，类型比较多，如锅状的定向天线、棒状的全向天线，其优点是传输距离远，比较适合远距离传输。

无论是无线网卡、无线AP还是无线路由器，都内置有无线天线。因此，当传输距离较近时，用户无须安装外置的无线天线。然而，当在室内的传输距离超出20～30m，室外的传输距离超出50～100m时，就必须考虑为无线AP或无线网卡安装外置天线，以增强无线信号的强度，延伸无线网络的覆盖范围。

天线的品种比较多，以分别适应不同频率、不同用途、不同场合的要求，因此，在选购天线时，应当注意以下几个因素。

1）应用环境：根据需要选择适用于不同环境的室内天线或室外天线。需要注意的是，室内天线没有做过防水和防雷处理，因此，室内天线绝对不可以用于室外。

2）覆盖范围：根据覆盖范围来选择不同增益的天线。远距离选择大增益的天线，距离较近选择小增益天线。

3）连接设备：通常情况下，无线AP和无线路由器应当选择全向天线，而无线网卡则可采用定向天线。

4）网络类型：对于无线漫游网络而言，无线AP和无线网卡都应当采用全向天线；对于点对点的无线网络而言，无线AP都应当使用定向天线；对于点对多点无线网络而言，除了中心无线AP应当采用全向天线外，其他无线AP都应当采用定向天线。

5）安装位置：根据无线AP或无线路由器的安装位置，确定采用适当类型的室内天线。

6）无线标准：无线产品应当使用与执行标准相对应的无线天线。

7.4.5　无线网络设备安装与调试

无线网络项目的完成，不管距离的远近、项目的难易，本质上来讲都是一个工程项目。而项目完成的好坏，在很大的因素上取决于工程质量的好坏，所以一定不能忽视工程安装的问题。工程上主要注意的有选址、天线的安装、附件的安装、防雷避水、设备调试等问题。

1. 天线的安装

（1）天线选址

天线选址的原则如下（按重要性先后排序）：

1）可视保证，在无线站点之间的天线应该有足够的可视空间。

2）馈线长度，在保证可视的前提条件下，尽量选择馈线长度最短的位置以减少损耗。

3）能够避免的话不要装在楼顶最高处。

4）容易安装施工。

（2）馈线架设及接头制作

馈线通常采用美国 Andrew 公司的 1/2in 的射频电缆，该电缆的损耗为 12.8dB/100m。

在架设时主要的注意事项如下：

1）弯曲度不要过大，以免造成馈线内导体折断。

2）在馈线进入室内时应该弯成 U 形，防止水的倒灌。

2. 无线网卡安装

目前，常见的无线网卡大多为 PCMCIA、PCI 和 USB3 种类型。PCMCIA 安装过程与 PCI 安装类似，USB 类型与 U 盘的安装过程类似。下面以 PCI 为代表说明无线网卡的安装过程。

1）将 PCI 无线网卡插入 PCI 转接卡中，但要注意安装 PCI 网卡前千万别把 PC 卡插上，如图 7-5 所示。

2）拧下一个 PCI 插槽挡板，将 PCI 转接卡接头与插槽对准，双手垂直推入，直到完全插紧，如图 7-6 所示。

图 7-5 插入到转接卡中

图 7-6 插入 PCI 插槽

插入 PCI 无线网卡后，计算机后部也会有一部分突出来的收发端。无线网卡硬件安装后，要对其进行驱动程序安装。

7.4.6 无线网络安全控制技术

保护无线网络安全首先需要采取与保护传统网络相同的安全措施，然后才是其他的一些特别措施。在非无线网络领域中需要考虑的问题，在面对无线网络和设备时同样需要加以考虑：足够强度的加密，妥善保存证书，以及保证操作安全。

下面给出一些安全方面最主要的注意事项：

1）不要破坏自己的防火墙。

2）不要小看介质访问控制（MAC）。

3）不要忽略 WEP。

4）禁止未经认证的访问接入点。

5）拒绝便携式计算机以 AD-Hoc（点对点）方式接入。

7.5 无线局域网络方案

7.5.1 企业网络需求分析

1．企业网络现状

某企业现有 5 个分厂，均位于某镇，它们的分布情况大致如图 7-7 所示。

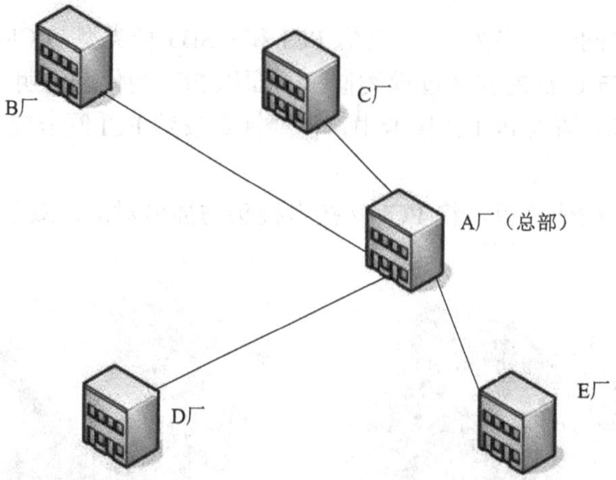

图 7-7　企业分厂分布示意图

目前 5 个分厂虽然都建有相应的计算机网络，而且应用比较好，但各个分厂之间并没有联网，相互之间的信息交流以及与上报材料都是通过 Internet 电子邮件或人工传递方式，资源无法共享且安全性较低，很大程度上影响了办公质量与效率的提高。着眼于未来发展，企业的计算机网络亟待改进。

2．用户需求分析

根据现场的调查了解，企业总部位于 A 厂，其他 4 个分厂大致处于总部四周，分厂到总部的距离大约为 4～5km，其中 C 厂、D 厂、E 厂可以直接相互目视，中间没有视线阻隔，但在 C 厂、D 厂与总部之间有一条河流。B 厂与总部之间有山阻隔，并且距离总部较远，但 B 厂与 C 厂之间无阻隔，相互可以目视。

为了便于信息的交流与共享，要求总部与分厂之间进行网络互连，并且能够有较高的连接带宽，同时资金投入不能太大。

7.5.2　企业无线局域网设计

1. 企业无线局域网的设计原则

该企业的总部与分厂间进行无线网络设计与实施，依照下列原则进行设计：

1）前瞻性。网络的设计要有一定的前瞻性，采用先进的设备和技术手段，保证在一段时间内不会随着技术的发展而变更网络的核心架构和关键技术，并能满足后期新技术扩展的应用。

2）实用性。网络的设计也应考虑项目的实际情况和用户的实际需求，以免技术过于超前而造成投资的浪费。

3）可靠性。网络结构的设计是否合理、网络设备的选型是否妥当、工程施工的质量是否规范等都会影响到网络运行的可靠性，因此保证网络的可靠性是网络设计的重要原则。另外，要求重要的设备要有一定冗余备份。

4）开放性。在设计过程中，一定要考虑所运用的技术标准和通信协议是否符合国际规范或工业标准，以确保新设计的网络系统有良好的兼容性和扩展性。无线局域网技术目前所遵循的就是 IEEE 802.11 系列国际标准。

5）避免干扰。无线局域网使用 2.4GHz 和 5GHz 频段均为开放频段，无须注册即可使用。无线信号易受外界环境和其他信号的干扰，因此要考虑微波炉、其他大楼的无线系统设备、2.4GHz 的无绳电话等可能造成的干扰。

6）安全性。无线网络支持多种安全特性，采用集中认证方式，对每个数据包进行加密。通过对射频的实时监测，发现并定位恶意的 AP。对恶意 AP 的扫描配合采用安全无线认证协议，以解决 AP 和无线认证协议之间的相互信任问题。

2. 室外建网需考虑的因素

在遵循以上设计原则的基础，设立室外无线局域网需要考虑以下因素：

1）视距传输。需要连接的建筑物必须要能视距可达，因此，像高大的树木和建筑物等障碍物都会直接影响无线电波的传输。

2）距离问题。在降低速率的情况下，可以增加建筑物之间的传输距离，进行远距离传输。目前，无线传输的距离在无障碍的情况下最长可以达到 80km，但是在应用中，实际距离可能会远小于 80km，因此在多山地区，或者有障碍物的时候，距离不宜过长。实在需要的话，可以在中间设立中继中转站，绕过障碍。而在近距离传输时，为了获得最大的传输速率，可以将无线网桥连接到支持冗余通道的路由器上，这样就可将 3 个无线网桥集成在一起，并且天线高度基本没有影响。

3）天线问题。由于无线局域网设备大都要求视距传输，因此天线高度的设定很重要。如果天线的高度不够，靠增加功率放大或增大天线增益的方法得到的效果将非常有限。

3. 无线局域网技术分析与选型

IEEE 制定的 802.11 标准主要用于解决办公室局域网和校园网中，用户与用户终端的无线接入，可以与以太网标准无缝连接。蓝牙标准主要是点对点的短距离无线发送技术，应用于低功耗、短距离、低带宽的无线通信，严格来讲，不算是真正的局域网技术。Home RF（家庭网络）标准主要为家庭网络设计，是 IEEE 802.11 与 DECT 的结合，旨在降低语音数据成本。HiperLAN2 标准则是由欧洲制定的无线接入标准，许多技术还在研究而且支持这种无线网络标准厂商比较少。该企业早期建立的局域网都是基于快速交换以太网或千兆以太网，因此选择 802.11 无线网标准。

4．网络拓扑选择

根据企业具体情况，本方案采用混合型拓扑结构。A 厂作为总部所在地，为无线网络的中心点，在其顶楼设置全向天线，外围的 B 厂、C 厂、D 厂、E 厂则设置定向天线。由于 B 厂与总部之间有山阻挡，而 B 厂与 C 厂直线可视，B 厂的连接可通过 C 厂设置中继来完成连接，拓扑结构如图 7-8 所示。

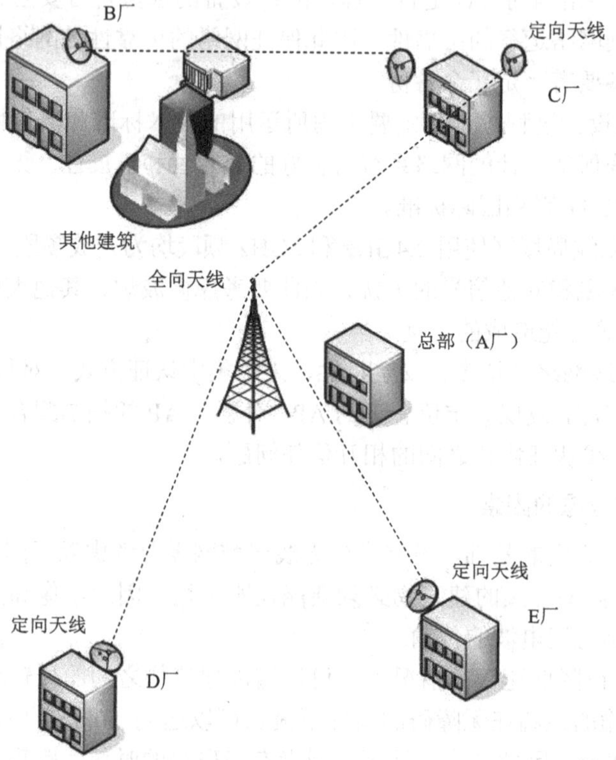

图 7-8　企业无线网络拓扑结构

5．无线网络设备选择

（1）无线网络设备类别的选型

目前无线网络连接设备主要有以下几种：

1）无线接入点。无线接入点就是具有无线覆盖功能的无线集线路器或交换机，是无线网络的核心，移动用户使用无线网卡通过它接入计算机网络，主要用于宽带家庭、大楼内部以及园区内部，典型距离覆盖几十米至上百米，目前主要技术为 802.11n 系列，传输速率可以分为 300Mbit/s 或 600Mbit/s，可以方便地安装在天花板或墙壁上。

2）无线路由器。无线路由器就是带有无线覆盖功能的路由器，主要应用于用户上网和无线覆盖。市场上流行的无线路由器一般都支持专线 XDSL、Cable、动态 XDSL 和 PPTP 这 4 种接入方式。它还具有其他一些网络管理的功能，如 DHCP 服务、NAT 防火墙、Mac 地址过滤等功能。

3）无线网桥。无线网桥是为使用无线（微波）进行远距离局域网间互联而设计，是一种在链路层实现 LAN 互连的存储转发设备，可用于固定数字设备与其他固定数字设备之间的远距离（可达 20km）、高速（可达 300Mbit/s）无线组网。它支持点对点、点对多点等多种形式的桥接方式，可将那些难以接线的或经常变动的工作场所，如医院、仓库、大型厂区内的多个建筑连接起来。

（2）无线网络设备选型原则

无线网络设备的选购，按以下原则进行：

1）功率并非越大越好。无线局域网的有效覆盖直径在室内为 30～50m，室外可达到 100～300m。毫无疑问，覆盖范围越大，用户就可以离无线接入点越远，移动空间也就越大。但功率过大，会对人体产生不利影响。国际标准综合考虑了在对人体无害基础上信号最强的功率为 100mW，即 20dB，在满足需要的前提下无线接入点的功率越接近这个数值越好。

2）选择知名品牌。用户应该尽量选择名牌大厂的产品，原因是其产品质量可靠、性能稳定、售后服务好。国外的厂商如 Cisco 的产品品质优良、工作稳定、管理方便，并具有强大的企业级全程全网的组网能力；国内厂商如 D-Link、TP-LINK 的产品的主要特点是功能性能相对简单，价格也比较便宜。

3）保证数据传输速率。在选择无线网络设备时，要考虑设备的数据传输速率。目前，无线网络设备的数据传输速度都能达到 300Mbit/s 或者以上。随着 IEEE 802.11n 产品的推出，600Mbit/s 的产品将会越来越多。因此在同样条件并且不降低其他技术指标的情况，网络设备的数据传输速率越高越好。

4）重视安全性。无线网络设备是保证网络安全的重要环节，不同的厂家产品支持的数据加密技术和安全解决方案有很多，如 SSID、WEP、MAC 地址过滤等，因此选择采用先进的安全技术的产品。而且用户在购买无线网络产品时最好整套购买，以避免出现兼容性问题，安全解决方案会更加完美。

5）兼顾管理与易用性。无线网络产品作为一个网络设备，需要相应的设备设置与管理。有些无线网络产品的安装维护比较复杂，需要专业的技术人员才能完成，而有些无线网络产品的安装维护却比较简单。用户在购买无线网络设备时要注意。

（3）选择无线网络设备

用户要求将总部所在地 A 厂与外围的 B 厂、C 厂、D 厂、E 厂的局域网连在一起，5 厂区相距 5km 左右，根据无线网络设备的选择原则，按着无线接入点、无线路由器和无线网桥的特点与应用场合，决定采用 Cisco 公司的无线网络桥作为 5 厂区局域网的互连设备。

6. 设计方案

A 厂作为总部所在地，为无线网络的中心点，在其顶楼设置全向天线。外围的 B 厂、C 厂、D 厂、E 厂则设置定向天线。

各局域网点中，只有 B 厂与中心点之间无法实现直线可视。在这种情况下，需考虑利用中继站转接，使各处局域网点与中心点实现无线网络互连。

建议中心点使用一台 2.4GHz 无线网桥加上一副高增益全向天线，其他各分厂使用定向天线，来与总厂进行通信。

与中心点可实现直线可视连接的 C、D、E 3 个厂，设备配置视距离中心点的距离而定。考虑到各分部距离中心点较近（4～5km），采用无线网桥加装高增益定向天线指向中心点的全向天线即可。

与中心点无法实现直线可视（中间有山阻挡）的 B 厂，可根据具体情况，寻找适当的建筑位置，作为中继转发站。根据现场的考查，发现可以在 C 厂或 C 厂附近的某集团的一个水塔上安置中继。但考虑到租借该集团水塔要支付费用，以后维护也不方便，故建议采用在 C 厂中最高建筑物上放置中继这一方法。

无线网桥与集线器（或交换机）之间，考虑到网络以后升级，采用技术成熟、价格便宜的光缆来互连，而且采用光缆后，无线网桥与机房间距离基本上不受限制，不论是否在同一楼均可，A 厂、B 厂、D 厂和 E 厂均采用这种方法。

但是对于 C 厂，由于承担 B 厂与总部的中继，因此在 C 厂中最高点的职工宿舍楼上安装一定向天线和无线网桥，无线网桥一端与定向天线相连，实现与 B 厂相连，另一端通过光缆与 C 厂的机房交换机相连。在距离机房很近的车间顶部再安放一部定向天线，这时可以直接通过 UTP 与机房的 Hub 相连。而网桥与天线间均采用低损耗馈线相连。因馈线过长会对无线信号造成一定的衰减，所以应将无线网桥置于与天线尽量近的地方。

7. 方案特点

1）基于 2.4GHz 国际开放公共频段，无需向无线电委员会申请。

2）安装简便，直接安装即插即用。

3）速率高，可达到 300Mbit/s。

4）最多容纳客户机数量 256 台。

5）保密性好，40 位或 128 位加密；接入控制列表，MD5 成员鉴权。

习题

1. 简述无线网络技术的概念。
2. 无线网络技术涉及的硬件有哪几种？
3. 无线网络适配器的接口标准有哪几种？
4. 单个无线 AP 覆盖范围有多大？
5. 实践设计题：

某公司拥有员工 200 人，分布于一座 4 层的办公大楼中，除财务部、人力资源部要求高安全级别设置之外，其他 5 个部门可以进行直接内部通信，员工可以在办公楼中任意角落进行无线网络连接。根据如上要求，请设计出该公司的有线与无线网络覆盖相结合方案。

项目 8　规划与设计综合网络系统

8.1　教学目标

1）复习局域网规划与设计的基本内容、方法及其注意事项。
2）复习局域网核心层、分布层、接入层设计的相关知识。
3）复习资源子网的设计方法。
4）复习局域网管理设计及查找网络瓶颈的方法。
5）复习局域网安全设计的相关知识。
6）复习局域网中远程访问设计的相关知识。
7）复习无线局域网的设计方法。
8）掌握在综合网络系统中设计广域网的方法。

8.2　工作任务

××金融集团总部是该集团投资银行总部、资产管理总部、证券投资总部、研发中心等业务总部日常办公所在地以及计算机中心。随着集团业务不断发展，各种数据流量不断增长，原来的网络系统已经不能满足要求。而且集团员工在不断增加，总部办公场所已无法满足需求。因此，为配合业务的开展，集团决定在商业区另外租用一个场地，组建新的集团总部，并建设一个快速、安全、可靠的网络系统平台。总部的行政办公信息点数量为 300 个，机房信息点总数为 250 个。从业务部门的角度来看，主要包括以下几个系统的运行需要：

1）资产管理及证券投资业务系统（包括行情系统、交易系统）。
2）证券信息研发系统（实验机房等）。
3）服务器性能与系统监控（服务器机房）。
4）弱电防雷建设。
5）与全国其他省市各营业部可靠连接、备份。
6）行政办公自动化系统。
7）财务系统。

作为一名网络规划工程师，你需要深入了解各系统的基本要求与流量需求，根据客户的需要与外部条件，选择合适的网络设备，为该集团设计合适的综合网络方案。

8.3　相关实践知识

大型企业的网络设计是一个十分复杂的过程，需要有设计小型网络、中型网络相关经验的人员组成一个网络小组，相互协作才能真正完成。设计的主要任务是根据用户的需求，优选各种技术和产品，提出系统性应用方案，提供用户满意的高品质服务。

大型企业网络系统的设计任务涵盖了前面7个项目中的设计内容，主要有逻辑网络设计、物理网络设计、安全系统设计、远程通信设计、网络管理设计和设备选型等，还包括广域网络的设计与规划。

在设计大型企业网络系统时，要根据企业所处行业的不同性质，设计出着重面不同的网络方案。例如，金融系统的企业网络最注重系统稳定性、可靠性，而经济性则放在次要位置。

8.4 相关理论知识

网络规划与设计是一项富有挑战性的工作，需要严谨的设计作风及深厚的网络技术功底。这不仅包括局域网的设计，还包括广域网络的设计。局域网设计的相关内容已经包含在前7个项目中，并进行了学习与训练，在这里进行总结与复习。广域网部分则在本章进行学习。

8.4.1 局域网络设计

网络规划的主要任务是要对系统的性能指标给出尽可能准确的定量或定性的分析和估计，主要包括网络的需求、网络的规模、网络的结构、网络管理需要、网络增长预测、网络安全要求等。

1．网络需求分析

网络需求分析就是对网络项目的商业和技术目标及约束进行全面分析，提出满足客户要求、得到客户认可的网络方案。网络需要分析主要包括业务需求、用户需求、应用需求、硬件需求、网络本身和网络管理需求等。

在网络需求分析阶段应该尽量明确地定义用户的需求。详细的需要描述会使最终的网络更有可能满足用户的要求，也可以防止“蠕动需求”。好的需要分析有助于个人的工作，同时还会提高整个组织的效率，为它们在市场竞争中提供有力工具。

需求分析的重要性不言而喻，具体信息收集方法与过程前面已经讲过，请参考具体章节。但具体完成时需要注意以下几个问题：

1）信息来源的准确性。

2）需求分析中技术方面的可操作性，是否有约束条件？

3）需求分析是否全面，有没有遗漏之处？

4）用户对需要分析的认可程度，是全员，还是只是一部分？

2．网络系统方案设计

网络设计人员根据网络需求报告，进行网络系统方案设计。这个阶段包括确定网络总体目标、网络方案设计原则、网络总体设计、网络拓扑结构、网络选型和网络安全设计等内容。

（1）网络总体目标和设计原则

网络总体目标是指确定采用何种网络技术和网络标准，建设一个多大规模的网络，有哪些具体应用。如果网络是分期建设，应明确每期工程的子目标、建设内容、所需工程费用、所需时间和工程进度等。

实际上，不同的网络用户其网络设计目标基本相同。除应用外，投资规模、信息节点数量、地理覆盖范围都是限制因素，其中投资规模是主要因素。任何网络方案设计都是性能与资金的平衡，计算机网络设备性能越好，技术越先进，成本就越高。网络设计人员不仅要考虑网络实施的成本，还要考虑网络运行成本，有了投资规模，在选择技术时就会更有把握。

网络系统性能要求高、技术复杂、涉及面广，在其规划与设计过程中，为了使整个网络系统更合理、更经济、性能更好，须遵守以下设计原则：性价比高、统一建网模式、统一网络协议、保证可靠性和稳定性、保证先进性和实用性、具有良好的开放性和扩充性、在一定程度上保证安全性和保密性、具有良好的可维护性等。

由于不同单位的网络发展水平和应用需求差异很大，而且网络的组网方法、备选设备种类繁多，因此在设计时必须根据具体情况进行规划。

（2）通信子网规划设计

1）拓扑结构与网络总体规划。网络拓扑设计的好坏对整个网络的性能和实用性都有影响。因此，合适的网络拓扑结构是很重要的。选择拓扑结构时，应该考虑经济性、灵活性和可靠性。

局域网一般采用快速交换以太网和千兆以太网，使用星形/树形拓扑结构或其变种。广域网采用的网络技术种类较多，结构比较多样，但还是以网状结构为主。

使用层次模型规划的好处是减轻网络处理器的负载、降低网络成本、简化设计元素、容易调整层次结构，充分发挥互连设备的特性。

2）主干网络（核心层）设计。主干网络技术的选择，要根据需求分析中地理距离、信息流量和数据负载的轻重而定。一般而言，主干网用来连接建筑群和服务器群，承担着网络中 50%左右的信息流，因此建议采用光缆作为传输介质，从经济性、可靠性、先进性和灵活性的角度考虑，一般采用千兆以太网络。

3）分布层/接入层设计。在分布层与接入层设计时需要注意以下几个问题：

① 网络中分布层的存在与否，取决于外围网采用的扩充互连方法。

② 相应的交换机的端口量要大，满足用户需求与扩充。

③ 如果交换机端口不够时，扩充方式要根据信息流的特点确定。

4）远程接入访问的规划设计。到目前为止，远程访问仍然是解决远程用户访问局域网资源的主要办法。需要注意的是，远程访问虽然解决了远程用户访问局域网的问题，但同时也带来了各种威胁，因此建议最好与 VPN 结合使用。

3．资源子网规划设计

在资源子网设计过程中，需要注意以下几个问题：

1）服务器在网络中的摆放位置。

2）服务器连接决定网络服务响应效率。

3）服务器性能要能满足网络要求。

4．网络方案中的设备选型

（1）网络设备选型原则

网络设备选型时应遵循以下几条原则：

1）对功能需求的满足。

2）对性能需求的满足。

3）可升级性与可扩展性。

4）可靠性。

5）选择性能价格比高、质量过硬的产品。

6）所有网络设备尽可能选取同一厂家的产品，这样在设备可互连性、协议互操作性、技术支持、价格等各方面都更有优势。

（2）核心交换机的选型策略

核心网络骨干交换机是企业网的核心，选型时应注意以下几点：

1）高性能、高速率。

2）可升级性、可扩展性。

3）可靠性。

4）安全性。

5）良好的可管理性，支持通用网管协议，如SNMP、RMON、EMON2等。

（3）分布层/接入层交换机的选型策略

分布层/接入层交换机亦称外围交换机或边缘交换机，一般都属于可堆叠/可扩充式固定端口交换机，应具备下列要求：

1）端口数量要够用。

2）端口类型要合适。

3）高性能。

4）性价比高。

5）支持多级别网络管理。

5. 网络操作系统与服务器资源设备

操作系统对网络建设的成败至关重要，如果为企业做集成选错了操作系统，那么企业业务上的损失可能是天文数字。

当前被广泛采用的操作系统主要有3种：Novell公司的NetWare操作系统、UNIX操作系统和Windows操作系统。

在网络方案规划设计中，选择操作系统要考虑的重要因素如下：

1）符合工业标准与国际标准。

2）支持多种网络硬件设备。

3）对应软件的支持。

4）具有良好的安全性。

6. 网络安全设计

在设计网络方案时，应该遵守以下原则：

1）需求、风险、代价平衡的原则。

2）综合性、整体性、等级性原则。

3）有效性与实用性原则。

4）分步实施原则。

5）木桶原则。

网络信息安全设计与实施步骤如下：

1）确定面临的各种攻击和风险。

2）明确安全策略。

3）建立安全模型。

4）选择并实现安全服务。

5）安全产品的选型测试。

8.4.2　广域网络设计

广域网（WAN）是一种跨越范围大、具有地域性的计算机网络的集合，通常跨越省、市，甚至一个国家。广域网包括大大小小不同的子网，子网既可以是局域网，也可以是小型的广域网。因此说广域网是相对的，不是绝对的。

广域网设计所考虑的问题与局域网有很大的不同，首先是信号传输所采用的技术与局域网不同，其次是在广域网内部的异构局域网络互连问题，第三是广域网中计算机的寻址问题。

总的来说，广域网在技术上要考虑的问题比局域网要复杂得多，但对于网络工程人员来说，不见得困难很大，因为有很多现成的设备可以使用。

1．广域网的连接方式

广域网的连接方式是指信号在局域网络之间的数据传输方式，但它不包括局域网内部之间的数据传输方式，如在图 8-1 中，广域网的通信方式指的是设备 A 与设备 B 之间的通信方式，而不包括计算机 1 与计算机 2 之间的通信方式。事实上，设备 A 与设备 B 之间的通信方式和计算机 1 与计算机 2 之间的通信方式是完全不一样的。在广域网中常用的通信方式有模拟连接、数字连接和分组交换连接。

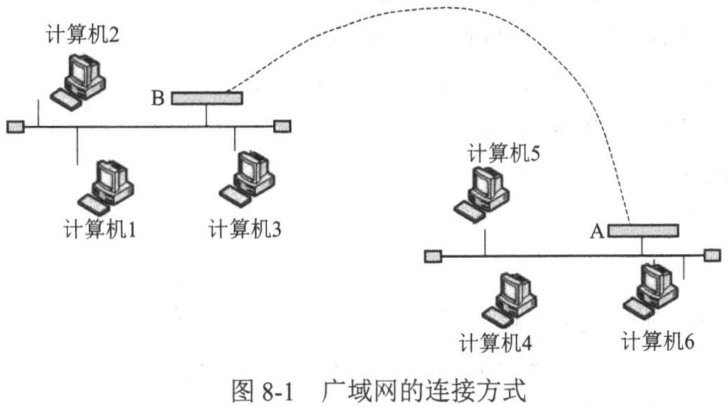

图 8-1　广域网的连接方式

2．模拟连接

所谓模拟连接是指与广域网连接时所采用的信号是模拟信号。在模拟连接中有使用公共电话网络拨号上网方式和使用专用线路上网两种方式。

（1）拨号上网

拨号上网就是利用已有的电话线和一个调制解调器（Modem）来与其他网络相连而构成广域网，如图 8-2 所示。

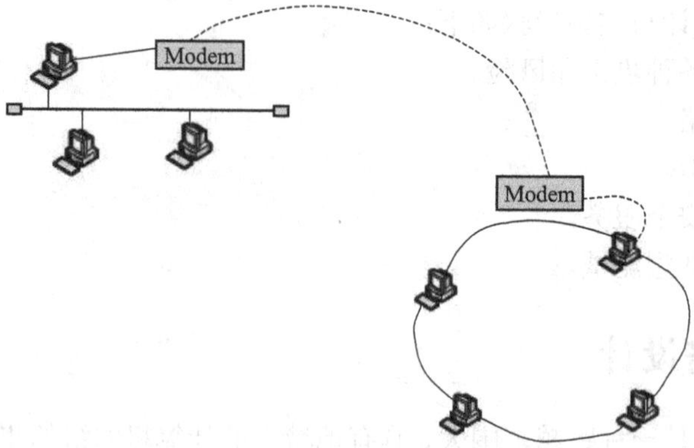

图 8-2 模拟连接——拨号网络

这种连接安装调试方便，投资较少，如果已经有了电话，实现网络的连接在硬件上只需要一个 Modem、一块网卡、连接电缆以及两个接头即可。

拨号上网是临时性的连接，当用户需要上网时，先进行拨号，等接通了对方的电话后即接入到对方网络中；等用户网上结束后，断开连接就退出网络。拨号上网是最广泛的一种上网方式，只要有电话线就可实现联网。但拨号上网通信的品质不是很稳定，而且它依赖于电话线的品质。

（2）专用线路

专用线路是一种专用的模拟连接网络，它与拨号上网的区别是其传输的通信线路是专用的，而不是现成的电话线。一般情况下是租用相关部门的线路，也可以自己建立专用的通信线路，但费用较高。

与拨号上网相比，专用线路上网可以提供较高的品质服务，能为用户提供方便的调整、组合语音、传真以及数据通信方面的服务。但是，它的组建费用高，而且租用的费用也不少。一般只有在下面的情况出现时才考虑租用线路：

1）连接的时间很长，用拨号上网时费用过高。

2）传输的数据量太大，拨号上网无法满员带宽要求。

3）有比拨号上网更高的安全要求。

4）对数据传输速度要求高。

5）需要频繁上网。

3．数字连接

模拟连接网络中，在有些情况下非常有效，但是，由于它在质量、安全性以及带宽方面有时不尽如人意，因此逐步被数字连接所取代。所谓的数字连接是指通信媒介中传输的是数字信号。图 8-3 所示为一个数字连接的广域网。

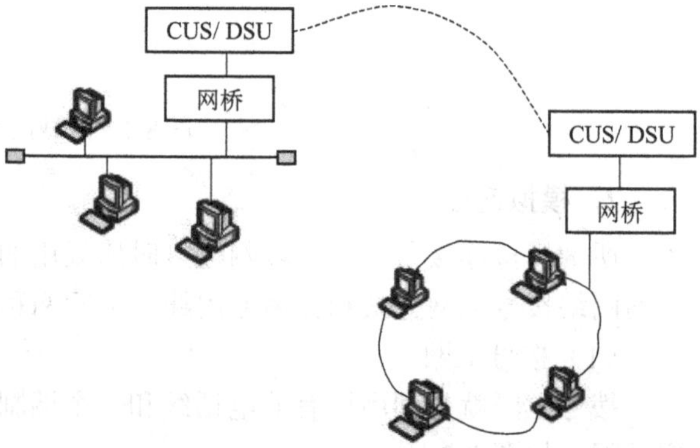

图 8-3 数字连接广域网

数字连接传输信号的准确率很高，可以达到 99%。同时数字连接的线路也有不同的形式，常用的有数据电话数字服务（Dataphone Digital Service，DDS）、T1、

T2、T3、T4 以及 Switch56。

（1）DDS

这种数字连接是通过 CSU/DSU（通道服务设备/数据服务设备）从网桥或路由器上发送数据，只在一些城市中提供服务。它的传输速率很慢，与模拟连接的速率差不多，有 2.4kbit/s、4.8kbit/s、9.6kbit/s、19.2kbit/s 和 56kbit/s 几种，而且带宽也有限。但它的价格便宜，而且随时能提供服务，因此它适合带有终端通信或小报文通信的网络中。

（2）T1

T1 是目前应用最为广泛的一种数字连接。它提供 1.54Mbit/s 的带宽，是点对点的全双工连接。T1 的带宽划分为 24 个信道，每个信道带宽为 64kbit/s。一条 T1 数字电路相当于 6 条模拟语音线路，因此它可以用来传送语音和视频信号。

部分 T1 允许用户不用全部租用 T1 线路的服务。用户可以根据自己的需要选择租用线路的数目，避免信道的浪费。表 8-1 中给出了信道数与实际带宽的关系。

表 8-1　信道数与带宽

租用的信道数	占用一条 T1 的带宽	实 际 带 宽
1	1/24	64bit/s
2	1/12	128bit/s
4	1/6	256bit/s
8	1/3	512bit/s
12	1/2	768bit/s
16	2/3	1Mbit/s
20	5/6	1.25Mbit/s
24	1	1.54Mbit/s

（3）T2、T3 与 T4

这些数字连接与 T1 相比，提供了更大的带宽和更多的信道，采用的通信媒介与 T1 也不相同，一般需要高频的介质，如微波和光纤。它们是为高速大流量的数据传输设计的，适合于视频和语音以及对实时性有很强要求的传输。表 8-2 中给出了这几种线路的带宽特性。

表 8-2　T1、T2、T3、T4 的带宽

线　　路	信　道　数	实 际 带 宽
T1	24	1.54Mbit/s
T1C	48	3.15Mbit/s
T2	96	6.31Mbit/s
T3	672	44.74Mbit/s
T4	4 032	274.67Mbit/s

（4）Switch56

这是由电话公司提供一种局域网到局域网的数字连接服务。它是非专用拨号（交换）线，带宽为 56kbit/s，使用这种服务的计算机必须有 CSU/DSU 才能与网络进行连接。它的优点是价格便宜，而且随时能提供服务。

4．分组交换连接

分组交换连接是一种高速的、具有差错控制功能和高线路利用率的连接方式。它是在广域网上应用极广的一种连接方式。

（1）分组交换的工作原理

在分组交换广域网中，计算机在发送数据前，把大的数据分成很多小的报文分组，对以报文分组为单位的信息进行发送、暂存和转发。计算机给每个报文分组加上目标地址、数据分组编号以及错误控制等其他的信息，然后把报文分组发送到网络上。

当数据达到网络上的交换设备后，这些设备根据目前网络上的信息流量情况，为每个数据帧选择一条最佳路径。这样，各个数据帧就沿不同的路径到达目标计算机，达到目标计算机时，其顺序可能完全改变了，目标计算机按照数据帧上的信息把它分组报文进行还原，使之与原来的数据一致。

（2）分组交换业务方式的分类

在采用分组交换的网络中，其业务方式可分为以下两类。

1）虚拟电路方式：就是为两个用户终端设备在开始互相发送和接收数据之前建立逻辑上的连接，而在实际的电路中可能有很多不同链路的组合。这种虚拟的逻辑电路既可以是临时性的，也可以是永久性的连接，一直到离开网络时才被释放连接。这种方式中，数据帧传送到目标计算机后，其顺序不会被打乱，目标计算机只需简单的重新装配就可以了。这种连接适合于没有处理能力、简单的终端和长距离通信。

2）数据报方式：这种方式没有逻辑上的链路，它把每个数据帧都看成是独立的数据，在接收转发过程中，网络的交换设备会根据网络情况给每个数据帧选择一条最佳路径，数据达到目标计算机后，目标计算机必须按照分组编号重新排列各数据帧的顺序。这种连接传输的速度比较快，而且传输路径灵活，数据传输可靠，因此它特别适合于网络间的互连。

（3）分组交换的特点

这种连接的方法有如下特点：

1）数据传输的延时较小，可以用于实时性要求高的网络传输。

2）能自动选择路径，把流量均匀分配给整个网络，避免了网络局部的堵塞，并保证所有信道具有较高的利用率。

3）数据传输的速度较快，可以满足大流量的需求。

4）采用多路复用技术，可以充分地利用各个通道，以便提供稳定的服务。

5. 高级广域网技术

随着网络的扩展，广域网中的互连技术也在不断发展，出现了许多新技术。目前主要有以下几种：

（1）CCITT X.25

CCITT X.25 是 ITU-T 建议的一种协议，它定义终端和计算机到分组交换网络的连接。X.25 是 CCITT 的标准，被广泛地应用在局域网到广域网的连接中。利用 X.25 技术，任何终端设备可以连入到交换设备，如图 8-4 所示。

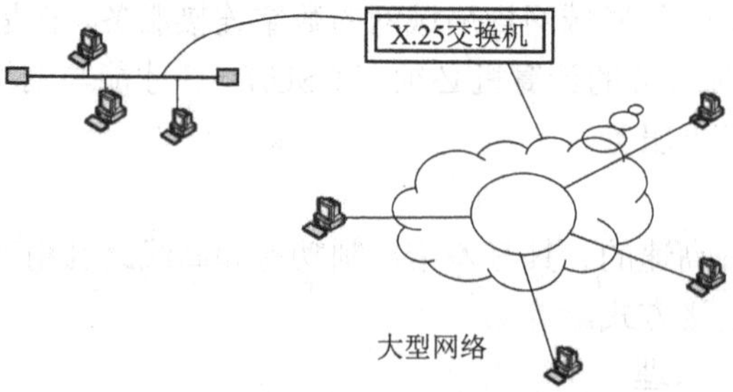

图 8-4 X.25 技术可以把任何终端连接到大型网络中

由于是针对模拟传输而设计的，X.25 网络通信速率最高为 64kbit/s，因此对当前的高带宽需求的局域网并不适应，它只能处理一些终端之类的低速处理设备和一些小报文的传输。

X.25 是一种应用很广的网络，每个国家的公用数据网几乎都提供 X.25 服务，因此这种网络容易实现。

（2）帧中继

帧中继是一种高级的高速分组交换技术，满足了局域网互连所需的大容量传输的要求，填充了 X.25 分组交换业务和 ATM 等宽带业务间的断层。图 8-5 所示为一个帧中继的网络。

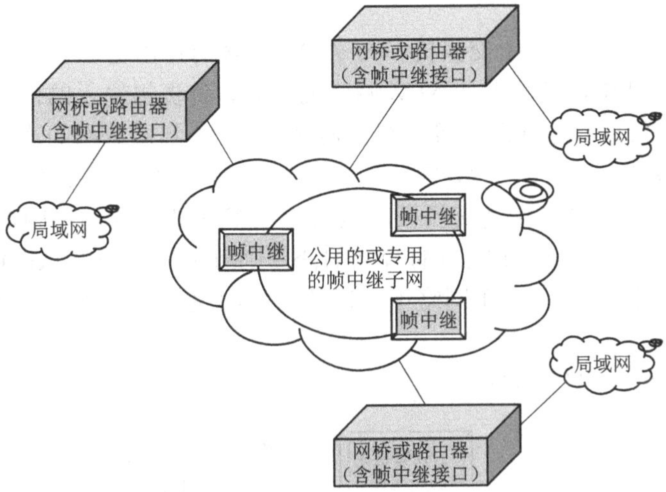

图 8-5 帧中继网络

帧中继是建立在数据传输率高、误码率低的光纤上，采用数字传输，它支持可变长的数据帧。它抛弃了 X.25 技术中差错控制、流量控制、拥塞控制等功能，由用户设备完成差错控制功能，若发现数据帧遭到破坏，就把该数据帧抛弃，然后重新发送。由于现代的数字技术日趋成熟，错误很少，因此这种技术能有效地提高传输速率。对于帧中继网络，其传输速率一般能达到 2Mbit/s，理论上可高达 45Mbit/s。

帧中继技术允许采用多路复用技术和分割通道，这样可以满足不同用户的需求。

帧中继网络必须使用含有帧中继技术接口的多路复用设备，这种设备往往是支持帧中继技术的路由器和网桥等，利用它们可实现局域网和帧中继网络的连接。

（3）异步传输模式（ATM）

ATM 是一种将时分交换与统计复用融为一体的新型的网络技术，是对传统网络理论与技术的巨大变革。它既可以在基带上发送数据，也可以在宽带上发送数据，其理论传输速率可达到 13.22Gbit/s，目前已实现了 622Mbit/s 的传输速率。利用 ATM 可以传输实时视频、高质量的语音及图像文件、传真和多兆位的数据流文件。

ATM 是一种建立在交换机上的不同于传统的网络技术。传统的网络技术通常以共享的方式访问资源，当网络上的计算机增加时，每台计算机的实际传输速率下降很快，而且传统的网络技术采用同一个传输速率，如果计算机的传输速率不同时，必须采用其他的诸如网桥或路由器之类的设备来实现连接。而 ATM 技术采用交换并行的点对点的存取技术，一个数据的出现并不影响其他的网络链路，每一个计算机（或其他设备）都拥有与它连接的全部带宽。

同时交换机能够支持不同速率的设备，即 ATM 支持可变的带宽技术。

ATM 采用固定长度的信元进行数据传输，每个信元长度只有 53 个字节，其中 48 个字节是信息字节，5 个字节为信头，这有助于 ATM 的交换机在内存管理、路由计算和计算机技术方面具有很高的效率和交换速度，实现 ATM 网络的极高的传输速率。

ATM 采用的是一种虚拟电路的连接，其电路并不是实际的电缆或电线，只是对应于两台计算机之间永久的物理连接的分配给需求的带宽。只有当两台计算机交换了信息，约定了通信的参数后才建立连接。这种连接避免了信息传输过程中复杂的路由计算方法，进一步提高了传输的效率。

组建 ATM 网络需要 ATM 交换机、与 ATM 兼容的路由器、智能 Hub、通信媒介与 ATM 网卡等设备。其中，交换机是 ATM 网络的核心，负责将输入的信号转发给正确的输出端口、临时缓存数据和选择路由等；路由器充当 ATM 到局域网的连接中间设备，路由器收到局域网的数据帧，如果该数据帧是发送给交换机，则把数据转换成交换机的格式传递给交换机，如果路由器收到交换机的数据，则把它转换成局域网能识别的数据帧，传递给局域网；使用带有 ATM 接口的智能 Hub，则可以组建一个 ATM 网络或把局域网与 ATM 大型网络相连；在 ATM 网络中，通信媒介的速度越快越好；网卡可以把微机连接到 ATM 网络上。

图 8-6 所示为一个 ATM 网络。

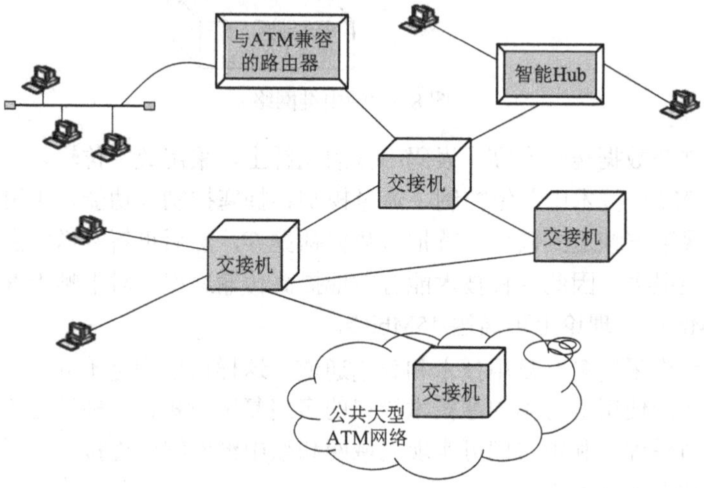

图 8-6　ATM 网络

（4）综合业务数字网（ISDN）

ISDN 是一种能够同时提供多种数据传输服务，如语音、图像、视频及其他应用的综合性的公用电信网络。它的设计目标是把家庭和商业网络用电话线连接起来，因此 ISDN 的标准接口一般是在电话线上安装适当的数字开关。

ISDN 分为窄带 ISDN 和宽带 ISDN 两种。窄带 ISDN 提供从 56kbit/s 到 2Mbit/s 的低速服务，现在已经不能满足人们对通信速率的要求。宽带 ISDN 采用 ATM 技术，可以提供 2～600Mbit/s 的高速连接。

窄带 ISDN 又称为基本速率 ISDN，通常由用于传输数字化的语音或图像等数据的两条

64kbit/s 的 B 信道，加上为 B 信道提供控制命令的一个 16kbit/s 的 D 信道组成。因此，这种服务又叫 2B+D。

宽带 ISDN 又称为基群速率 ISDN，它提供的通道情况依不同国家或地区而定。在北美洲和日本，提供 23× B +1D，总传输速率为 1.544Mbit/s。在欧洲、澳大利亚、中国和其他国家，提供 30×B+1D，总传输速率为 2.048Mbit/s。

6．广域网络的设计

对于广域网络的设计而言，由于其受各种条件的限制，必须借助公共传输网络。对于用户而言，公共传输网络的内部结构和工作机制是不必关心的，只需了解公共关系传输网络提供的接口，如何实现和公共传输网络之间的连接，并通过公共传输网络实现远程端点之间的数据交换即可。设计的前提就在于掌握各类广域网的网络特性、各种公共传输网络的特性以及公共传输网络和用户网络之间的互连技术等。

在设计广域网络时，需要考虑以下问题：

1）公共网络的出口带宽。

2）公共网络的接入速率。

3）公共网络中的中继线数量。

4）公共网络的费用。

5）公共网络的技术支持能力和提供的信息量，以及是否具备升级扩容能力等。

8.5 综合网络方案

随着计算机技术与网络技术的不断发展，越来越多的企业组建了自己的网络。本案例选择了一个大型金融企业网络扩建方案，包括局域网、广域网、主机系统、网络安全、数据备份、机房等方面的设计的建设，对于读者组建广域网有一定帮助。

8.5.1 需求分析

1．总体设计目标

本方案建议书主要包括以下几方面的内容：

1）局域网设计方案。

2）广域网设计方案。

3）主机系统设计方案。

4）网络安全系统设计方案。

5）信息监控系统设计方案。

6）数据备份系统设计方案。

7）弱电防雷系统设计方案。

8）机柜及布线方案。

总体设计以满足××金融集团总部目前及未来业务发展和管理为设计目标，以局域网设计、主机系统设计、网络安全系统设计和数据备份系统设计为整个系统设计的重点。

网络建成后，将达到：

1）技术先进，保证今后3～5年内不落后，符合信息技术的发展方向。

2）满足我国证券业电子化、网络化、智能化、集中式发展趋势的要求。

3）重点建设好网络通信基础设施平台，为上层业务系统提供良好的底层支持。

2．应用系统的分析

××金融集团在全国有三十多家营业部，总部负有统一管理、资讯研发的责任。总部网络的体系结构要能支持以OA（办公自动化）/业务数据流为主的应用，能够实现资源共享和信息流的无阻塞通畅流转，包括文件传输、Web访问、邮件收发、行情查询以及内部Intranet/Extranet应用等，同时为将来的VoIP、VOD、视频会议等应用需求做好可升级的准备。因此，所采用设备必须支持TCP/IP及SPX/IPX协议，支持各种路由协议，同时支持IP Multicast、QoS、RSVP等局域网和广域网多媒体应用技术；提供足够的带宽，从而实现OA、业务数据流与多媒体应用。

网络设备选择要能够满足企业级应用，同时主干交换机不但能够满足目前的应用，还要能够对应将来系统扩充保持一定的扩容能力，以及适当的灵活性，以便于网络扩容和增加新的功能。

由于××金融集团总部网络系统已经建设好，这一次是搬家并改扩建，网络系统需要平滑迁移，建议如下：

1）保持原总部系统运行的情况下，建设新总部，并将部分业务部门迁移到新总部。首先保证计算机中心的主要设备在原有总部的正常运行，如广域网接入部分，主要功能服务器等也保留在原有总部，但将ISDN拨号备份部分迁移到新总部。

2）新总部除计算机中心外其他功能齐全，在系统稳定运行一段时间后，将计算机中心的设备逐步迁移到新总部，直到所有设备都迁移完成，原总部停止运行，并将广域网接入设备一次迁移到新总部。

3）在系统并行运行时新总部和原有总部间建立宽带连接或高速专线连接，保证所有的业务系统正常运行。

4）在广域网接入设备迁移到新总部时，可以预先将电信部门的光纤接好，最终迁移时只要将光纤分配器、路由器等设备迁移到新总部，实现对营业部透明迁移。

5）网上交易部分，如深圳、上海卫星与委托接收系统、法人清算系统等逐步迁移到新总部。

6）其他信息处理系统如办公系统、财务系统的服务器一次性迁移到新总部机房。

3．网络拓扑结构需求

网络拓扑结构要满足通信的要求：主要是能够满足业务和办公系统的数据通信，采用适当的网络通信技术使得网络逻辑拓扑易于收敛，并能快速完成业务数据流的传输。

网络拓扑结构要满足网络管理的要求：主要是在整个网络系统中易于管理所有设备，结构清晰，便于扩展。

网络拓扑结构要满足网络稳定性的要求：主要是在整个网络系统中尽量避免单点故障，不会因为某个设备的损坏导致整个网络瘫痪。

××金融集团总部网络系统应采用千兆网络主干，百兆交换到桌面。由于总部存在多个应用，所以保证各应用系统稳定、快速运行是完成网络设计建设的重点。

××金融集团在全国十几个省、自治区和直辖市分布有营业部，营业部所在城市分布比较分散，在部分城市有多个营业部。整个网络结构要满足分散交易、网络通信、网络管理、系统冗余等要求。

网络系统冗余主要是从提供服务到完成服务的整个端到端实现系统级冗余，在广域网结构的冗余主要是网络设备和链路的冗余。

广域网拓扑结构可以采用单点辐射、双节点冗余连接辐射或者多主干节点冗余连接。第一种结构存在单点故障缺陷，中心节点失败会导致整个系统停止服务，不建议采用；对于第二种结构，在主干节点使用双重节点，可以提供相互备份冗余服务，投资适中；第三种结构投资过大，在初期投资建设中不建议采用。综上，建议采用双主干节点建设××金融集团总部的 IP 多业务网络平台系统广域网拓扑结构，比如在北京和上海分别建立数据中心和数据备份中心，提供集中服务。

网络系统链路冗余可以采用双链路结构，所有营业部都用专线与总部连接，ISDN 作为备份线路，另外用一条 ISDN 与备份中心连接。

4．计算机系统安全需求

由于总部存在多个业务子系统，有些业务是相对保密并极为重要的，比如财务系统，不能因为办公网的故障（如误操作、病毒、非法入侵等）而造成数据损失或篡改。因此，需要在两个子系统之间进行有效的隔离，必须保证各子系统之间的通信是灵活、高效而又受到控制的。

5．网络管理需求

网络管理的目的在于通过运行、管理、监视、分析、控制、评估和扩展等手段，以合理的代价组织和利用网络系统资源，从而提供正常、安全、可靠、有效、充分、用户友好的服务。

网络管理系统应满足以下要求：

1）应具有同时支持网络监视和控制两方面的能力。网络监视功能是为了掌握当前运行状态；而网络控制功能是采取措施影响网络的运行。

2）尽可能大的管理范围。不仅能管理点到点的网络通信，还应管理端到端的网络通信；不仅管理基本的网络设备，还应该管理应用层的功能。

3）尽可能小的系统开销。管理尽可能多的协议层和尽可能大的范围是以增大系统开销为代价的，应该根据实际情况对网络管理的范围和所需的系统开销进行统一、合理的分配和选择。

4）容纳不同的网络管理系统。尽可能容纳不同的网络管理功能，形成全网统一的管理和运行机制的集中式网络管理系统是十分重要的。

对于××金融集团总部网络系统的管理在后面的内容中将结合整个网络系统的设计作详细讨论。

8.5.2　设计原则

网络公司根据以下原则来设计××金融集团总部网络系统：

1）实用性。在进行整体网络设计时，尽量从经济实用的角度出发。

2）先进性。设计应立足于先进技术，采用最新科技，以适应业务数据流以及多媒体信息的传输，使整个系统在三到五年内保持国内领先水平，并具有长足的发展潜力，以适应未来网络技术的发展。使用主流网络产品以保证用户投资。

3）可靠性。整个网络方案选用高可靠性的网络设备，在设计上从物理层、链路层到网络层均采用备份冗余式，保证网络的可靠性。

4）网络安全性。通过使用适当的安全技术实现从应用到底层系统的整体安全，保证各系统之间的安全访问。

5）易于管理和维护。该网络系统应该易于管理，通过网络管理工具，可以方便地监控网络运行情况，对出现的问题及时解决，对网络系统进行及时的优化。另外，网络的设计应采用简单易用的网络技术，降低运行维护的费用。

6）支持多媒体。如今的网络应用越来越多的是语音、图像等多媒体应用，对服务质量有很高的要求，如带宽、延迟等。需要利用 IP QoS、IP Multicast 等技术来保证多媒体服务。

7）符合国际标准。网络设计应采用符合国际标准的技术和设备，保证用户的投资。

8）可扩展性。网络设计不仅要满足当前的需求，还要为将来的扩展留有余地。

9）高性能。为了适应业务迅速增长的需要，设计时应考虑网络带宽，性能不仅要适应现在的需要，还要满足未来几年的数据量的要求，同时要满足系统功能的扩充。

10）可管理性。以控制台方式实现对系统各资源的监控；可实现资产管理及对各种相应服务器、性能的监控。

8.5.3 局域网设计方案

1. 局域网拓扑结构

中心选用两台 Cisco Catalyst 6509 交换机实现骨干千兆交换，同时提供二级交换机和服务器以及其他关键设备的连接。二级交换机使用 Catalyst 2960 系列交换机。

对于总部网络系统的管理一般涉及网络设备管理、网络用户、资源管理。网络管理建议使用 CiscoWorks Network Compliance Manager。

该网络的局域网拓扑结构如图 8-7 所示。

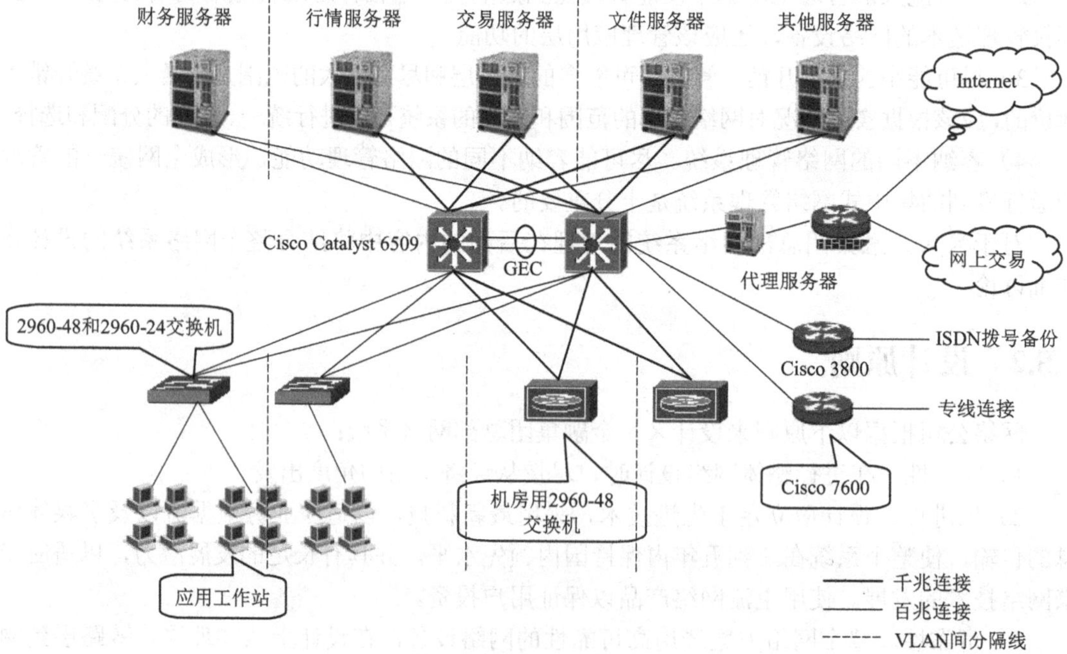

图 8-7 局域网拓扑结构

对于设备配置选择如下：

1）选用两台 Cisco Catalyst 6509 作为中心交换机，提供高速千兆交换，配置双电源，配置一块 48 口 10/100Mbit/s 模块作为二级交换机连接使用，再配置一块 16 口 GBIC 千兆模块作为服务器和二级千兆交换机连接使用。

2)Cisco Catalyst 6509 交换机的引擎三层交换功能为 VLAN 间路由使用，同时使用 HSRP 技术，保证任一主交换机出现问题，所有服务器和在线工作站可继续工作。

3）所有的子网网关都设置在 Cisco Catalyst 6509 交换机引擎三层模块的内置千兆端口。千兆端口配置 Trunk，同时使用 Cisco 子接口技术，给所有 VLAN 提供网关。

4)使用 ACL 控制功能实现不同 VLAN 间的定向访问，如其他子网不可以访问财务子网，但财务子网可以访问行情服务器。

5）其他信息点使用 Cisco Catalyst 2960 交换机连接，提供 10/100Mbit/s 桌面交换，并以冗余方式和核心交换机连接；实现 UPLINKFAST 功能，当网络拓扑结构发生变化时，实现快速切换，保证网络的可用性。

6）机房使用两台 Cisco Catalyst 2960 提供对 10/100Mbit/s 速度要求比较高转换机。

7）所有网络交换机连接工作站、服务器的端口使用 Cisco 专用主机通信优化技术，实现工作站和服务器快速连接到网络。

8）对网络实现跨交换机划分 VLAN，VLAN 间通信通过三层交换实现，同时通过 ACL（2 层 MAC 和 3 层访问控制）实现 VLAN 间访问控制。

9）通过使用路由器的静态 ARP 和 MAC 安全设置实现总部网络工作站的 MAC 地址和 IP 地址的绑定，禁止违法站点访问网络。

2．中心交换机产器选型

根据网络系统建设的原则，从安全可靠、高性能的角度考虑，使用 Cisco 产品系列。

在金融行业的主交换机的选型中，根据在多家子公司及总部网络系统的应用和实际交换机的负载能力上，主要选择 Cisco Catalyst 4500 和 Cisco Catalyst 6500 系列交换机，在较小的网络系统中可以使用 Cisco Catalyst 2960 为核心交换机。

Cisco Catalyst 4500 和 Cisco Catalyst 6500 系列交换机的特点及比较如下。

1）系统可扩展性：4500 系列与 6500 系列的交换机均为模块化交换机，其模块插槽数、交换容量等已经可以满足系统应用。

2）4500 系列交换机不支持冗余引擎，对交换机的保护没有达到企业级，但是启用双主交换机的方式可以满足要求。

3）在三层交换上，4500 系列产品的三层交换能力达到 102Mpps 的能力，没有完全达到“线速”交换，而 6500 系列产品的三层交换能力达到 400Mpps 的转发能力。

4）在三层交换的安全访问控制上，4500 系列产品通过 Supervisor 6 实现，实现内部千兆端口安全访问控制。而 6500 系列产品的三层通过引擎实现，可以实现各个端口的安全访问控制。

5）4500 系列的交换机在设计定位上属于配线间级交换机，而 6500 系列交换机属于企业（主干）级交换机。

6）由于总部级网络规模不能和同等营业部网络规模相比，因为营业部网络工作站主要是无盘站，对网络带宽要求较低，而总部主要是有盘站，应用复杂，并且有盘站的各种广播包占有相当的带宽，所以总部网络核心交换机的交换机能力要远远大于营业部的交换机容量。

综上所述，不难得出结论：

对于××金融集团总部这样需要划分多个业务子网，并且需要进行有效的安全访问控制的网络来说，建议主干交换机选用 Cisco Catalyst 6509 交换机，更适合系统需求。

3．二级交换机选型

二级交换机建议使用 Cisco Catalyst 2960-48 交换机，其特性和关键优点如下：

1）各个端口包括千兆位端口的线速、无阻塞性能。

2）32Gbit/s 交换结构和最大 39Mpps 的传输速率，能够保证最大的吞吐量。

3）8、24 或 48 个 10Base-T/100Base-TX 自适应端口，每个可作为单个用户、服务器、工作组。

4）提供最大 2000Mbit/s 的带宽，完全可以支持对带宽需求苛刻的应用。

5）16MB 共享内存结构。由于使用了消除包阻塞以及最大可能减少包丢失的设计，所以可以在组播和广播流量很大的情况下，提供更佳的整体性能，同时保证最大可能的吞吐量。

6）64MB 的 DRAM 和 24MB 的板上闪存可以为未来升级提供便利，做到最大限度地保护用户投资。

7）利用快速以太通道和千兆位以太通道技术的带宽汇集可提高容错性能，并在交换机、路由器和各服务器之间提供最大 8Gbit/s 的汇集带宽。

8）每个端口使用基于 802.1q 标准的 VLAN 主干；每个交换机带有 255 个 VLAN，附有 64 个生成树（PVST+）的实例。

9）支持硬件 IGMP 侦听的超级组播管理能力。

Cisco Catalyst 2960 交换机同时支持 QoS 服务质量：

1）支持基于 802.1p CoS 值或网络管理员为每个端口指定的默认 CoS 值来对数据帧进行重新分类。

2）在硬件上，每个输出端口支持 4 个队列。

3）WRR 队列算法确保低优先级端口不会被忽视。

4）严格的优先权安排配置保证诸如语音等时间敏感的应用能够在交换结构中一直使用快速路径。

因机房信息点多达 250 个，建议使用两台 Cisco Catalyst 2960-48 交换机连接机房的重要转换机。其他信息点可通过 Cisco Catalyst 2960-24 交换机连接。主要机房工作站连接的 Cisco Catalyst 2960-48 可通过光纤与主干交换机相连。其他工作站可通过 100Mbit/s 上联与网络连接。Cisco Catalyst 2960-24 通过五类双绞线分别与两台主干交换机相连。

4．实验室交换机选型

建议使用 Cisco Catalyst 4506 Supervisor 6 交换机。使用相应的 2800 系列路由器实现对子公司网络测试与各种仿真。在各种网络应用及设备投入实际交易网络运行前进行测试。

每台 Cisco Catalyst 4506 交换机配置如下：

1）Supervisor 6 的引擎；

2）一块 48 口 10/100/1000Mbit/s 模块；

3）一块 6 口光纤模块。

路由器配置如下：

1）Cisco 2821 路由器一台；

2）ISDN 模块一个；

3）DDN 模块一个。

5. 所使用的技术与作用

对于整个网络来说，潜在的故障点有以下几个：

1）交换机引擎。

2）交换机电源。

3）子网间的路由。

4）交换机之间的链路。

5）交换机的端口。

6）服务器的网络连接。

本方案中，针对以上潜在的故障点作了以下几方面设计，使得整个系统尽量避免了主干网络上的单点故障：

1）选择中心交换机相互冗余。

2）在网络中心配置两台中心交换机，一旦主交换故障，备份交换机可以立即接管所有工作（通过链路层的协议 SPT 以及网络层的协议 HSRP），有效防止了单点故障点的出现。

3）主干交换机双电源保护。

4）HSRP（热备份路由冗余协议）保证了 VLAN 间路由的不间断。

5）二级交换机通过两条链路分别连接到两台中心交换机，利用 SPT（SPANTREE）技术实现链路及端口的冗余，同时使用 UPLINKFAST 技术实现了快速切换。

6）关键业务服务器的网络连接使用 AFT 技术实现冗余保护。

6. 网络安全设计说明

目前的企业内部局域网普遍存在着很多安全漏洞，比如普通办公的计算机可以浏览到关键业务用机（如财务），普通用户可以进入重要的数据服务器系统，外来人员用便携式计算机连入公司网络对服务器进行攻击或对数据进行窃取等。

为了弥补这些漏洞，在本方案中采用以下手段，以确保关键业务部门的安全：

1）通过虚拟局域网的划分加强网络安全。本方案采用了按照业务划分虚拟局域网的设计思想，将各个业务子网有效地进行了隔离，各个子网间的通信受到 ACL（访问控制列表）的严格控制，有效地保证了核心业务的安全。本例仅仅对财务 VLAN 与行情/交易 VLAN 进行了标识，而实际上，用户可以按照自己的需求非常灵活地根据交换机地端口划分任意 VLAN。

2）通过交换机设置限制站点对网络系统的访问。Cisco 交换机提供了 MAC 地址限制的功能。在特定的端口进行设置，允许固定 MAC 地址网卡的包通过，只要工作站网卡 MAC 地址未被该端口登记，这台工作站就无法在网络上工作。这种通过对交换机设置来限制工作站点的方法，能够有效阻止非本公司的计算机的非法使用，保护了公司网络的安全。

3）通过网络操作系统的安全管理加强网络安全。由于各关键业务的数据大多是以文件形式存放于网络存储设备上的，因此，要严格地限制对存放这些关键数据的权限。例如，限定特定用户在专用的时间段才能登录、访问关键数据（这些操作在 NetWare 系统中，可以用 NWAdmin 管理工具实现，在 Windows 系统中，可以通过域用户管理来实现）。另外，网络操作系统中都提供了审计功能，用户可以对关键用户、关键数据文件进行审计核查工作；通过对每个内部维护工程人员分配独自的账户，可以清楚地记录每次关键操作，有利于提高网络的安全性。

7．局域网设计的特点

本方案局域网设计的特点如下：

1）使用双主干网络设计，保证主干交换机网络容错。一台主干交换机发生故障，不会导致交易网络不能工作，也不用手工切换进行维护，保证网络的可靠性。

2）使用千兆网络保证网络交易速度与实时性。

3）使用 STP、PORTFAST、UPLINKFAST 等技术实现网络故障时快速切换，保证可靠运行。

4）使用 FEC/GEC 技术实现网络带宽扩展，适应证券网络不断扩展要求。

8.5.4 广域网设计方案

1．广域网拓扑结构

该广域网的拓扑结构如图 8-8 所示。

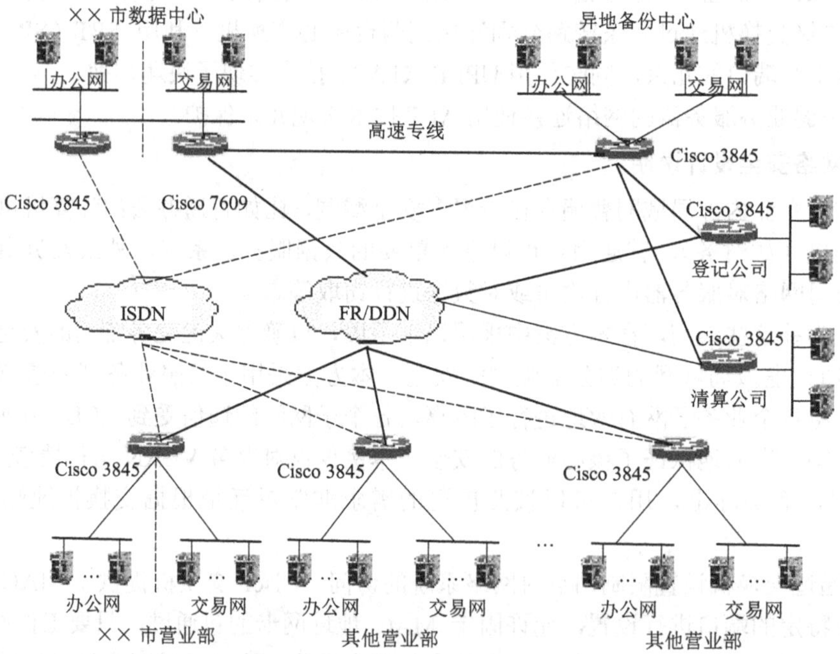

图 8-8 广域网拓扑结构

使用 Cisco 7609 路由器作为主路由器，对于重要的营业管理总部可通过 2Mbit/s DDN 线路连接至该路由器。随着业务规模的扩展，新的营业部对带宽要求更高的可接入 Cisco 7609 路由器。

新增一台 Cisco 7206VRX 路由器作为备份，对于一般的营业部或因路由器模块本身限制速度不能达到 2Mbit/s 的链路可连接至该路由器。

使用 Cisco 3845 路由器作为 ISDN/PSTN 拨号线路的接入，用于 DDN 线路故障时的备份，以及当 Cisco 7609/7206VRX 路由器故障或至各营业部相应的通信线路故障时的备份。

该连接方式可以提供中心路由器、链路的冗余保护，整个切换由系统自动完成，不需要人工干涉，包括对关键业务，如到清算中心的冗余路由路径切换。

同时在路由器配置时可采用 HSRP，使得路由计算加快，提高收敛速度，默认路由配置等不需要手工更改。

总部配置一台新的 Cisco 7206VRX 路由器、一台 Cisco 7609 路由器和一台 Cisco 3845 路由器。每个证券营业部通过 DDN（SDH）广域网方式与总部 Cisco 7609 路由器相连，通过 FR/DDN（带宽小于 2Mbit/s）方式与 Cisco 7206VRX 路由器相连，通过 ISDN/PSTN 与 Cisco 3845 路由器相连。3 种链路可相互备份，3 台路由器可相互备份，充分保证广域网络系统主干可靠、连续运行。

每个子公司可根据本地实际情况选 2 或 3 条链路上联至总部。当一条链路故障时可自动切换至另一个链路。当然，多条线路根据需要可以进行负载均衡，按应用类别的不同可使用不同带宽的广域网的线路。

使用 FR 比 ISDN 可获取更大带宽，保证子公司与总部网络系统数据交换速度。

2．产品选型

在保留原中心的主干路由器 Cisco 7609 基础上，新增一台 Cisco 7206VRX 路由器。

根据营业部对高带宽的 DDN 线路要求的多少，Cisco 7609 配置相应数量的 VIP4-80 卡及相应的 PA-MC-8E1/120 卡。

原 Cisco 7609 路由器的 PA-8T 的卡可移入 Cisco 7206VRX 路由器，用于连接 FR 或低带宽的 DDN 线路。

3．中心节点设计

本广域网系统的中心节点为××市数据中心，建立网络系统的骨干，分别与二级分支节点相连，两个中心之间使用高速广域网链路（宽带、SDH、千兆光纤等）连接，能够满足系统的冗余与负载平衡。总部的关键部门通过 VPN 与营业部连接，同时在关键部门使用防火墙保护，如 Cisco 的 PIX 系列或相应的国产防火墙。

数据中心使用 Cisco 7609/7206VRX 为核心路由器，同时使用 Cisco 3845 为 ISDN 拨号备份路由器。在主链路或 7206VRX 设备正常时分支节点使用 DDN，总部到电信使用多路复用技术，当主链路出现故障时使用 ISDN 拨号连接中心。该设计的主要特点如下：

1）使用引擎和电源冗余模块，保障系统的稳定运行。

2）两个 10/100Mbit/s 以太口，以冗余方式接入总部网络。

3）Cisco 7609 路由器配置多口高速同步端口和各分支连接，提供和备份中心以及营业部广域网连接。

4）Cisco 3845为拨号备份路由器，提供ISDN连接；同时提供IP电话（VoIP）服务，建立VoIP试验系统。

4．广域网设计的主要特点

本广域网设计的主要特点如下：

1）使用多主干路由器设计，保证网络主干路由容错，一台出现故障不会导致与总部网络不能通信，也不用手工切换进行维护，从而保证网络可靠性。

2）使用Cisco高性能路由器保证广域网络转发速度与性能，保证总部与营业部之间的数据通信速度。

3）网络故障时可快速切换，保证金融网络可靠运行。

4）充分使用原网络主干路由器，保护原用户的投入。

5）高性能主干路由器保证网络系统路由数据速度。

6）3条链路容错保证网络系统主干可靠。

7）保证主干网络系统的可靠性，且可扩展性好，可适应未来发展。

8）使用CiscoWorks Network Compliance Manager对网络系统进行管理。

5．所用技术与应用

使用技术主要有IP通信技术、EIGRP、OSPF、QoS和线路备份。

1）IP 通信技术是广域网上使用最广泛的第三层通信协议，带宽占用与系统开销小。目前Internet上使用都是IP应用。

2）使用适应性好的路由协议，如OSPF、EIGRP等链路状态路由协议，对网络链路故障进行快速定位。

3）使用EIGRP可以实现不同链路之间的负载均衡；使用OSPF可实现网络层次管理及负载均衡。

4）在QoS方面，可以使用排队技术、带宽预留技术、优先级队列技术对不同类应用给予不同级别与带宽，实现总部与营业部之间数据传送的优先级。

5）排队技术很多，如FIFO、公平队列、优先队列、CUSTOM队列等。

6）排队技术主要功能为不同数据、接口、大小、协议、端口进行分类，放入不同发送队列按一定算法进行发送。

7）带宽预留技术为相应的应用预留一定带宽，保证应用响应速度。

8）队列整形技术为相应PVC、应用的数据限制一定带宽，以免一些应用占用过多广域网带宽。

9）线路备份方面主要有DDR、HSRP、路由协议内置特性实现。其中，HSRP主要用于第三层网络容错。当一台路由器（三层交换机）故障时，系统自动识别并转换到另一台正常工作的路由器（三层交换机）；DDR主要为拨号线路使用，当一条主链路故障时，路由器自动进行拨号连接并与另一台路由器进行通信，保证网络连续运行。

8.5.5 主机系统设计方案

1．设计目标

主机系统的设计目标是保证行情、资金服务器工作站的可靠运行。

2. 主机系统设计

使用双机单柜实现行情服务器容错。行情服务器建议使用 HP ProLiant DL980 机柜式服务器，机房处理机建议使用性价比高的 HP ProLiant DL360 机柜式服务器，可满足要求。

资金服务器使用两台 HP ProLiant DL580 机柜式服务器。两台服务器之间数据同步备份通过 Octopus 软件实现。当一台资金服务器故障时可自动（或手工）切换至另一台服务器。

行情服务器之间的容错通过 HP StorageWork P2000 G3 MSA 阵列柜实现，并可通过软件实现实时数据库备份。此外，还可通过行情备份软件实现数据备份到另一台行情服务器。

3. 厂家选择

HP（惠普）是互联网架构领域的领导者。HP ProLiant 服务器通过提高工业标准平台的性能及可靠性，让用户以更小的空间、更少的付出，获得更快速、更高效的性能。这也是在全球互联网解决方案中，HP 服务器广受欢迎的原因。

同时，HP 也是存储领域的领导者。当数据存储需求激增时，企业需要一个可靠、灵活，而且价格适宜的存储解决方案。HP 阵列柜与 NHA 软件组成实现双机双柜或双机单柜服务器容错技术。

4. 产品选型

（1）行情服务器选型

行情服务器选用 HP ProLiant DL980，它适用于要求最苛刻的多服务器、外部存储应用的高密度 8 路服务器。

（2）资金服务器选型

资金服务器选用 HP ProLiant DL580。

（3）阵列柜选型

阵列柜使用 HP StorageWorks P2000 G3 MSA，凭借其突破性的存储可伸缩性、存储虚拟化和高可用性，并通过一套简化管理系统集成于整个企业内，实现了 HP 关于企业网络存储体系结构（ENSA）的承诺。而且，它还具备出色的灵活性，同时新型通用硬盘有效保护了企业投资。

HP StorageWorks P2000 G3 MSA 的特点如下：

1）突破性的容量和可伸缩性。

2）全新的投资保护和灵活性。

3）带宽——提供充足的未来发展空间。

4）集群和高可用性环境的公认选择。

5）存储域网络（SAN）的理想基础。

6）驱动器部署更简单，成本更低廉。

7）平滑的集成。

（4）机房处理机选型（一）

机房处理机推荐选用 HP ProLiant DL320，这是一款超薄、单 CPU 的服务器，为方便管理与部署网络主机所量身定做。其紧凑超薄的 1U 机身的设计使用户可快速地部署及远程控制，且易于管理。

（5）机房处理机选型（二）

机房处理机还可选用圆明LR300 2000服务器，该服务器是方正电脑公司推出的一款2U超薄的机架式服务器产品，它具有低价格高性能的特点，是针对IDC、ISP、ICP等密集环境而专门设计的低端机架式服务器。

圆明 LR300 2000 支持 Intel 四核 45nm 制程处理器，处理器频率高达 3.0GHz。1333/1066MHz的前端总线频率、最高8GB的ECC内存容量、集成6通道并支持RAID 0/1/10功能的SATA控制器、4个SATA硬盘等技术特点使得其在同价位的机架式服务器产品中表现出优秀的性能。特有的机箱散热结构设计，保证了圆明LR300 2000在高度密集应用环境中的稳定运行。

圆明LR300 2000不仅适合于Internet数据中心等密集环境，还可以在企业的工作组级业务处理中得到充分的应用。而且其与方正圆明高可用性集群解决方案的完美结合，为用户提供了优秀的整体解决方案。

需要说明的是，对上述两款处理机，标准配置均不带显示器、键盘和鼠标，需单独购买。

（6）软件产品选型

1）行情服务器容错软件。目前使用Netware 6.5网络操作系统，在该平台上常用的容错技术软件主要有以下几种：NHA与阵列柜、NWBackup、Standby。

NHA是目前NetWare服务器上广泛使用的实现容错技术的软件，是OEM Legato公司的产品。目前NHA软件版本为1.2。

在使用NHA与阵列柜实现容错时可辅助使用其他软件方式备份数据，可提高网络可用性。

对于金融行业为代表的关键应用领域，其基本业务特点是实时性强、瞬间数据流量大、交易业务不容停机。NHA Server群集容错系统正是为满足这些行业作业系统数据平台高度稳定、安全可靠的应用需求。它集合了以往SFT III、Stanby等产品的全部优点，从而支持关键业务环境及不断增长的存储需求，使广大的Novell用户能够有效减少停机时间、资金消耗和维护费用。

此种方案为营业部提供一个安全级别较高的平台环境，真正实现计算机系统服务器99.99%的高容错，这样就大大减轻了系统压力，使用户网络系统的吞吐能力和容错能力有了质的改变。

NHA Server群集系统特点如下：

① 高度可用性，确保作业的连续性。

② 速度上的明显提升。

③ 提升数据的安全容错级别至99.99%。

④ 双Active，服务器负载均衡。

NWBackup是基于文件方式数据备份与监控软件，可实时备份相应实时行情文件与委托库，可实现双台服务器之间的行情与委托数据同步。

Standby也是OEM Legato公司的产品，采用基于分区的备份工作方式。根据以往的经验，其在百兆网络上使用还可以，在千兆主干网络上经常出问题，因此不建议使用。

2）资金服务器容错软件。目前市场上基于Windows Server的数据库方式主要有几种：CLUSTER方式、软件备份、柜台供应商提供的对应特定数据库的软件。

CLUSTER 方式要求相应 Windows Server 网络操作系统软件版本及应用程序要求高，在证券中应用小。

在金融业中，目前常使用的软件备份技术软件主要有 LifeKeep、CoStandby 和 Octopus。LifeKeep 基于分区备份，可维护性差；Octopus 基于文件级备份，在金融界市场占有相当高，其与 CoStandby 均为 Legato 公司的产品。

综上，建议使用文件备份软件 Octopus。

8.5.6 网络安全系统设计方案

在××金融集团广域网系统中，由于需要连接 Internet，所以如何防止来自 Internet 的安全威胁是非常重要的。××金融集团总部建议采用天融信 4000 防火墙作为其 Internet 防火墙（该防火墙是基于包过滤防火墙技术，较为先进并且有良好的可管理性），可以防止网络层的入侵。除了防火墙之外，建议××金融集团统一部署 Norton 企业版防病毒软件，能够有效抵御病毒入侵。此外，对于关键业务部门（如财务、清算、自营），通过基于路由器的 ACL（访问控制列表）实现了更深一层的安全防护。

1．广域网安全分析

（1）网络系统的安全问题

一般网络系统本身具有的安全性包括利用操作系统、数据库、电子邮件、应用系统本身的安全性，对合法用户和非法用户进行权限控制。

内部网络系统采可用非注册 IP 地址，外出访问用 NAT 等方式进行 IP 地址转换，对外进行屏蔽内部机器，保护系统和 Internet 网络系统，或者与外界基本隔绝。

这样系统安全漏洞比较多，如 Internet 服务提供系统直接暴露在内外部合法和非法用户面前，会给系统的计费系统、DNS、邮件等服务器造成致命打击。

由于大型网络系统内运行多种网络协议（如 TCP/IP、IPX/SPX、NETBIUE），而这些网络协议并非专为安全通信而设计，也可能遭到内部的攻击。所以，网络服务提供系统可能存在的安全威胁来自以下方面：

1）操作系统的安全性。

2）来自外部非法用户或者黑客的攻击。

3）来自内部网用户的安全威胁。

4）缺少有效的保护措施。

5）缺乏有效的手段监视、评估网络系统的安全性。

6）采用的 TCP/IP 协议族软件，本身缺乏安全性。

7）未能对来自 Internet 的电子邮件挟带的病毒及 Web 浏览可能存在的恶意 Java/ActiveX 控件进行有效控制。

8）应用服务的安全，许多应用服务系统在访问控制及安全通信方面考虑较少，如果系统设置错误，很容易造成损失。

（2）系统安全结构

网络系统的安全涉及平台的各个方面。

1）物理层：物理层信息安全，主要防止物理通路的损坏、物理通路的窃听、对物理通路的攻击（干扰等）。

2）链路层：链路层的网络安全需要保证通过网络链路传送的数据不被窃听，主要采用划分VLAN（局域网）、加密通信（远程网）等手段。

3）网络层：网络层的安全需要保证网络只给授权的客户使用授权的服务，保证网络路由正确，避免被拦截或监听。

4）操作系统：操作系统安全要求保证客户资料、操作系统访问控制的安全，同时能够对系统上的应用进行审计。

5）应用平台：应用平台是指建立在网络系统之上的应用软件服务，如数据库服务器、电子邮件服务器、Web服务器等。由于应用平台的系统非常复杂，通常采用多种技术（如SSL等）来增强应用平台的安全性。

6）应用系统：应用系统完成网络系统的最终目的，即为用户服务。应用系统的安全与系统设计和实现关系密切。应用系统使用应用平台提供的安全服务来保证基本安全，如通信内容安全、通信双方的认证、审计等手段。

（3）广域网安全的必要性

由于广域网采用公网传输数据，因而在广域网上进行传输时信息也可能会被不法分子截取。例如，子公司从异地上发一个信息包到总部时，这个信息包就有可能被人截取和利用。因此，在广域网上发送和接收信息时要保证以下几点：

1）除了发送方和接收方外，其他人是不可知悉的（保密性）。

2）传输过程中不被篡改（完整性）。

3）发送方能确信接收方不会是假冒的（真实性）。

4）发送方不能否认自己的发送行为（唯一性）。

如果没有专门的软件对数据进行控制，所有的广域网通信都将不受限制地进行传输，因此任何一个对通信进行监测的人都可以对通信数据进行截取。这种形式的“攻击”是相对比较容易成功的，只要使用现在可以很容易得到的“包检测”软件即可。

如果从一个联网的UNIX工作站上使用“跟踪路由”命令的话，就可以看见数据从客户机传送到服务器要经过多少种不同的节点和系统，所有这些都被认为是最容易受到黑客攻击的目标。一般地，一个监听攻击只需通过在传输数据的末尾获取IP包的信息即可完成。这种办法并不需要特别的物理访问。如果对网络用线具有直接的物理访问的话，还可以使用网络诊断软件来进行窃听。

对付这类攻击的办法就是对传输的信息进行加密，或者是至少要对包含敏感数据的部分信息进行加密。

2．网络安全建议

为了保证××金融集团信息系统的安全性，需要在网络中的各个部分采取了多种防范手段，使用各种安全防范技术。下面针对这些内容进行阐述。

（1）防火墙技术

提到网络安全，人们往往首先想到防火墙。通过在网络中设置防火墙，可以过滤网络通信的数据包，对非法访问加以拒绝。

系统中设置防火墙后，可以为网络提供各种保护，主要包括以下几方面的内容：

1）隔离不信任网段间的直接通信。

2）隔离网络内部不信任网段间的直接通信。

3）拒绝非法访问。

4）地址过滤。

5）访问发起位置的判断。

6）过滤网络服务请求。

7）系统认证。

8）日志功能。

（2）入侵检测技术

利用防火墙技术，通常能够在内外网之间提供安全保护。但是，仅仅使用防火墙、网络安全还远远不够，因为：

1）入侵者可寻找防火墙背后可能敞开的后门。

2）网络结构的改变，有时会造成防火墙上的安全策略失效。

3）入侵者可能就在防火墙内。

在每个企业的内部网络中，每个内部网段上除连接业务主机外，还有许多工作站，这些工作站与主机的通信不需要通过防火墙。如果攻击行为是从这些工作站上发起的，主机将处于无保护的状态。由于性能的限制，防火墙不能提供实时的入侵检测能力。

单一应用防火墙技术，以上问题是不能得到有效解决的。但如果我们在重要主机上安装实时入侵检测系统就可以解决上述情况引起的安全问题。

入侵检测系统是近年出现的新型网络安全技术，它试图发现入侵者或识别出对计算机的非法访问行为，并对其进行隔离。入侵检测系统能发现其他安全措施无法发现的攻击行为，并能收集可以用来诉讼的犯罪证据。

入侵检测系统有两类：基于网络的实时入侵检测系统和基于主机的实时入侵检测系统。其中，基于网络的入侵检测系统由于受自身应用技术的影响，已经不再被广泛使用。基于主机的入侵检测系统安装在需要保护的主机上，为关键服务提供实时的保护。它通过监视来自网络的攻击、非法的闯入、异常进程，实时地检测出攻击，并做出切断服务、重启服务器进程、发出警报、记录入侵过程等动作。

实时入侵检测能力之所以重要首先它能够对付来自内部网络的攻击，其次它能够缩短黑客入侵的时间。

本案例中推荐××金融集团总部采用 ISS 公司的入侵检测产品 RealSecure。

RealSecure 是一个计算机网络上自动实时的入侵检测和响应系统。它提供实时的网络监视，并允许用户在系统受到危害之前截取和响应安全漏洞和内部网络误用。RealSecure 无妨碍地监控网络传输并自动检测和响应可疑的行为，从而最大限度地为企业提供安全。

RealSecure 的优点如下：

1）对网络攻击实时响应，包括切断连接和重新配置防火墙：最小化网络攻击漏洞，在危险发生之前阻止攻击。

2）记录攻击事件以便于回放：能够被用来收集起诉的证据。

3）业界最广泛的攻击模式识别：管理员不需要是安全专家。

4）内置的报告生成：管理员会快速收到有结构的网络事件的归纳总结。

5）很大范围的网络拓扑：以太网、快速以太网、令牌环网和FDDI。

6）事件响应的在线帮助数据库：允许 RealSecure 被缺少经验的操作者使用，减少所有权和培训的费用。

7）运行在 Windows NT 和 UNIX 平台：使用 RealSecure 无须购买特殊的硬件。

8）监控 Windows 的网络和 TCP/IP 传输：微软的 Windows 网络的环境支持允许 RealSecure 监视内部安全策略的违反，包括访问合作者机器上的口令文件或未授权读取被保护的共享资源。

9）对网络传输流无影响：RealSecure 对网络传输不增加任何延迟。

针对本系统，RealSecure 具体实现方法如下：

在每台需要保护的主机（如交易前置主机）上都安装 RealSecure 的主机监控模块，可以实时监视各种对主机的访问请求，并及时将信息反馈给控制台，这样全网任何一台主机受到攻击时，系统都可以及时发现，并可将反馈信息及时传送给控制台进行处理，并能自动对入侵事件作出反应。

在需要保护的重点的网段，也将安装 Realsecure 的网络监控模块，对这一网段的非正常的访问进行监视，对速度的要求及其他原因的综合考虑，我们建议只在极少数十分重要的网段安装。

由于反馈信息可以跨越路由，同时又考虑到管理的方便性和可行性，建议在网络上设置一台网管工作站作为网络检测的控制台，如图 8-9 所示。

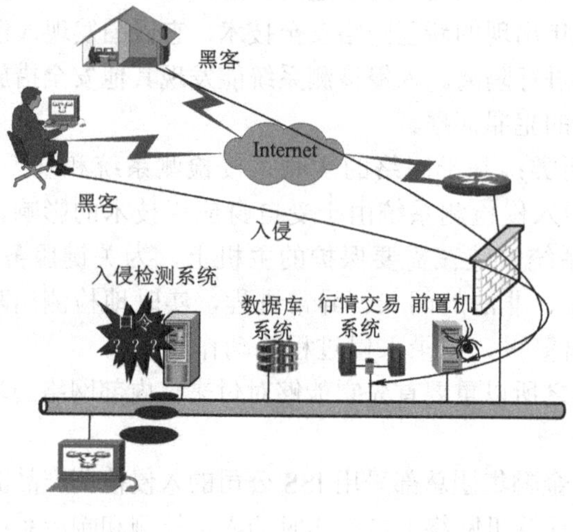

图 8-9　RealSecure 连接示意图

（3）漏洞扫描安全评估技术

网络建成后，应该制订完善的网络安全和网络管理策略，但实际情况是，再有经验的网络管理者也不可能完全依靠自身的能力建立十分完善的安全系统。

漏洞扫描安全评估技术可以帮助网络管理者对网络的安全现状，发现漏洞后提出具体的解决办法。

网络安全漏洞扫描系统通常安装在一台与网络有连接的主机上。系统中配有一个信息库，其中存放着大量有关系统安全漏洞和可能的黑客攻击行为的数据。扫描系统根据这些信息向网络上的主机和网络设备发送数据包，观察被扫描的设备是否存在与信息库中记录的内容相匹配的安全漏洞。扫描的内容包括主机操作系统本身、操作系统的配置、防火墙配置、网络设备配置以及应用系统等。

通过网络扫描，系统管理者可以及时发现网络中存在的安全隐患，并加以必要的修补，从而减小网络被攻击的可能。

安全扫描主要分为以下两种方式：

1）直接配置检查。这种技术的代表是 COPS（Computer Oracle Password and Security System）。COPS 从系统内部常见的 UNIX 安全配置错误与漏洞，如关键文件权限设置、FTP 权限与路径设置、root 路径设置、密码等，指出存在的失误，减少系统可能被入侵者（包括内部用户）利用的漏洞。

2）模拟入侵。这种技术模拟入侵者可能的攻击行为，从系统外部进行扫描，以探测是否存在可以被入侵者利用的系统安全薄弱之处。代表产品有 Internet Scanner、SATAN（Security Analysis Tool for Auditing Network）。

安全扫描工具通常也分为基于服务器和基于网络的扫描器。

1）基于服务器的扫描器：主要扫描服务器相关的安全漏洞，如 password 文件、目录和文件权限、共享文件系统、敏感服务、软件、系统漏洞等，并给出相应的解决办法建议。通常与相应的服务器操作系统紧密相关。

2）基于网络的安全扫描：主要扫描设定网络内的服务器、路由器、网桥、交换机、访问服务器、防火墙等设备的安全漏洞，并可设定模拟攻击，以测试系统的防御能力。通常该类扫描器限制使用范围（IP 地址或路由器跳数）。

网络安全扫描的主要性能应该考虑以下方面。

① 速度：因为在网络内进行安全扫描非常耗时。

② 网络拓扑：通过 GUI 的图形界面，可选择一个或某些区域的设备。

③ 能够发现的漏洞数量。

④ 是否支持可制定的攻击方法：通常提供强大的工具构造特定的攻击方法。因为网络内服务器及其他设备对相同协议的实现存在差别，所以预制的扫描方法肯定不能满足客户的需求。

⑤ 报告：扫描器应该能够给出清楚的安全漏洞报告。

⑥ 更新周期：提供该项产品的厂商应尽快给出新发现的安全漏洞扫描特征升级，并给出相应的改进建议。

在本方案中，建议采用 ISS 公司开发的 Internet Scaner 系统针对网络设备的安全漏洞进行检测和分析，包括网络通信服务、路由器、防火墙、邮件、Web 服务器等，从而识别能被入侵者利用非法进入的网络漏洞。网络扫描系统对检测到的漏洞信息形成详细报告，包括位置、详细描述和建议的改进方案。

建议由网络中心对主要节点的重要 IP 进行日常扫描，同时定期汇报扫描情况。对发现的安全问题提出解决方案并协助证券中心网管解决问题。同时由安全管理小组负责扫描软件版本升级、错误修改、辅助模块开发的工作，保证外部扫描的及时性和准确性。一份格式漂亮的结果报告是任何扫描软件能够生成的，但是实际的风险和解决，将由公司的专业人员帮助识别和解决。

安全扫描拓扑图如图 8-10 所示。

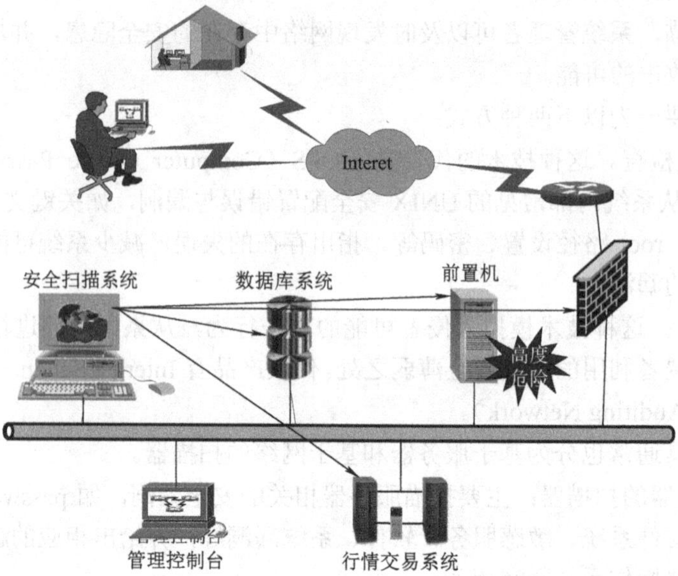

图 8-10 安全扫描拓扑结构

（4）防病毒技术

病毒的防范早已不是什么新鲜话题，但是我们所熟悉的多数是基于桌面的防病毒技术。除此之外，还有一种更安全的基于网络的防病毒技术。基于网络的防病毒技术可以在网络的各个环节上实现对计算机病毒的防范，其中包括基于网关的防病毒系统、基于服务器的防病毒系统和基于桌面的防病毒系统。

本案例中，建议采用基于网络的 Norton 企业版防病毒软件。

3．路由器级安全控制

（1）访问控制列表

Cisco 路由器操作系统 IOS 通过访问控制列表（ACL）技术支持包过滤防火墙技术，根据事先确定的安全策略建立相应的访问列表，可以对数据包、路由信息包进行拦截与控制，可以根据源/目的地址、协议类型、TCP 端口号进行控制。这样，就可以在 Extranet 上建立第一道安全防护墙，屏蔽对内部网 Intranet 的非法访问。

例如，我们可以通过 ACL 限制可以进入内部网络的外部网络，甚至是某一台或几台主机；限制可以被访问的内部主机的地址；为保证主机的安全，可以限制外部用户对主机的 Telnet 方式登录等。

（2）地址转换

Cisco 路由器操作系统 IOS 的防火墙功能包括 IP 地址转换的功能。进行 IP 地址转换有两个好处：其一是隐藏内部网络真正的 IP 地址，这可以使黑客无法直接攻击内部网络，因为它不知道内部网络的 IP 地址及网络拓扑结构；其二是可以让内部网络使用自己定义的网络地址方案，而不必考虑与外界地址冲突的情况。

（3）路由认证技术

为了保证发出和进入的路由更新不被窃取和攻击，Cisco 路由器操作系统 IOS 提供对动态路由协议进行加密和认证的技术，只有在经过认证的路由器才能互相学习路由信息，同时路由信息的传输完全是以加密的形式进行的。

鉴于网络主干的开放性，可以利用 Cisco 路由器的路由认证技术对所有路由器的路由信息进行认证与加密，以防止路由信息的泄漏，保证网络的安全。

（4）路由器自身的安全防护

在保证数据信息的安全性的同时，必须考虑到路由器自身的安全性。如果路由器本身失去安全保护，那么前面所做的一切都是徒劳的。在这方面，Cisco 路由器操作系统 IOS 提供了一系列防范措施：

1）进行口令保护，用户登录路由器必须经过口令的认证。

2）利用口令授权，将不同的权限等级与不同的口令进行关联，对用户进行等级的划分，通过减少超级用户来减少不安定因素。

3）对口令进行加密，以避免口令在网上以明码的方式进行传输，同时避免配置文件以明码的方式显示口令。

4）对无人值守的控制台和端口进行超时限制，以提高设备的安全性。

（5）内部网络端口的安全性

为了进一步保证关键网络设备（路由器）的安全可靠性，我们可以在其内部网段——以太网上通过 ARP 控制进行 IP 地址与 MAC 地址的绑定，结合 ACL 对登录到路由器的主机与用户进行限制，可以更好地保证路由器的安全，防止非法用户盗用地址对路由器进行攻击。

8.5.7　信息监控系统设计方案

1. 信息监控系统需求分析

××金融集团是一家全国性的金融企业，在各地有相应的子公司。集团建有一个信息中心，为集团的交易和网络中心，通过路由器与各子公司连成广域网，新建信息中心配置大约如下：

1）交易服务器，4 台（HP ProLiant DL 系列）。

2）其他服务器，若干台。

3）路由器，4 台（Cisco 7600/7200/2600/3800）。

4）交换机，若干台（Cisco）。

5）工作站，250 台（其中 30 台计算机为重要的转换机，要求进行监控）。

为了有效地对信息中心的网络系统进行监管，随时掌握网络系统情况，需要建立一个网络监控和管理系统。

（1）系统主要需求

该系统当然拟建立基本如下功能，其他功能在系统成熟后再扩充。监控中心网络状况，对服务器（UNIX、Novell、Windows Server）、数据库（SQL Server、Oracle）的状态性能进行监控，对转换机、处理机、路由器、交换机等进行监控，出现异常或参数超过设定阈值时，有报警功能，当将来系统扩展时可以直接监控各营业部状况。

（2）系统其他功能

1）能方便地了解网络系统的配置情况，具有资产管理功能并生成报表。

2）能有效地提供资源利用情况和性能趋势，为系统的升级提供依据。

3）具有完善和方便的二次开发功能。

2．系统的目标

1）高效性：采用统一、全面、集成的管理工具，管理复杂的IT环境。

2）实用性：主动预警报告、灵活策略的制订，防患于未然。

3）安全可靠性：一个安全、可靠的管理平台是“有效管理”的充分保证。

4）可扩展性：配置灵活、适应未来发展，保护以往投资。

5）可靠的技术支持与服务：完善的技术支持服务网络，保证管理实施的连续有效。

3．具体技术要求

（1）系统性能管理

1）支持多平台，保持系统的可扩展性，如SCO、Windows Server、SUN、NetWare等。

2）对文件系统进行监控，并能定义预警和严重性的界限。

3）对操作系统的关键进程监控，进行报警，发生故障时能自动处理。

4）对系统的内存进行监控，并能预警CPU和交换区。

5）对操作系统的各种日志文件进行收集和监控，从而发现错误并进行预警。

6）对操作系统的各种资源，包括CPU使用情况、内存使用情况、交换区使用情况、当前用户登录、工作队列、系统信号量、文件系统可用性、进出网卡的数据包流量等，有实时、动态的图形界面显示。

（2）网络管理

1）能自动地发现并识别分布式网络环境中的所有资源，如网络设备、网络节点、数据库和应用（安装了管理代理）。网络拓扑通过二维图显示，能直观地监控和显示到各个资源的状态变化，并能非常方便地查看到是什么因素造成该设备的状态变化。

2）自动地收集网络性能信息，并可以根据预先设定的网络参数目标，监控客户/服务器、网络硬件及软件等，产生相应报警信息。

3）具体分析最终用户的响应时间、LAN的容量利用及出错统计等，应具有报表机制，提供图形化或表格方式的数据表达，提供详细的有关服务器、LAN负载的历史报表，提供网络资源性能的实时报表。

4）对网络设备参数进行监视和调整，对网络设备端口进行数据流量统计和分析，对网络设备性能进行实时监视，对网络设备操作状态和端口操作进行实时监视，对网络消息进行记录、统计，对网络设备进行故障告警、问题定位和问题分析。

5）监视整个网络拓扑结构，实时监视整个网络流量，监视和管理网络路由，捕获、存储和管理异常事件，获得网络运行报告。

（3）数据库管理

1）对MS SQL Server、Oracle等数据库自动管理。

2）监控数据库的可用性，应能监控数据库引擎的关键参数，如文件存储空间、系统的使用率、配置情况、当前各种锁资源情况、数据库进程状态、进程所占用空间。

3）可定制阈值，自动监控数据库资源的变化，应能在达到限值时发生警告和错误信息，并能触发一定的动作，以便及时采取措施。

4）监控表空间的使用情况，包括表的分配空间、已用空间和表记录数的情况。

5）监控事件日志空间的使用情况，自动监控数据库日志的变化，并且有智慧预警的功能。

6）与数据库本身的管理工具无缝地集成起来，使用户通过统一的界面就可对数据库进行细致的管理，如数据库设备定义、数据库建立、用户管理。

（4）桌面系统的管理

具有软件监控功能，定义对用户的某一特定软件进行监视，如该软件正在非正常运行，产生系统报警，提醒管理员注意。

4．技术选型

使用 Unicenter TNG 企业管理方案，实现端对端管理和开放和可扩展的架构。

5．系统管理方案

通过对系统的有效管理，如对于 Novell、Windows Server、UNIX 服务器（Solaris）系统、桌面系统等，实现自动化的和主动的管理，从而保障××金融集团各项业务的顺利运行。具体要求如下：

1）服务器的管理和性能监控。

2）通过 OS Agent 监控操作系统的主要参数。

3）通过 OS Agent 监控特定的文件系统。

4）通过 Performance Agent 进行性能监控。

5）资产管理（Asset Management 选件）。

6）结构和功能：采用 Client/Server 结构，包含 4 个功能模块。

7）系统资源管理。

8）利用 SQL Server Agent 完成对 SQL Server 数据库的管理。

9）利用 Notes Server 完成对 Lotus Server 的管理。

针对具体的网络和系统环境建议采用下列方案进行管理：

1）Unicenter TNG 主控机作为管理的中心，安装所有系统管理模块，并位于中心主控机房。

2）监控 Novell 服务器，进行性能分析，并从中心控制台抓取 Novell Console 和 Log 界面。

3）监控 NT 和 UNIX 服务器（Solaris），进行性能分析和故障报警维护。

4）利用数据库 Agent 监控 Oracle、SQL Server 等数据库的运行和性能。

5）利用 Notes Agent 完成对于 Lotus Notes 的管理。

6）在 PC 上安装 Asset Agent，进行资产管理和汇总分析。

6．网络管理方案

网络管理性能是衡量一个网络系统性能高低的重要因素之一。网络管理系统完成设置网络设备、监控网络运行、保障网络安全、查找并隔离网络故障、记录网络中的各种事件以及划分虚拟网络等功能。总之，对所有网络上的信息进行统一管理。

网管通常结合硬件和软件的手段来实施，对不同的拓扑结构及不同的物理和逻辑部分进行监控和分析。

网管系统支持五大网管功能：配置管理、性能管理、计费管理、故障管理以及安全管理。这些管理功能由网管系统和网络设备共同完成。

下面介绍的网络管理（包括利用 CiscoWorks Network Compliance Manager 进行网络管理和利用 Windows Server 2008 Active Directory 进行资源/用户管理）不局限于××金融集团总部的局域网，还包括××金融集团广域网的管理内容。

（1）网络管理的内容

1）配置管理：网络节点插板、端口和冗余结构的配置，网络节点访问口令的设置和更改。

2）性能管理：可以实时连续地收集网络运行的相关数据，可用数字和图形的方式显示网络运行的各种情况以及重要程度，需要时可发布指令到各节点，进行网络控制。

可从相关节点收集业务量数据，进行统计、分类、记录归档，并形成报告向上一级中心报告和提示系统管理员。使用这些信息为网络建设提供规划设计依据。

3）故障管理：能实时监视故障信息，并对其统计分析，低层网管设备应把重要的故障信息报告给高层网管中心。可形成节点、中继线及用户端口的警告产生、警告内容和警告清除的统计报告。可实时修改状态图以反映此故障：如果该故障影响了用户服务，为重大故障，故障点的颜色即从绿色变为红色；如果该故障为轻微故障，则故障点的颜色从绿色变为黄色。

4）计费管理功能：计费管理分为三级，即原始计费数据收集、计费数据处理和账单的生成。

5）安全管理：安全管理是指保证运行中的网络安全的一系列功能，应避免非法接入网络，控制接入级别和范围。要求如下：

① 具有用户认证能力。

② 多级别访问权限。

③ 防止绕过鉴权。

④ 记录所有的登录。

⑤ 具有网络配置、运行、故障、计费、访问等数据信息的保护和备份措施。

（2）骨干网的管理

建议在集团总部的网络中心配置一台网管工作站，运行 CiscoWorks Network Compliance Manager，对网络进行管理。本案例中所配置的路由器及交换机产品，都具有管理功能，包括 SNMP、RMON、NetflowStatistics（网络流量统计）、HTTP、诊断/故障排除、Syslog、拓扑发现代理等很多功能。

我们可以通过实施分层式网络管理，减少 SNMP 查询信息在广域网中的流量，节约带宽，还可通过在路由器上对 SNMP 的过滤，控制其流向，实施总行监测全网，各地市行和省行营业厅各自管理自己领域的网管构架。

（3）产品选型

所有网络产品均为 Cisco 公司的产品，主要有 Cisco Catalyst 4509、6509、2960 系列交换机；广域网所有产品使用 Cisco 路由器，建议使用 CiscoWorks Network Compliance Manager 实现网络管理。

8.5.8　数据备份系统设计方案

1．概述

金融系统的连续稳定运行及数据安全至关重要。一旦行情或资金系统中断运行，将给子公司的运行带来极大的混乱；而数据一旦丢失，则带来的后果（损失）将是灾难性的。因此，如何确保数据的安全，如何保证行情或资金系统的连续稳定运行，就成为金融业计算机中心主管和系统管理人员非常关切的问题。同时，在灾难情况下（如病毒发作）如何快捷且准确无误地进行恢复，减少或避免灾难发生时的损失，亦是计算机中心主管和系统维护人员关切的问题。

双机容错软件的采用，保证了数据不因硬盘故障而丢失，系统不因硬盘和服务器故障而中止运行。但病毒、人为破坏、自然灾难等仍可导致数据的丢失。此时推荐采用磁带备份软件及相应磁带库来进行自动备份，并在灾难发生时予以智能快速地对整个系统进行恢复，来避免或减少数据丢失带来的损失。

2．需求描述

数据量及每日增量要求大致如下：

1）财务系统，SQL Server 2008，2.5GB，增长量为 170MB/天，要求每天做增量数据备份，周期约一周。

2）交易通信系统，DBF FILE，280MB/天，每天备份的数据均不同。

3）客户服务在线交易系统，Oracle & SQL Server 2008，1600MB，增长量较小，要求每天做全数据备份。

4）客户服务在线交易系统，语音 LOG FILE，320MB/天，每天备份的数据均不同。

5）OA 系统，LOTUS，10GB，增长量为 80MB/天，要求每天做增量数据备份，周期约两周。

还有其他不确定的数据，如服务器操作系统、数据挖掘系统等数据不确定。

3．方案设计

为××金融集团提供的高可用容灾方案的设计原则如下：

1）方案当前即可实施。

2）在满足要求的前提下尽量简单。

3）同一方案适合多种平台环境，降低安装、管理和维护的难度。

基于上述需求整理及分析，结合目前流行的容灾方案，本案例中推荐××金融集团容灾系统采用虚拟磁带库加物理磁带库的方式：增加虚拟磁带库，可以提高容灾系统读写速度，实现与主机系统的同步备份；而使用物理磁带库，则可以降低系统总体成本。

虚拟磁带库可提供数据复制及重复数据删除功能，因此，在本地网络系统与容灾中心各添加一台带有复制和删除功能的虚拟磁带库就可实现容灾，满足客户的系统环境需求。而随着客户的业务发展，需要备份的数据非常大的时候，或者客户有将过期数据归档到磁带上的需求时，虚拟磁带库的磁带缓冲功能支持根据时间策略将过期数据自动的归档到物理带库中，可以很好地完善数据的生命周期管理。

4. 厂家选择

目前 Windows Server、NetWare 市场上的数据备份软件主要有3家公司的产品，分别是 Veritas、EMC 和 HP。其中，Veritas 公司的 Backup Exec 系列产品由于技术上的成熟与先进性，占据了较大市场份额，而 Windows Server、Windows 7 和 NetWare 都选择了 Veritas 作为操作系统自带备份功能的 OEM 厂家，使得 Veritas 的可操作性、兼容性以及和操作系统的集成性更加脱颖而出。此外，作为企业级应用存储管理软件的领先提供商，Veritas 专门提供集成的跨平台存储管理软件解决方案，用来保证关键业务的连续可用性。

EMC 是全球信息存储及管理产品、服务和解决方案方面的权威公司，也是领先的外部 RAID 存储系统供应商，提供磁带库全系列产品。

HP 公司也提供磁带库全系列产品，从低端至高端均有。

根据以上要求和产品介绍，选择 Veritas 公司的网络备份软件系统，使用 EMC DD630 磁盘阵列、HP StoreWorks MSL 4048 磁带库作为备份设备。

5. 技术选型

（1）磁带库技术选型

数据备份/恢复系统一直是金融企业维持信息系统正常运行的保护措施之一。以前××金融集团已选用备份软件和磁带机进行系统备份，但仍存在备份设备分散且速度较慢、自动化程度不高、无法集中管理所有备份作业等诸多问题。随着数据量的不断增多，这些问题日益明显。结合对集团业务的现状分析，实现高效的在线自动备份，以备在意外发生之时能迅速恢复整个系统正常运作，是集团系统改造的当务之急。不仅如此，这个备份系统应该能够应付将来业务扩张的需求。

目前集团的主要应用环境中有多台非常关键的文件服务器和数据库服务器，操作系统全部是 Windows Server 2008，运行 SQL Server 和 Oracle 两种数据库，备份网络使用千兆以太网。采用的备份策略是全备份加增量备份。

针对用户的需求，在选取存储产品时，充分考虑了以下原则：使用专门的备份服务器，不对其他应用服务器的关键业务形成干扰；可集中管理整个备份系统，并提高备份效率。例如，根据各业务系统具体情况定制备份策略，在一个点上监控所有备份设备及备份介质的状态等，易于管理。

在使用 Veritas 备份软件的基础之上，为了充分发挥千兆以太网的性能，提高备份速度，在不改变用户原有配置的基础上，将用户一台性能较好的 Windows Server 服务器作为专用的备份服务器，并通过高速网络与虚拟磁盘库相连。虚拟磁盘库设备则选用 EMC DD630 磁盘阵列，物理磁带库设备选用 HP StoreWorks MSL 4048 磁带库作为备份设备。

（2）备份软件技术选型

使用备份软件，可以有选择性的备份所有服务器（包括 Windows Server、NetWare、UNIX、OS/2）和工作站（包括 Windows 7/8、Mac）上面的目录、文件和系统信息（包括注册表、用户信息、目录树等）。如果增加选件，还可以很方便地备份特定应用中的特定数据，如 SQL 数据库中的表、用户，邮件服务器中的用户邮件等，也可以备份整个系统的信息，使用户在服务器系统完全崩溃的情况下能够不用重新安装操作系统和后台应用程序而直接从磁带恢复，快速恢复系统环境。

Veritas 公司提供了一些数据可用性软件解决方案，帮助企业用户保护和管理他们的关键任务信息。Veritas 开发出的存储软件数据保护解决方案包括两大类软件：Veritas NetBackup 与 Backup Exec。

1）Veritas NetBackup 系列：这种解决方案为企业提供从桌面电脑到数据中心的数据保护，帮助企业在不同类的系统上存储关键信息，并将这些信息传输到世界各地。

2）Veritas Exec 系列：该系列产品为 Windows Server 和 Novell NetWare 环境中的应用提供全面的备份解决方案，适用于各种网络和用户，并具有多种操作系统的版本。

根据总部的具体情况，建议采用 Veritas Backup Exec。

6．特点

本解决方案的实施经过××金融集团总部运营的检验，证明是非常成功的。

首先，置于集团网络内的 EMC DD630 磁盘阵列对证券交易过程中产生的业务数据做到了实时、正确、可靠的备份，以备客户查询，保证客户能够在第一时间做出正确的判断。

纵观整个集团的业务数据备份系统，其最大特点是成熟而稳定。EMC DD630 虚拟磁盘库产品和 Backup Exec 备份软件结合的容灾方案，以其高可用性、高可靠性及高可扩展性，能够保证系统在 3～5 年内高效地支持集团庞大的数据处理需求。不仅如此，得益于网络备份系统设置的冗余功能，避免了由于单点故障导致的整个系统的瘫痪。

备份系统改造正式实施大大提高了集团信息系统的安全性，其集中管理化程度也大大提高。

Backup Exec 备份软件的安装和操作非常简易。只要在最开始定制好备份的文件、规则和时间，Backup Exec 就会在用户网络最空闲的时刻（例如晚上 11 点开始）将服务器和工作站上的数据按用户的要求自动备份到磁带上。

8.5.9　弱电防雷系统设计方案

根据金融行业对防雷、避雷的要求，并结合设备及元件的使用性能，推荐使用德国 OBO 防雷、避雷产品系列。该公司系列产品性能、质量优异，在金融行业中享有很高的声誉。

根据各个系统对防雷、避雷的要求，选择表 8-3 中所列的产品。

表 8-3　选用的防雷、避雷产品型号

序　号	名　称	型号及规格
1	三相四级 A 级保护防雷器	V25-B/4
2	三相四级 B 级保护防雷器	V25-C/4
3	地级保护防雷器	480
4	RJ11/45 信号保护器	RJ11TELE4 （110V/MODEM/FAX）
5	卫星信号保护器	DS-M/W
6	三相四级 A 级带遥信触点	V25-B/4-FS
7	三相四级 A 级带监控触点	V25-B/4-FS-SU

根据多年的系统集成理论及实践经验，金融行业特别是在雷电多发地区，对预防雷电对机房设备的损害，起到了非常积极的作用。

8.5.10　机柜及布线方案

1．机柜选择

根据金融行业对网络设备、服务器等使用机柜及机架的要求，并结合各种的设备及元件大小等使用性能，建议××金融集团选择“蓝希望”系列产品。该系列产品性能及质量优异，品种齐全，在金融行业中享有很高的声誉。

表 8-4 为所选产品。

表 8-4　机柜机架产品型号

序　号	名　称	型号及规格	备　注
1	蓝希望	机柜 600mm×600mm	高度达到 43U 特殊可以定制
2	蓝希望	机柜 600mm×800mm	高度达到 43U 特殊可以定制
3	蓝希望	机柜 800mm×800mm	高度达到 43U 特殊可以定制
4	蓝希望	机架 1270mm×500mm×2000mm	特殊可以定制
5	蓝希望（服务器）	机柜 600mm×960mm	高度达到 43U 特殊可以定制

2．布线系统

行情服务器两台（主、从）安装在一个服务器机柜中。

资金服务器两台（主、从）安装在一个服务器机柜中。

两台 Cisco Catalyst 4509 交换机安装在一个机柜中。

Cisco Catalyst 6509 交换机及相应设备安装在一个机柜中。

10 台转换机安装在一机柜中。需要 3 台机柜用于安装转换机。

服务器机柜至主机柜使用 2 条六芯光纤，同时拉 24 条超五类双绞线作备用。

每个服务器机柜安装一个 24 口跳线盘及 12 口光纤跳线盘，以满足将来扩展要求。

服务器的双绞线、光纤与主机柜相连。

转换机机柜拉 24 条双绞线至主机柜。

根据客户相应要求决定是否要求在机柜上将双绞线打入相应的跳线盘。若在转换机一端的机柜不将双绞线接入跳线盘，则便于以后机柜位置移动。转换机一端机柜将双绞线接入跳线盘，则机柜以后位置相对固定，移动相对困难。

在主机柜一端将双绞线接入跳线盘，便于跳线。

8.5.11　网络方案的特点

该网络方案的特点如下：

（1）高性能网络系统

先进的网络设备和支持全面的广域网应用协议，提供办公、应用、多媒体数据的传输。

（2）网络设计的灵活性

整个网络系统的设计不但要考虑现在系统的应用，而且考虑到将来公司的发展能够无缝地扩大网络规模和升级。

（3）支持各种网络协议及应用

该网络设计是开发式设计，支持多种协议，如 TCP/IP、IPX、AppleTalk 等。

在该网络上可运行几乎所有类型的应用程序，如 Lotus Notes、各种数据库、仿真终端软件、Windows Server、Windows 7/8、Novell Server/Client、UNIX 系统、各种 OA 软件以及多媒体应用等。

（4）可靠性

为了保证该网络的可靠性，尽量减少由于产品故障造成的网络瘫痪，我们在设计上充分利用了 Cisco 在产品和技术上的特点，实现了从物理层、链路层到网络层均有冗余备份的高可靠性设计。

（5）安全性

设计时适用多种安全控制技术，比如 VLAN 划分和 VLAN 间访问通信的控制保证了系统的安全性。

（6）易于管理和维护

基于分布式网络管理设计，方便灵活地管理广域网设备，使用基于 Web 技术的 CiscoWorks Network Compliance Manager 完成了网管的所有任务。

（7）支持多媒体

Cisco 产品提供对 QoS 的强大支持，如 IP 多点广播（IP Multicast）、流量分类、优先级排队、HSRP 等。

IP 多点广播已经成为网络中的一项重要应用，并越来越普及。它为网络培训等应用提供了技术支持。在一个先进的网络中，应能够提供对 IP 多点广播的支持。

在本方案中，我们所选择的产品均支持 PIM、IGMP 等多点广播协议，这使网络设备可以识别多点广播申请信息和多点广播数据。此外，Cisco 还支持 CGMP（思科组管理协议），这种交换机和路由器之间的协议可以在交换机中建立多点广播组员管理表，从而只将多点广播信息传送给需要它的组员，减少了网络中不必要的流量和其他用户的 CPU 负载。

需要指出与其他公司不同的是，Cisco 的产品长期以来一直支持 PIM、IGMP、CGMP 等技术，在 IP 多点广播技术上有丰富的经验和实践成果，并提供相关的多点广播软件，如 IP/TV。而且由于采用硬件处理，Cisco 产品所支持的多点广播进程数和性能也大大优于其他网络厂家。

8.5.12 项目组织与质量保证

1. 项目小组组成

网络公司派出资深技术人员与××金融集团技术人员组成联合项目组共同完成工程建设。上述合作协议签署之日起由××金融集团、网络公司双方领导组成工程领导组。工程从××金融集团与网络公司就××金融集团信息中心项目合作协议签署之日正式启动。各方人员应做好充分准备，确保工程所需资金、人员及其他必要条件及时就绪，并在 50 天内完成网络连接，为使应用系统尽快投入运行提供保证。

工程项目组成人员（略）。

主要工程师资历（略）。

2．进度控制与质量保证与措施

（1）进度控制

整个工程完成时间为50天，具体安排见表8-5。

表8-5 工程进度表

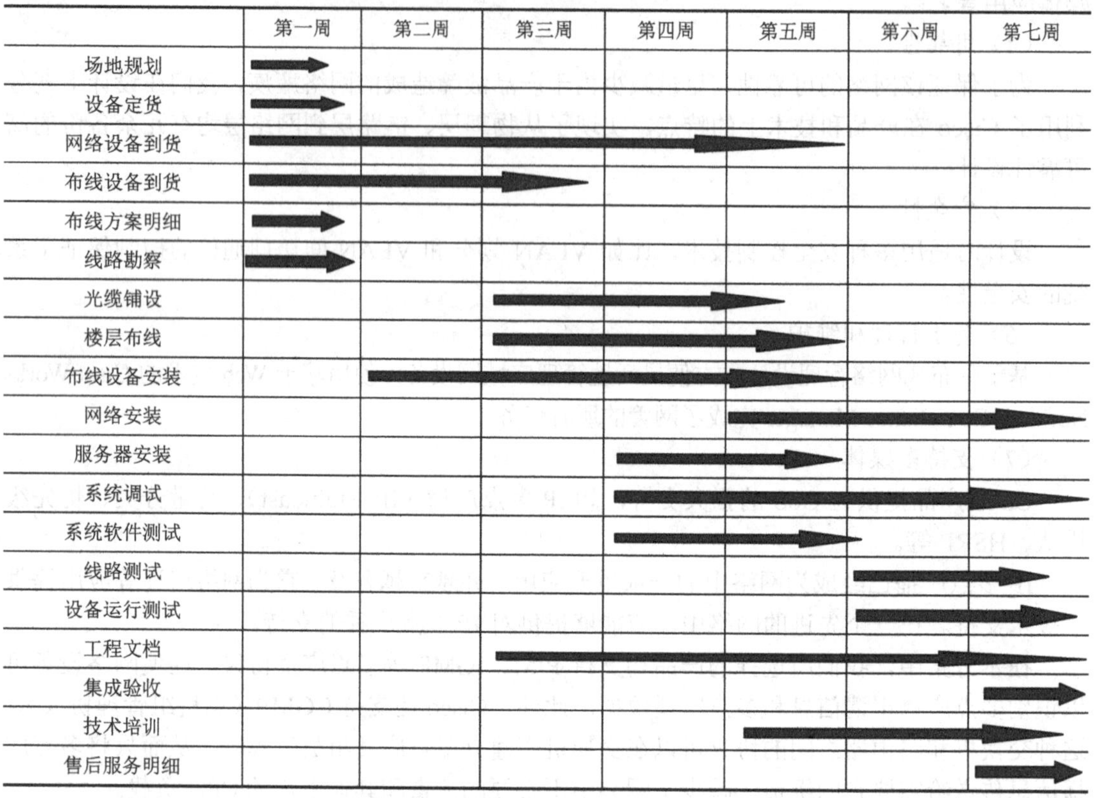

（2）质量保证措施

1）网络公司坚持质量第一的宗旨，并通过了ISO 9000系列质量认证，本着对用户负责的态度，建议遵照国际惯例及标准对系统进行严格质量控制。

2）技术措施。Sniffer能够译解超过300种以上的网络协议，同时具有人工智慧，能够主动地辨识网络问题与解决网络效能问题，能主动监控网络7层以了解局域网络和广域网络的流量，同时具有学习与主动发觉网络问题的能力。

3）CiscoWorks Network Compliance Manager。Cisco的系列网络管理产品包括了针对各种网络设备性能的管理、集成化的网络管理、远程网络监控和管理等功能。目前，Cisco的网络管理产品包括新的基于Web的产品和基于控制台的应用程序。

3．网络工程验收与交付物

系统工程验收计划内容如下：

（1）验收组织

由工程参与各方制订各项设备的详细验收规范及内容。供货商、系统集成商及进出口商应尽力保证设备及集成工作的如期完成。各方排定各项验收时间表，指定各方责任人，明确验收内容，并保证人员、场地及其他准备工作的提前就绪。验收严格按照程序及规范执行，并详细填写有关表格、签署有关文件。对验收中出现的问题，各方应通力合作及时查明原因，对最终验收不合格的产品，用户可拒绝接受，有关责任方应迅速采取补救措施，确保工程不被延误。

（2）设备验收

设备到达用户现场后，各方分别根据合同明细及设备装箱清单及有关技术文件说明，对设备品种、型号、数量进行清点及逐一核对。对设备外观进行仔细检查。设备产品品质保证书应填写正确的相应设备编号。在各方工程技术人员到场情况下，对设备进行加电测试，厂商尽可能提供标准测试程序，以便用户对品质、性能作出判断。

（3）系统验收

在网络硬件设备到位并验收通过的情况下，实施布线系统、网络系统工程正常运行 1 个月后，参与工程各方可对系统进行全面验收。网络设备要符合的技术要求和验收项目如下：

1）设备符合生产厂家所提供的技术规范。

2）设备符合生产厂家设备文档资料中申明能实现的功能。

3）设备符合方案设计的技术要求。

网络设备验收项目见表 8-6。

表 8-6　网络设备验收项目

设　备	验 收 项 目	备　注
Cisco Catalyst 6509	端口速率达到千兆 支持第三层交换（IP） 支持 HSRP/EIGRP/OSPF/RIP 支持 CiscoWorks Network Compliance Manager 支持 VLAN 支持 Spanning-tree 支持 RMON	可用命令显示和 CiscoWorks Network Compliance Manager 管理
Cisco Catalyst 2960-48 Cisco Catalyst 2960-24	端口速率达到千兆/百兆 支持 CiscoWorks Network Compliance Manager 支持 VLAN 支持 Spanning-tree 支持 RMON	可用命令显示和 CiscoWorks Network Compliance Manager 管理
Firewall	支持 Cut-thought 代理 支持 NAT 支持多媒体应用（H.323、VOD 等） 支持多用户同时访问	可用命令显示和用
CiscoWorks Network Compliance Manager	支持拓扑发现和显示设备 支持 VLAN 配置和逻辑显示 支持流量监视和性能评估	可在图形界面显示

网络应用（TCP/IP）验收项目见表 8-7。

表 8-7 网络应用验收项目

网络 TCP/IP 应用	技术指标	测试方法
Ping	响应时间<10ms	Ping 指令
FTP	传输率≥80%理论值	FTP 传输 500MB 文件
Telnet	响应时间<1s	Telnet 指令
HTTP	响应时间<2s	浏览同一子网的 Web 服务器
Windows 网络邻居	响应时间<2s	浏览同一子网的 Windows Server 服务器

（4）交付物

交付物主要包括网络系统、拓扑结构图、各设备操作说明书、各软件使用说明书、各主要设备配置文档、系统竣工报告、系统验收报告、系统故障与维护文档。

习题

1．请说明组建一个局域网的步骤是什么？在每步中应该注意哪些事项？

2．什么是广域网的连接方式？广域网中有哪些连接方式？

3．请比较高级广域网技术的异同点、应用场合，以及计算机网络中哪些资源可以共享？

4．广域网设计步骤是什么？

5．实践设计题：

目前，T 省已初步建成省级政务信息网，省委、省政府、省人大和将近 90 个省直属部门，已通过光纤实现了内部横向网络互联、信息交流和共享，并且在政务专网上通过防火墙与 Internet 隔离。

省政府所在地 P 市有独立的 100km 光纤线路，连接了 4 个一级节点（省委大院、省网管中心、审计厅、M 大学）和 12 个二级节点；一级节点和二级节点至省直属部门之间铺设了 6 芯光纤，2 芯用于接入核心网，2 芯用于接入政务专网，2 芯备用。其他没有铺设光纤的单位，计划租用电信运营商的现有光纤。

根据省政府发展规划，将建设 T 省的政务网络。其中，省级核心网络平台包括连接省委、省政府、省人大、省政协和省直属部门等，是内部网络；11 个市为二级网络平台，各市内部网络包括市委、市政府、市人大、市政协和市直属部门等。两网相互连接，形成 T 省政务信息网纵向核心政务网络。

其主要应用如下：

1）应支持数据、视频、语音等综合业务的传输，交换与处理。

2）支持省、市对口部门纵向虚拟网（MPLSVPN）功能。

3）传输与交换功能。

4）系统基于公用 SDH 信道实现中心节点和 11 个分节点之间的互联。

5）实现数据通信的同时，能够保证 IP 电话、视频会议系统的开通。

6）具有 QoS 保证、流量管理和拥塞控制功能。

7）视频业务需求：支持中心节点和 11 个分节点间的视频会议系统功能，中心节点有 6 个会议室，11 个分节点各有 1 个会议室，网管中心有 1 个会议室。

请读者根据大型网络设计方法进行规划与设计。

参 考 文 献

[1] 杨闯. 网络规划与实现[M]. 北京：高等教育出版社，2004.

[2] 杨文安. 计算机网络工程设计与实施[M]. 北京：科学出版社，2004.

[3] 肖帅领，窦西河. 网络工程与实施[M]. 北京：中国林业出版社，北京希望电子出版社，2006.

[4] 黎连业，陈俊良，黎萍. 计算机网络系统集成与方案实例[M]. 2 版. 北京：机械工业出版社，2007.

[5] 秦智. 网络系统集成[M]. 北京：北京邮电大学出版社，2010.